CNC-Kompendium PAL-Drehen

Dietmar Falk

westermann

Diesem Buch wurden die bei Manuskriptabschluss vorliegenden neuesten Ausgaben der DIN-Normen, VDI-Richtlinien und sonstigen Bestimmungen zu Grunde gelegt. Verbindlich sind jedoch nur die neuesten Ausgaben der DIN-Normen und VDI-Richtlinien und sonstigen Bestimmungen selbst.

2. Auflage, 2012
Druck 1, Herstellungsjahr 2012

Westermann Schroedel Diesterweg Schöningh Winklers GmbH, Braunschweig
www.westermann.de

Redaktion: Martin Reinelt
Umschlaggestaltung: boje5 Grafik & Werbung, Braunschweig
Satz und Layout: deckermedia GbR, Vechelde
Druck und Bindung: westermann druck GmbH, Braunschweig

ISBN 978-3-14-**235027**-1

Inhaltsverzeichnis

Wegbedingungen

Zusatzfunktionen

Technologische Adressen

G00: Verfahren im Eilgang — Wirksamkeit: selbsthaltend

Funktion

Das Werkzeug verfährt vom Anfangspunkt **A** mit maximal möglicher Geschwindigkeit zum programmierten Endpunkt **E**. Die Bewegung endet mit einem Genauhalt am Endpunkt **E**.

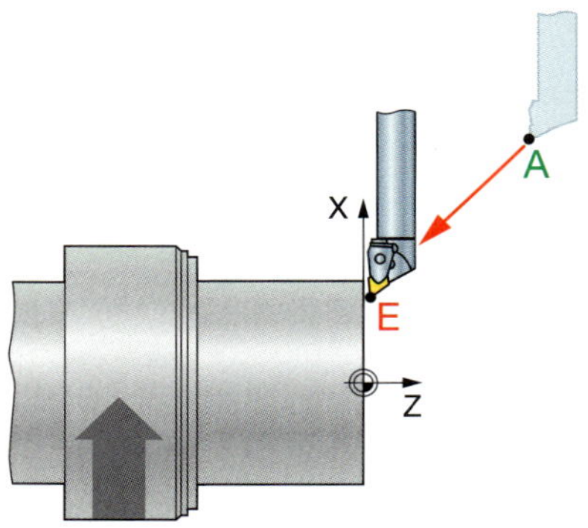

Adressen: *X/XA/XI Z/ZA/ZI F S M T TC TR TX TZ*
optionale Adressen

X	absolute X-Koordinate als Durchmessermaß bei G90;[1) inkrementale X-Koordinate als Radiusmaß bei G91
XA	absolute X-Koordinate als Durchmessermaß bei G91
XI	inkrementale X-Koordinate als Radiusmaß bei G90
Z	absolute Z-Koordinate bei G90;[1) inkrementale Z-Koordinate bei G91
ZA	absolute Z-Koordinate bei G91
ZI	inkrementale Z-Koordinate bei G90
F	Vorschub[1)
S	Spindeldrehzahl/Schnittgeschwindigkeit[1)
M	Zusatzfunktionen
T	Werkzeugnummmer im Revolver
TC	Anwahl der Korrekturwertspeichernummer[1)
TR	inkrementale Veränderung des Schneidenradiuswertes[1)
TZ	inkrementale Veränderung des Z-Korrekturwertes[1)
TX	inkrementale Veränderung des X-Korrekturwertes[1)

1) Voreinstellungen
X, Z: aktuelle Werkzeugposition
F, S: aktuelle Werte
T: aktuelles Werkzeug
TC1 TR0 TZ0 TX0

G90 aktiv

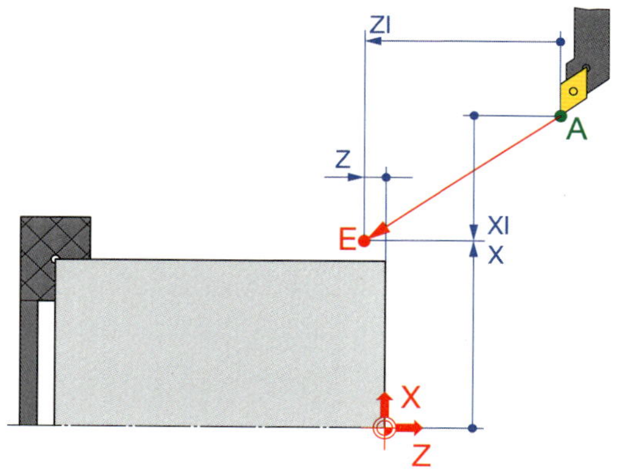

G91 aktiv

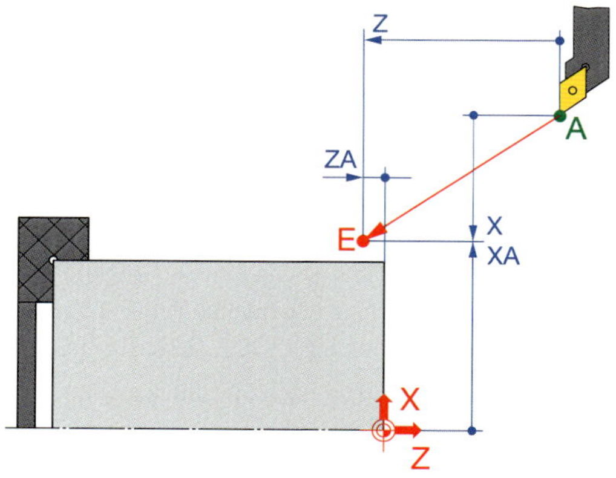

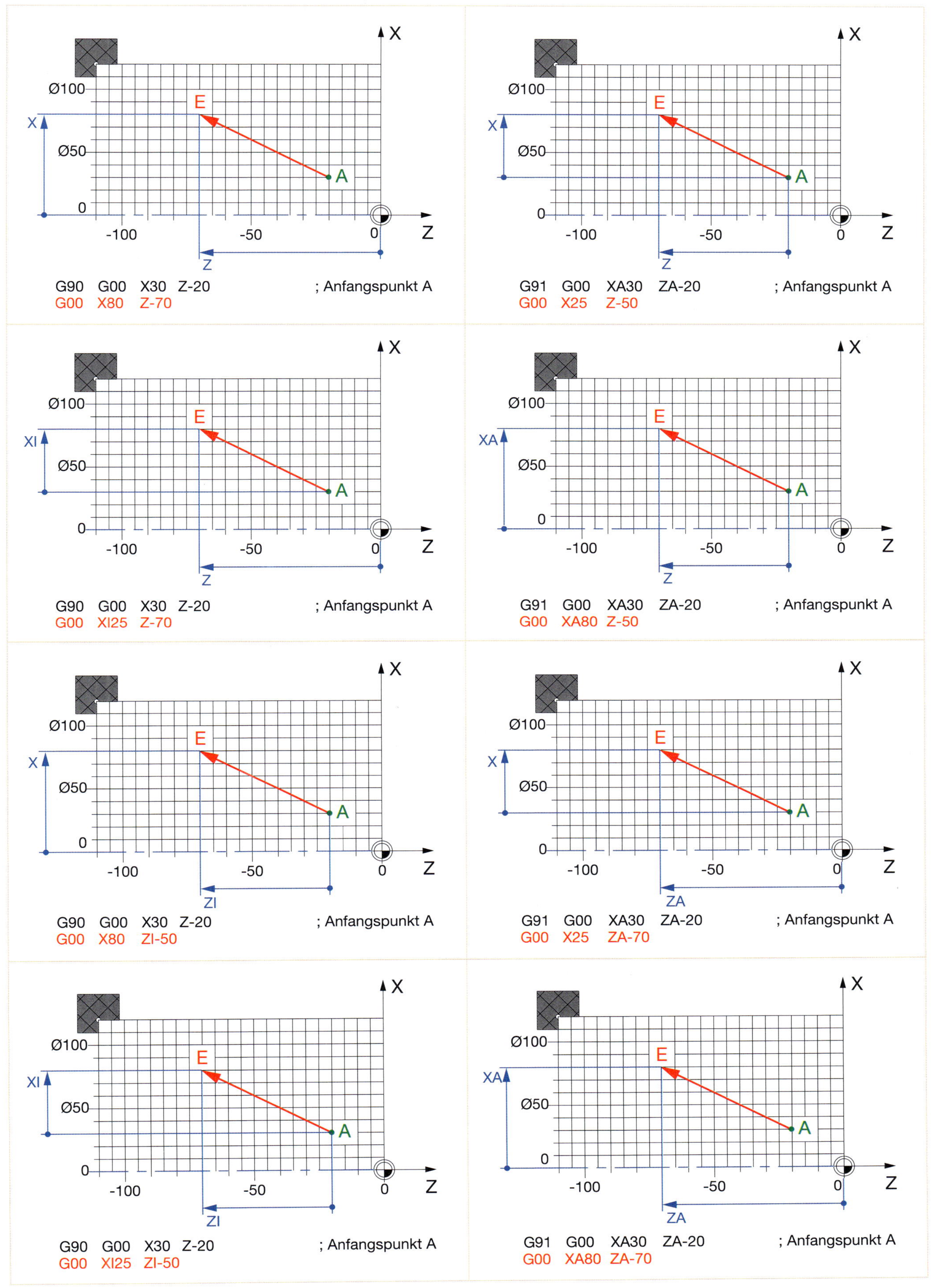

X
Ø100
Ø50
0
E
A
-100
-50
0
Z
G90 G00 X30 Z-20 ; Anfangspunkt A
G00 X80 Z-70
X
XA
Ø100
Ø50
0
E
A
-100
-50
0
Z
ZA
G91 G00 XA30 ZA-20 ; Anfangspunkt A
G00 X25 Z-50
XI
G90 G00 X30 Z-20 ; Anfangspunkt A
G00 XI25 Z-70
G91 G00 XA30 ZA-20 ; Anfangspunkt A
G00 XA80 Z-50
ZI
G90 G00 X30 Z-20 ; Anfangspunkt A
G00 X80 ZI-50
G91 G00 XA30 ZA-20 ; Anfangspunkt A
G00 X25 ZA-70
G90 G00 X30 Z-20 ; Anfangspunkt A
G00 XI25 ZI-50
G91 G00 XA30 ZA-20 ; Anfangspunkt A
G00 XA80 ZA-70

G01:	Linearinterpolation im Arbeitsgang	Wirksamkeit: selbsthaltend
Funktion	Das Werkzeug verfährt linear vom Anfangspunkt **A** mit programmierter Vorschubgeschwindigkeit zum programmierten Endpunkt **E**. Von den Adressen X, Z, D, AS können maximal zwei in einem NC-Satz programmiert werden. Die Selbsthaltefunktion ist bei einer nicht programmierten Endpunkt-Koordinate nur dann wirksam, wenn als Adresse nur die zweite Endpunkt-Koordinate programmiert wird. G01 ist **Einschaltzustand** der Maschine.	

Adressen: ***X/XA/XI Z/ZA/ZI D AS RN H E F S M TC TR TX TZ***
optionale Adressen

X	absolute X-Koordinate als Durchmessermaß bei G90;[1)] inkrementale X-Koordinate als Radiusmaß bei G91	***H***	Auswahlkriterium für Doppellösungen[1)] (falls D, aber nicht AS programmiert wird) H1 kleiner Anstiegswinkel zur positiven 1. Geometrieachse (G18: Z-Achse) H2 größerer Anstiegswinkel zur positiven 1. Geometrieachse (G18: Z-Achse)
XA	absolute X-Koordinate als Durchmessermaß bei G91		
XI	inkrementale X-Koordinate als Radiusmaß bei G90	***E***	Feinkonturvorschub auf Übergangselementen[1)]
		F	Vorschub[1)]
Z	absolute Z-Koordinate bei G90;[1)] inkrementale Z-Koordinate bei G91	***S***	Spindeldrehzahl/Schnittgeschwindigkeit[1)]
		M	Zusatzfunktionen
ZA	absolute Z-Koordinate bei G91	***TC***	Anwahl der Korrekturwertspeichernummer[1)]
ZI	inkrementale Z-Koordinate bei G90	***TR***	inkrementale Veränderung des Schneidenradiuswertes[1)]
D	Länge der Verfahrstrecke in der Bearbeitungsebene (D positiv)	***TZ***	inkrementale Veränderung des Z-Korrekturwertes[1)]
AS	Anstiegswinkel der Geraden in der Bearbeitungsebene bezogen auf die positive 1. Geometrieachse (G18: Z-Achse)	***TX***	inkrementale Veränderung des X-Korrekturwertes[1)]
RN	Übergangselement zum nächsten Konturelement[1)] RN+ Verrundungsradius zum nächsten Konturelement RN– Fasenbreite zum nächsten Konturlement		[1)] Voreinstellungen: X, Z: aktuelle Werkzeugposition E, F, S: aktuelle Werte RN0 H1 TC1 TR0 TZ0 TX0

G90 aktiv

Übergangselement Radius

G91 aktiv

Übergangselement Fase

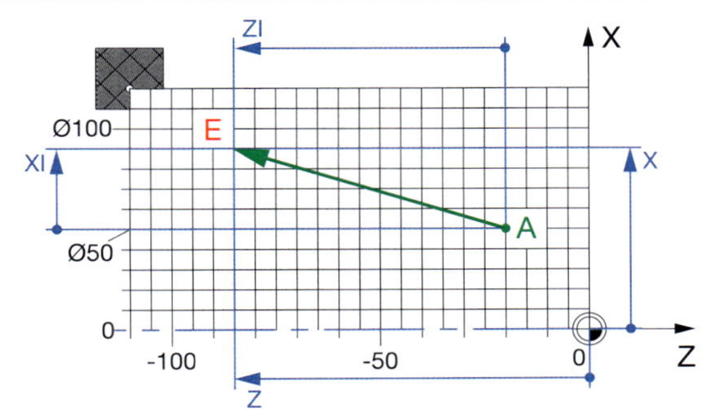


```
G90  G01  X50   Z-20        ; Anfangspunkt A
G01  X90  Z-85                         oder
G01  XI20 Z-85                         oder
G01  X90  ZI-65                        oder
G01  XI20 ZI-65
```

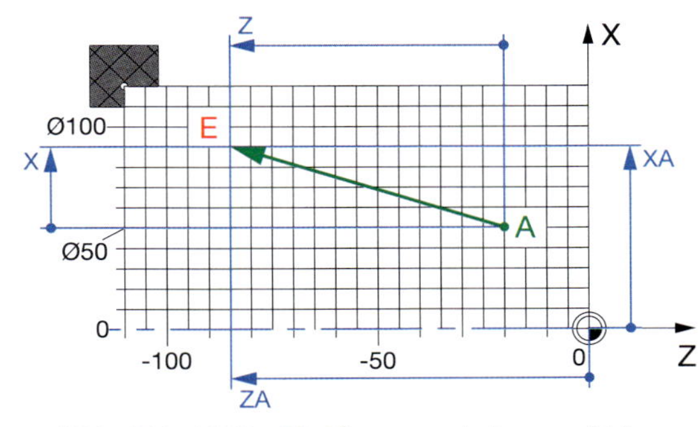


```
G91  G01  XA50  ZA-20       ; Anfangspunkt A
G01  X20  Z-65                         oder
G01  XA90 Z-65                         oder
G01  X20  ZA-85                        oder
G01  XA90 ZA-85
```

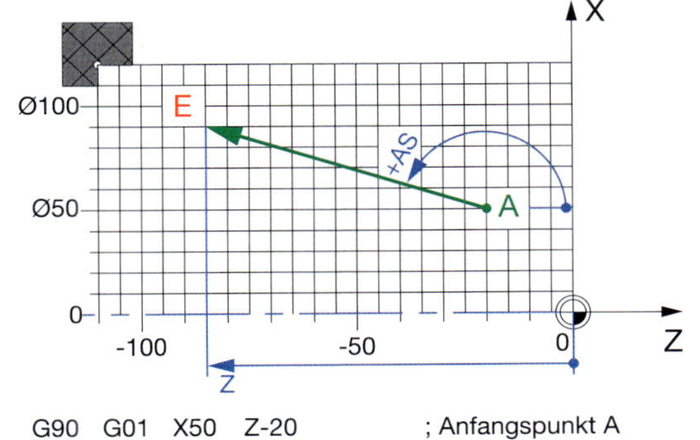


```
G90  G01  X50    Z-20       ; Anfangspunkt A
G01  Z-85 AS162.9
```

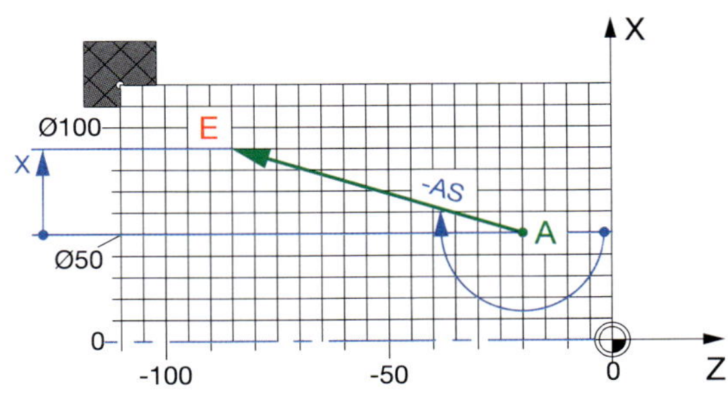


```
G91  G01  XA50  ZA-20       ; Anfangspunkt A
G01  X20  AS-197.1
```

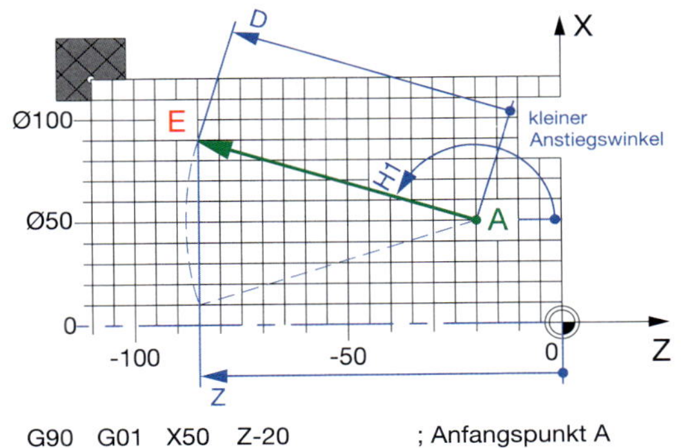


```
G90  G01  X50  Z-20         ; Anfangspunkt A
G01  Z-85 D68  H1
```

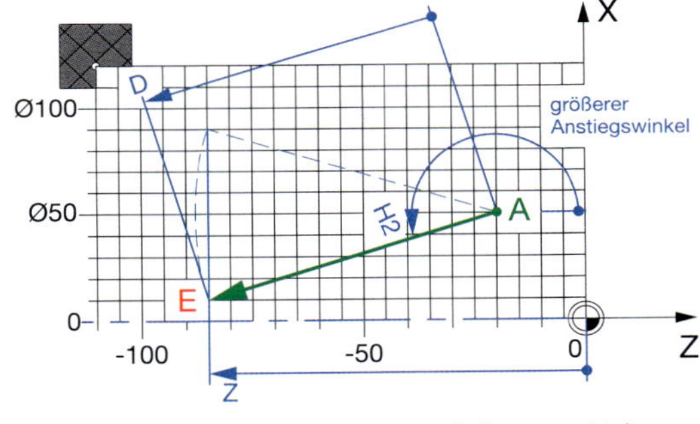


```
G90  G01  X50  Z-20         ; Anfangspunkt A
G01  Z-85 D68  H2
```

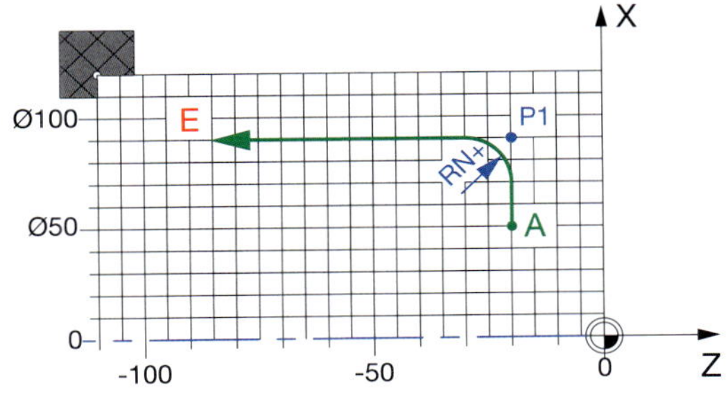


```
G90  G01  X50  Z-20         ; Anfangspunkt A
G01  X90  Z-20 RN10         ; P1 - Übergangsradius
G01  X90  Z-85
```

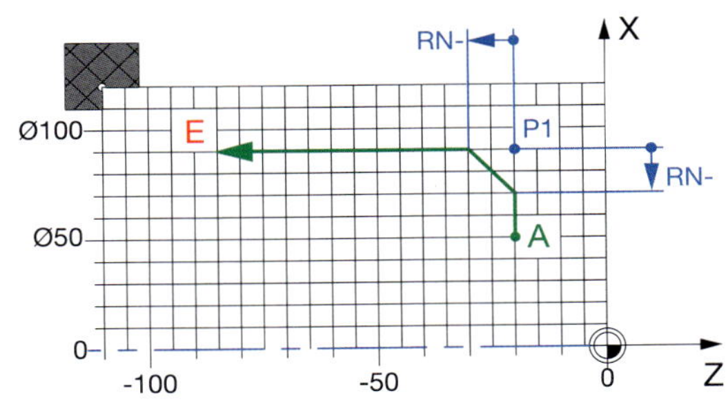


```
G90  G01  X50  Z-20         ; Anfangspunkt A
G01  X90  Z-20 RN-10        ; P1 - Übergangsfase
G01  X90  Z-85
```

G02: Kreisinterpolation im Uhrzeigersinn — Wirksamkeit: selbsthaltend

Funktion

Das Werkzeug verfährt in der Bearbeitungsebene kreisbogenförmig im Uhrzeigersinn vom Anfangspunkt **A** mit programmierter Vorschubgeschwindigkeit zum programmierten Endpunkt **E**.

Neben den Koordinaten des Endpunktes müssen die Koordinaten des Kreismittelpunktes oder der Kreisradius oder der Öffnungswinkel des Bogens angegeben werden.

Adressen:

	X/XA/XI	*Z/ZA/ZI*	**K/KA**	*I/IA*	*RN*	*O*	*E*	*F S M*
oder	*X/XA/XI*	*Z/ZA/ZI*	**I/IA**		*RN*	*O*	*E*	*F S M*
oder	*X/XA/XI*	*Z/ZA/ZI*	**R**		*RN*	*O*	*E*	*F S M*
oder	*X/XA/XI*	*Z/ZA/ZI*	**AO**		*RN*	*O*	*E*	*F S M*
	optionale Adressen		Pflichtadressen	*optionale Adressen*				

X	absolute X-Koordinate als Durchmessermaß bei G90;[1)] inkrementale X-Koordinate als Radiusmaß bei G91
XA	absolute X-Koordinate als Durchmessermaß bei G91
XI	inkrementale X-Koordinate als Radiusmaß bei G90
Z	absolute Z-Koordinate bei G90;[1)] inkrementale Z-Koordinate bei G91
ZA	absolute Z-Koordinate bei G91
ZI	inkrementale Z-Koordinate bei G90
I	inkrementale X-Mittelpunktkoordinate als Radiusmaß[1)]
IA	X-Mittelpunktkoordinate absolut als Durchmessermaß
K	inkrementale Z-Mittelpunktkoordinate[1)]
KA	Z-Mittelpunktkoordinate absolut in Werkstückkoordinaten
R	Radius des Kreisbogens R+ kürzerer Bogen R- längerer Bogen
AO	Öffnungswinkel (immer positiv, da Kreisorientierung durch G2/G3 bestimmt ist)
RN	Übergangselement zum nächsten Konturelement[1)] RN+ Verrundungsradius zum nächsten Konturelement RN- Fasenbreite zum nächsten Konturelement
O	Auswahlkriterium für Bogenlänge[1)] O1 kürzerer Bogen O2 längerer Bogen
E	Feinkonturvorschub auf Übergangselementen[1)]
F	Vorschub[1)]
S	Spindeldrehzahl/Schnittgeschwindigkeit[1)]
M	Zusatzfunktionen

[1)] Voreinstellungen:
X, Z: aktuelle Werkzeugposition
E, F, S: aktuelle Werte
K0 I0 RN0 O1

G90 aktiv

Übergangselement Radius

G91 aktiv

Übergangselement Fase

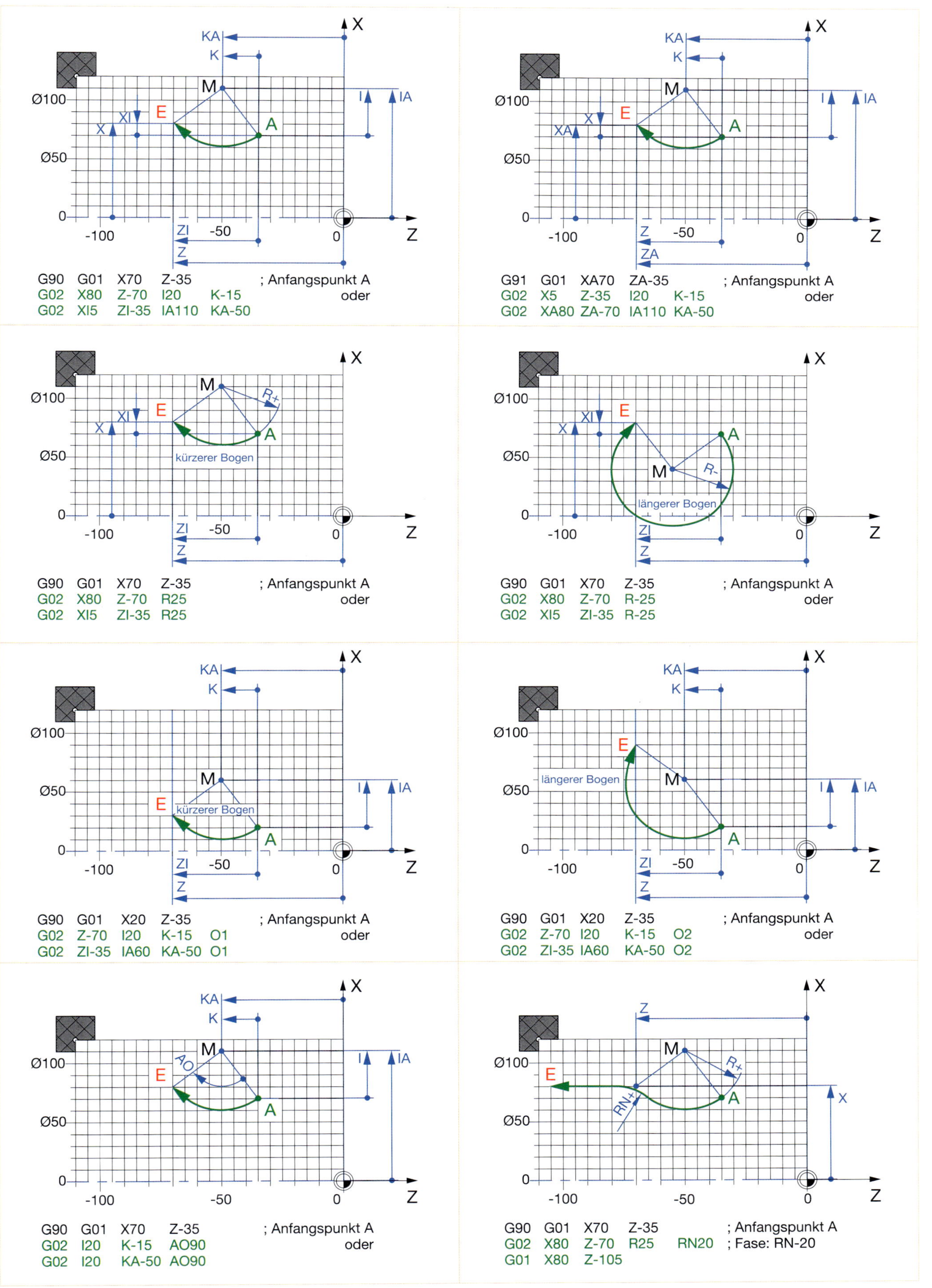
G90 G01 X70 Z-35 ; Anfangspunkt A
G02 X80 Z-70 I20 K-15 oder
G02 XI5 ZI-35 IA110 KA-50
G91 G01 XA70 ZA-35 ; Anfangspunkt A
G02 X5 Z-35 I20 K-15 oder
G02 XA80 ZA-70 IA110 KA-50
kürzerer Bogen
G90 G01 X70 Z-35 ; Anfangspunkt A
G02 X80 Z-70 R25 oder
G02 XI5 ZI-35 R25
längerer Bogen
G90 G01 X70 Z-35 ; Anfangspunkt A
G02 X80 Z-70 R-25 oder
G02 XI5 ZI-35 R-25
kürzerer Bogen
G90 G01 X20 Z-35 ; Anfangspunkt A
G02 Z-70 I20 K-15 O1 oder
G02 ZI-35 IA60 KA-50 O1
längerer Bogen
G90 G01 X20 Z-35 ; Anfangspunkt A
G02 Z-70 I20 K-15 O2 oder
G02 ZI-35 IA60 KA-50 O2
G90 G01 X70 Z-35 ; Anfangspunkt A
G02 I20 K-15 AO90 oder
G02 I20 KA-50 AO90
G90 G01 X70 Z-35 ; Anfangspunkt A
G02 X80 Z-70 R25 RN20 ; Fase: RN-20
G01 X80 Z-105

G03: Kreisinterpolation im Gegenuhrzeigersinn — Wirksamkeit: selbsthaltend

Funktion

Das Werkzeug verfährt in der Bearbeitungsebene kreisbogenförmig im Gegenuhrzeigersinn vom Anfangspunkt **A** mit programmierter Vorschubgeschwindigkeit zum programmierten Endpunkt **E**.

Neben den Koordinaten des Endpunktes müssen die Koordinaten des Kreismittelpunktes oder der Kreisradius oder der Öffnungswinkel des Bogens angegeben werden.

Adressen:

	optionale Adressen		Pflichtadressen	optionale Adressen					
	X/XA/XI	*Z/ZA/ZI*	K/KA	*I/IA*	*RN*	*O*	*E*	*F*	*S*	*M*
oder	*X/XA/XI*	*Z/ZA/ZI*	I/IA		*RN*	*O*	*E*	*F*	*S*	*M*
oder	*X/XA/XI*	*Z/ZA/ZI*	R		*RN*	*O*	*E*	*F*	*S*	*M*
oder	*X/XA/XI*	*Z/ZA/ZI*	AO		*RN*	*O*	*E*	*F*	*S*	*M*

Adresse	Bedeutung
X	absolute X-Koordinate als Durchmessermaß bei G90;[1)] inkrementale X-Koordinate als Radiusmaß bei G91
XA	absolute X-Koordinate als Durchmessermaß bei G91
XI	inkrementale X-Koordinate als Radiusmaß bei G90
Z	absolute Z-Koordinate bei G90;[1)] inkrementale Z-Koordinate bei G91
ZA	absolute Z-Koordinate bei G91
ZI	inkrementale Z-Koordinate bei G90
I	inkrementale X-Mittelpunktkoordinate als Radiusmaß[1)]
IA	X-Mittelpunktkoordinate absolut als Durchmessermaß
K	inkrementale Z-Mittelpunktkoordinate[1)]
KA	Z-Mittelpunktkoordinate absolut in Werkstückkoordinaten
R	Radius des Kreisbogens R+ kürzerer Bogen R- längerer Bogen
AO	Öffnungswinkel (immer positiv, da Kreisorientierung durch G2/G3 bestimmt ist)
RN	Übergangselement zum nächsten Konturelement[1)] RN+ Verrundungsradius zum nächsten Konturelement RN- Fasenbreite zum nächsten Konturelement
O	Auswahlkriterium für Bogenlänge[1)] O1 kürzerer Bogen O2 längerer Bogen
E	Feinkonturvorschub auf Übergangselementen[1)]
F	Vorschub[1)]
S	Spindeldrehzahl/Schnittgeschwindigkeit[1)]
M	Zusatzfunktionen

[1)] Voreinstellungen:
X, Z: aktuelle Werkzeugposition
E, F, S: aktuelle Werte
K0 I0 RN0 O1

G90 aktiv | **G91 aktiv**

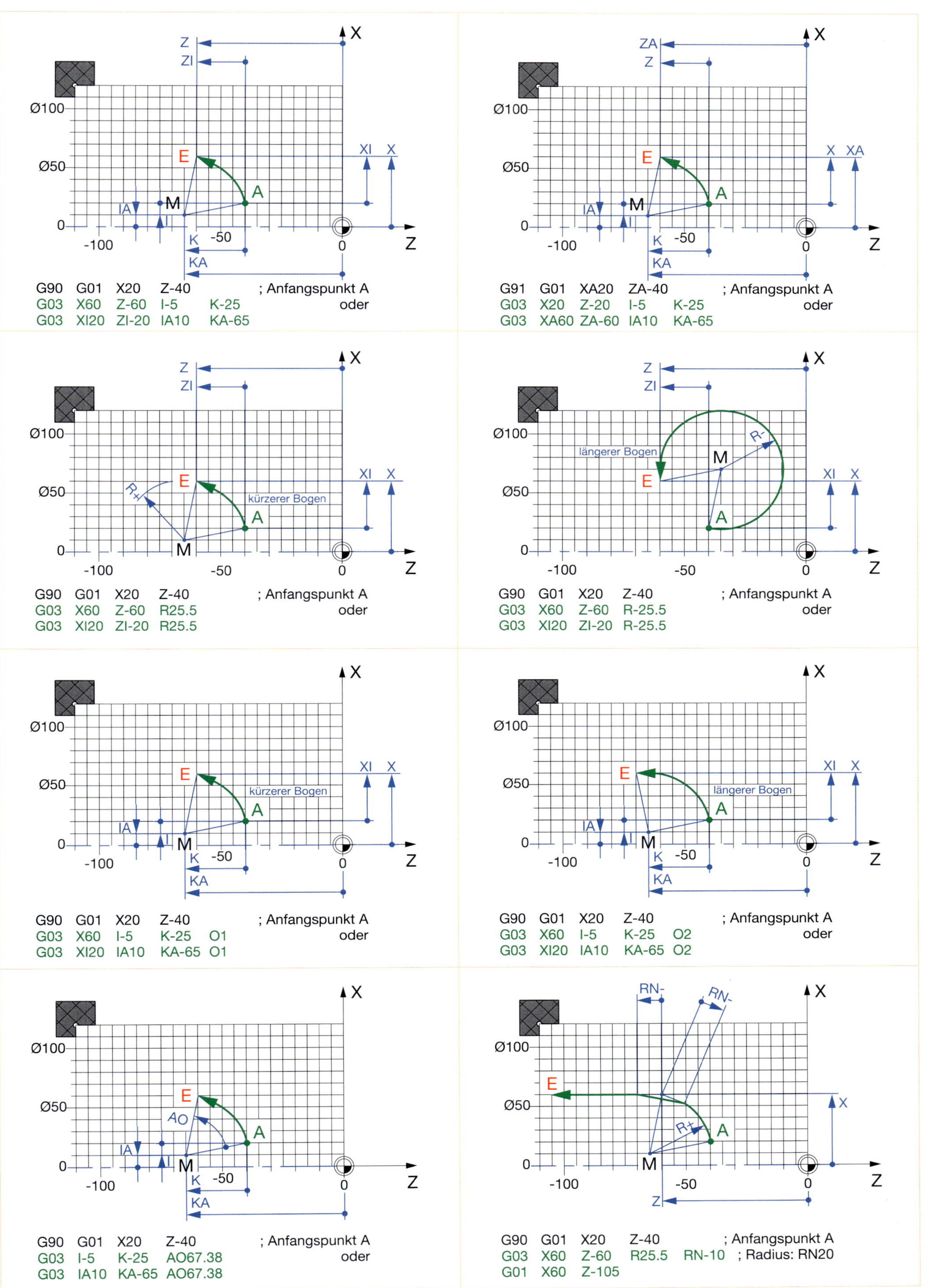

Z
ZI
X
Ø100
Ø50
0
-100
-50
0
Z
E
A
M
IA
I
K
KA
XI
X
G90 G01 X20 Z-40 ; Anfangspunkt A
G03 X60 Z-60 I-5 K-25 oder
G03 XI20 ZI-20 IA10 KA-65
ZA
Z
X XA
G91 G01 XA20 ZA-40 ; Anfangspunkt A
G03 X20 Z-20 I-5 K-25 oder
G03 XA60 ZA-60 IA10 KA-65
R+
kürzerer Bogen
G90 G01 X20 Z-40 ; Anfangspunkt A
G03 X60 Z-60 R25.5 oder
G03 XI20 ZI-20 R25.5
R-
längerer Bogen
G90 G01 X20 Z-40 ; Anfangspunkt A
G03 X60 Z-60 R-25.5 oder
G03 XI20 ZI-20 R-25.5
kürzerer Bogen
G90 G01 X20 Z-40 ; Anfangspunkt A
G03 X60 I-5 K-25 O1 oder
G03 XI20 IA10 KA-65 O1
längerer Bogen
G90 G01 X20 Z-40 ; Anfangspunkt A
G03 X60 I-5 K-25 O2 oder
G03 XI20 IA10 KA-65 O2
AO
G90 G01 X20 Z-40 ; Anfangspunkt A
G03 I-5 K-25 AO67.38 oder
G03 IA10 KA-65 AO67.38
RN-
RN-
R+
G90 G01 X20 Z-40 ; Anfangspunkt A
G03 X60 Z-60 R25.5 RN-10 ; Radius: RN20
G01 X60 Z-105

G04:	Verweildauer		Wirksamkeit: satzweise
Funktion	Die Vorschubbewegung des Werkzeugs wird für eine programmierbare Verweilzeit unterbrochen, wenn zwischen zwei Verfahrbewegungen technologisch bedingt eine Pause eingelegt werden soll, z. B. zum Spänebrechen, Entspänen oder Freischneiden des Werkzeugs.		
Adressen:	**U** Pflichtadresse	***O*** *optionale Adresse*	
U	Verweildauer in Sekunden oder in Umdrehungen	***O***	Auswahl der Verweilzeiteinheit[1)] O1 Verweilzeit in Sekunden O2 Verweilzeit in Umdrehungen [1)] Voreinstellungen: O1

N...	G01 Z-15 F... S... T... M...
N...	G04 U3
N...	G00 Z2

G09:	Genauhalt	Wirksamkeit: satzweise

Funktion

G09 kann ergänzend zu G01, G02, G03 programmiert werden, um die Vorschubgeschwindigkeit bei Erreichen des programmierten Endpunktes auf Null zu verzögern. Erst nach Erreichen der Sollgeschwindigkeit Null wird der nächste Programmsatz abgearbeitet.

Üblicherweise werden CNC-Programme ohne Reduzierung des Vorschubs abgearbeitet. Dadurch weicht die erzeugte Kontur von der programmierten Kontur ab, weil Werkstückecken abgerundet werden. Durch den Befehl G09, der am Anfang oder am Ende eines Programmsatzes stehen kann, wird der programmierte Punkt exakt angefahren.

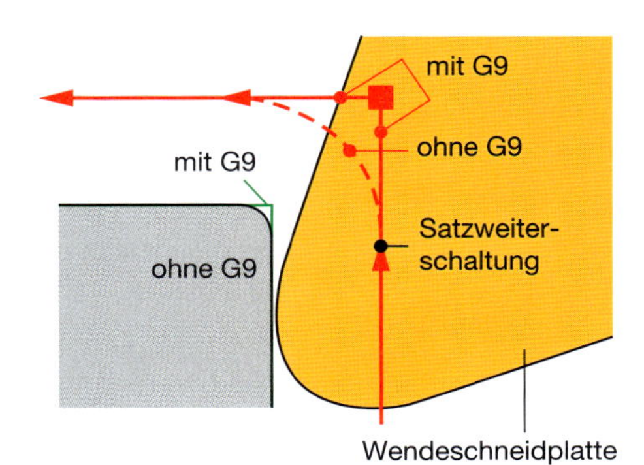

Adressen: keine

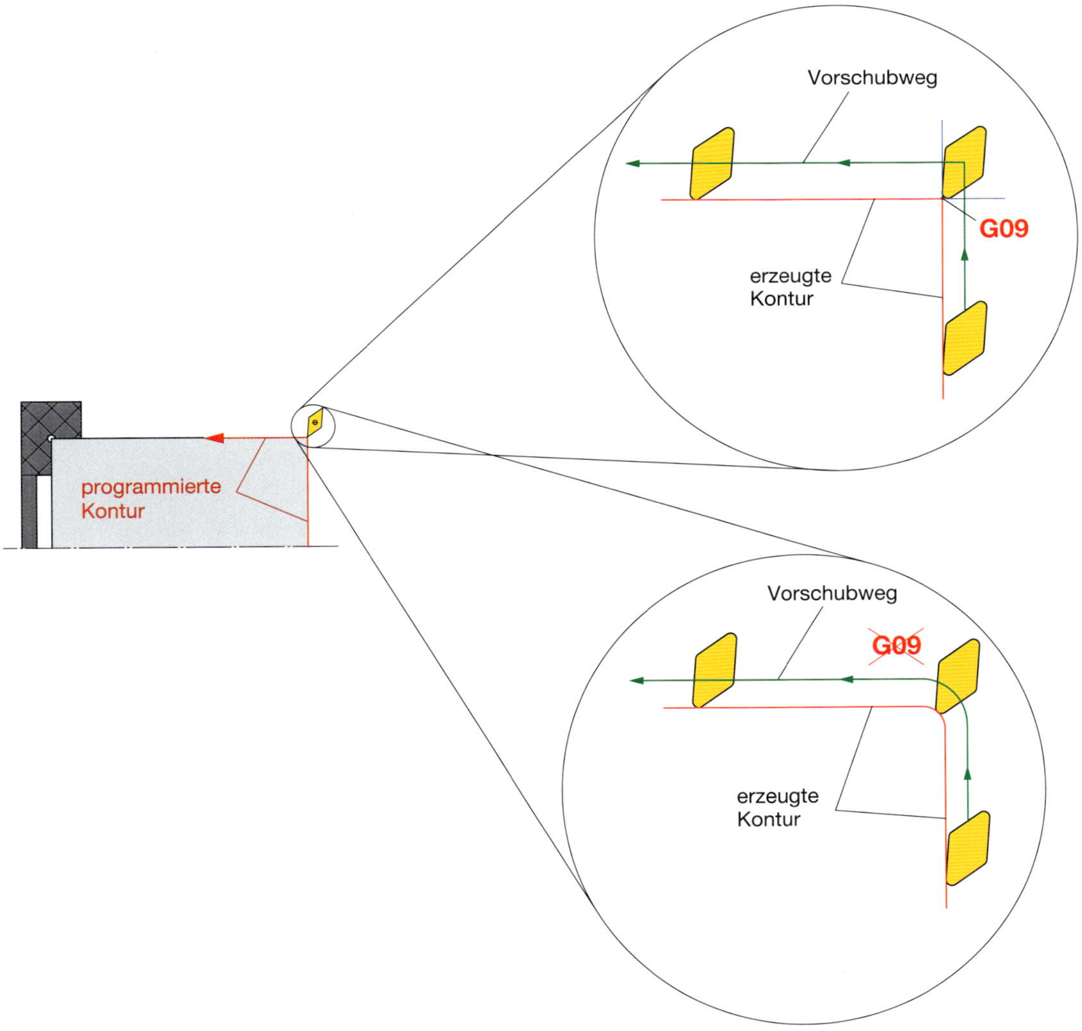

Vorschubweg
G09
erzeugte Kontur
programmierte Kontur
Vorschubweg
G09
erzeugte Kontur

G14: Konfigurierten Werkzeugwechselpunkt anfahren — Wirksamkeit: satzweise

Funktion

Der Werkzeugwechselpunkt wird im Eilgang mit dem Werkzeugbezugspunkt angefahren, wenn innerhalb des Fertigungsvorgangs ein Werkzeug manuell oder automatisch gewechselt werden soll.

Koordinatenangaben sind nicht erforderlich, da die Position des Werkzeugwechselpunktes in der Maschinenkonfiguration bestimmt wird und damit der Maschinensteuerung bekannt ist.

H1
E
H0
A
X
H2
Z

Adressen: *H M*

optionale Adressen

H

Wegfahrmöglichkeiten[1]

H0 schräg wegfahren (in allen Achsen gleichzeitig)

H1 erst X-Achse, danach Z-Achse wegfahren

H2 erst Z-Achse, danach X-Achse wegfahren

M

Zusatzfunktionen

[1] Voreinstellungen:
H0

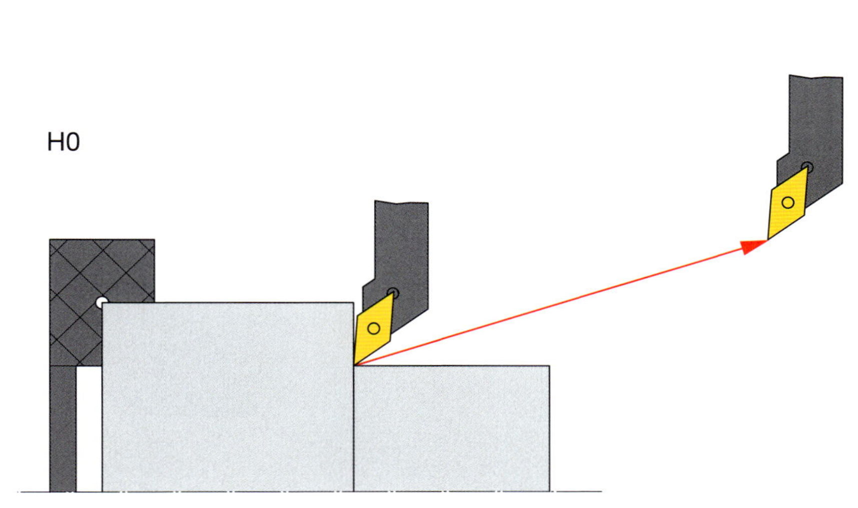
H0

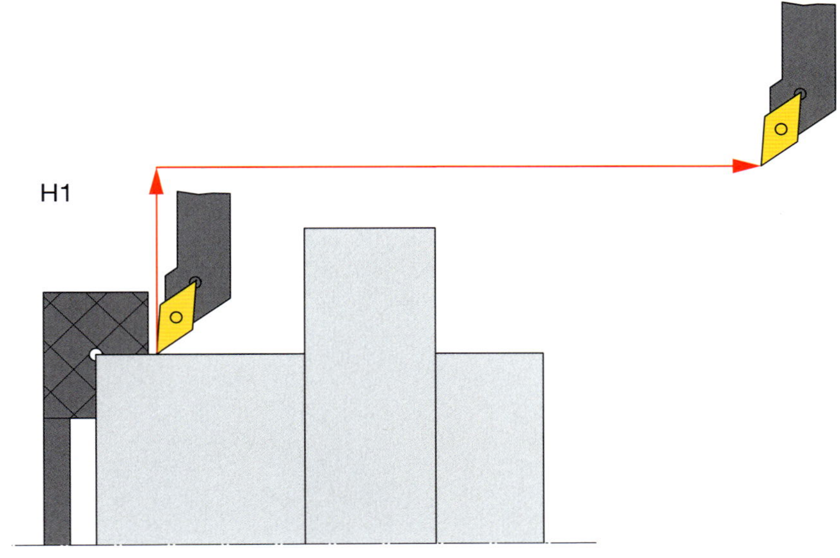
H1

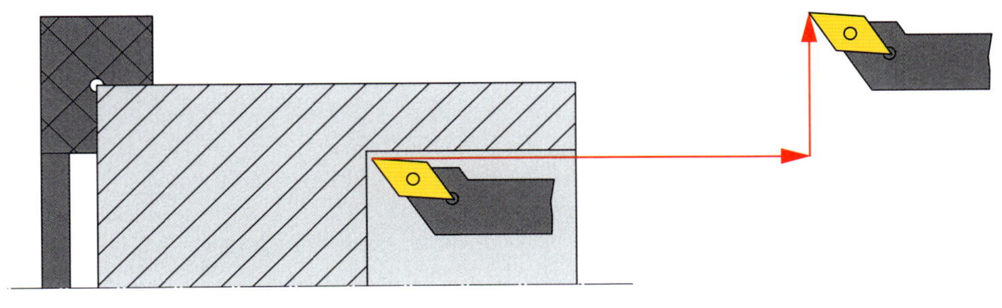
H2

G17: Stirnseitenbearbeitungsebenen — Wirksamkeit: selbsthaltend

Funktion

Mit horizontal angeordneten, angetriebenen Werkzeugen können Bohr- und Fräsarbeiten auf der Stirnfläche von Drehteilen ausgeführt werden. Die Bearbeitung erfolgt in der XC-Ebene, die Zustellung in Z-Richtung.

Aus der Drehmaschinensteuerung wird damit im Prinzip die Steuerung einer Waagerecht-Fräsmaschine (s. CNC-Kompendium Fräsen: G17).

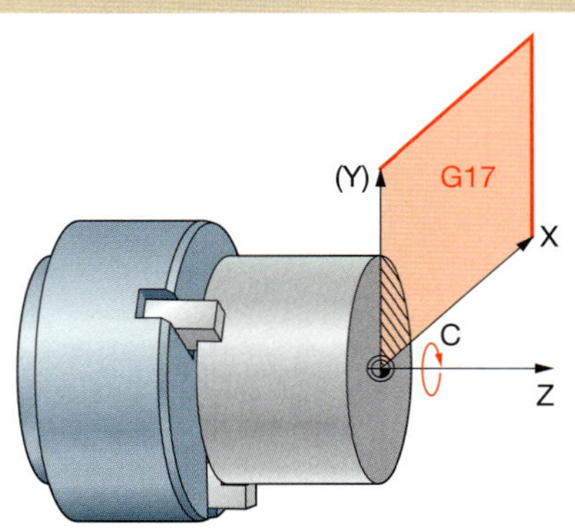

Adressen:

	C	***HS/GSU***
oder	**ohne Adresse**	***HS/GSU***
oder	**Y**	***C HS/GSU***
	Pflichtadressen	*optionale Adressen*

C	Stirnseite mit Polarkoordinaten		Anwahl der Werkstückspindel[1)]
ohne Adresse	Stirnseite mit virtueller Y-Achxe	***HS***	Hauptspindelbearbeitung
		GSU	Gegenspindelbearbeitung
Y	Stirnseite mit realer Y-Achse	***C***	mit der Ebenenanwahl einstellbarer C-Achswert[1)]
			[1)] Voreinstellungen: aktuelle Anwahl C0

G17 C: Die Achsen Z, X und C können nur linear mit G00 und G01 verfahren werden. Die gleichzeitige Programmierung von X und C in einem Satz erzeugt eine kreisbogenförmige Bewegung auf der Stirnseite. Von dem PAL-Programmiersystem Fräsen können die Bohrzyklen G81 ... G86, der Kreistaschenzyklus G73 und der Zyklusaufrufbefehl G79 verwendet werden. X-Werte werden im Radiusmaß programmiert. Der Achswert C0 liegt in Richtung der positiven X-Achse. Bohrungen können an beliebigen Stellen der Stirnfläche liegen. Mittelpunkte von Kreisbögen und Kreistaschen müssen im Werkstücknullpunkt liegen. Mittellinien von Nuten müssen durch den Werkstücknullpunkt verlaufen.

Arbeitsfolge 1: Bohren – T1 – Ø8

```
N...
N100   G17   C
N110   G97   F...   S...    T1     M...
N120   G00   X15    Z2      C0
N130   G01          Z-10
N140   G00          Z2
N150   G00                  C180
N160   G01          Z-10
N170   G00          Z2
N180   G14
N...
```

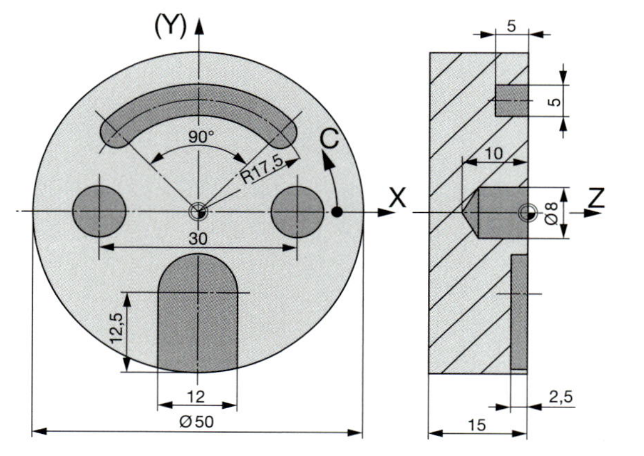

Arbeitsfolge 2: Kreisbogennut fräsen – T2 – Ø5

```
N...
N200   G17   C
N210   G97   F...    S...   T2     M...
N220   G00   X17,5   Z2     C45
N230   G01           Z-5
N240   G01                  C135
N250   G00           Z2
N260   G14
N...
```

Arbeitsfolge 3: Nut fräsen – T3 – Ø12

```
N...
N300   G17   C
N310   G97   F...    S...    T3     M...
N320   G00   X33     Z2      C270
N330   G01           Z-2,5
N340   G01   X12,5
N350   G00           Z2
N360   G14
N...
```

G17: Die virtuelle (scheinbar vorhandene) Y-Achse wird erzeugt, indem in einem XYZ-Koordinatensystem die XY-Ebene als Bearbeitungsebene mit der 1. Geometrieachse X und der 2. Geometrieachse Y und der 3. Geometrieachse Z als Zustellachse festgelegt wird. Die C-Achse kann nicht direkt programmiert werden. Die kartesischen XY-Koordinaten werden maschinenintern auf die Polarkoordinaten X, C umgerechnet (X-Werte im Radiusmaß). Es steht der gesamte Umfang des PAL-Programmiersystems Fräsen für die Stirnseitenbearbeitung zur Verfügung.

Arbeitsfolge: Nut fräsen – T1 – Ø8

```
N...
N100  G17
N110  G97  F...   S...   T1    M...
N120  G00  X-10   Y10    Z2
N130  G01                Z-5
N140  G01         Y-8
N150  G03  X10    Y-8    IA0   JA-8
N160  G01  X15
N170  G00                Z2
N180  G14
N...
```

Punkt	kartesische Koordinaten		Polarkoordinaten	
	X	Y	X	C
P1	-10	10	14,142	135
P2	-10	-8	12,806	218,66
P3	10	-8	12,806	321,34
P4	10	15	18,028	56,31

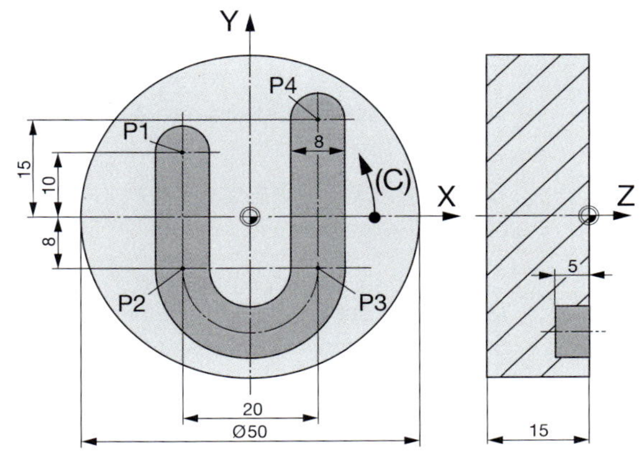

G17 Y: Die real vorhandene Y-Achse ermöglicht Stirnseitenbearbeitung in einem XYZ-Koordinatensystem bei festgehaltener C-Achse. Über die optionale Adresse C kann ein Achswert programmiert werden, auf dem die C-Achse geklemmt werden soll. Es steht der gesamte Umfang des PAL-Programmiersystems Fräsen für die Stirnseitenbearbeitung zur Verfügung. X-Werte werden im Radiusmaß programmiert.

Arbeitsfolge 1: Vierkant fräsen – T1 – Ø12

```
N...
N100  G17 Y
N110  G97  F...      S...    T1     M...
N120  G00  X35       Y35     Z-7,5
N130  G42  G45       D25
N140  G11  RP21,21   AP45    IA0    JA0; P1
N150  G11  RP21,21   AP135   IA0    JA0; P2
N160  G11  RP21,21   AP225   IA0    JA0; P3
N170  G11  RP21,21   AP315   IA0    JA0; P4
N180  G11  RP21,21   AP45    IA0    JA0; P1
N190  G40  G46       D25
N200  G14
N...
```

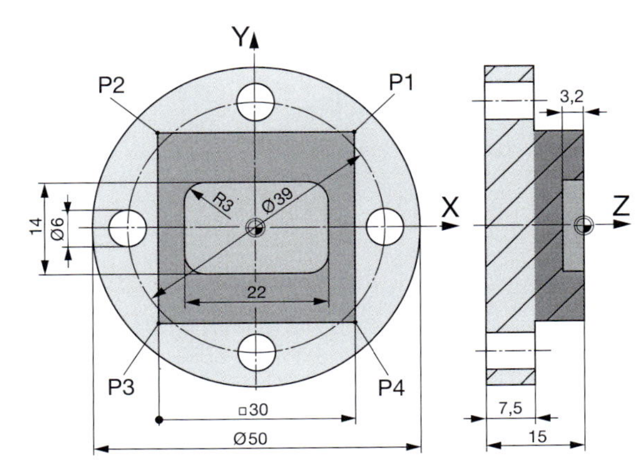

Arbeitsfolge 2: Rechtecktasche fräsen – T2 – Ø5

```
N...
N300  G17  Y
N310  G97  F...    S...   T2   M...
N320  G00  X0      Y0     Z2
N330  G72  ZA-3,2  LP22        BP14  D2  RN3  V2
N340  G79  X0      Y0     Z0
N350  G14
N...
```

Arbeitsfolge 3: Bohrungen fertigen – T3 – Ø6

```
N...
N400  G17  Y
N410  G97  F...     S...    T3    M...
N420  G00  X50      Z-6
N430  G81           ZA-17   V2    W2
N440  G77  R19,5    AN0     AI90  O4   IA0  JA0
N450  G14
N...
```

G18: Drehebenenanwahl — Wirksamkeit: selbsthaltend

Funktion

In einem XYZ-Koordinatensystem wird die ZX-Ebene als Bearbeitungsebene mit der 1. Geometrieachse Z und der 2. Geometrieachse X festgelegt.

Durch die Auswahl der Bearbeitungsebene ist festgelegt:
- die Ebene für die Kreisinterpolation,
- die Ebene für die Schneidenradiuskorrektur,
- die Zustellrichtung für die Werkzeuglängenkorrektur

G18 ist **Einschaltzustand** der Maschine.

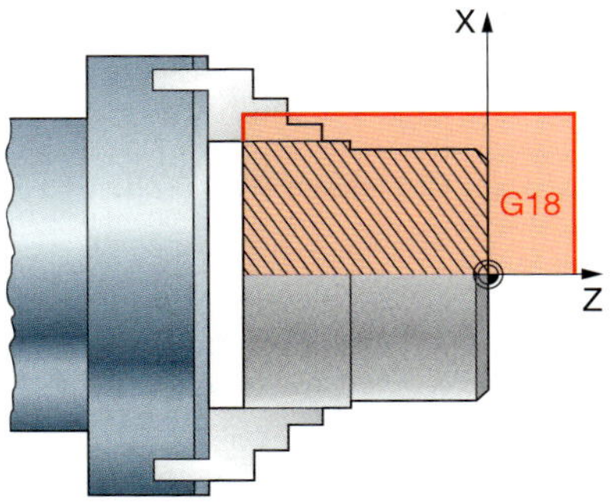

X
G18
Z

Adressen: ***DIA/RAD/DRA*** ***HS/GS/GSU***
optionale Adressen

	Maßeinheit der X-Achse für Zielpunkte und Kreismittelpunkte[1]
DIA	Alle X-Koordinaten im Durchmessermaß
RAD	Alle X-Koordinaten im Radiusmaß
DRA	Absolute Koordinaten XA, IA im Durchmessermaß Inkrementale Koordinaten XI, I im Radiusmaß Absolute X-Koordinaten im Durchmessermaß bei G90 Inkrementale X-Koordinaten im Radiusmaß bei G91

	Anwahl der Werkstückspindel[1]
HS	Hauptspindelbearbeitung
GS	Gegenspindelbearbeitung (nur bei Drehbearbeitung zugelassen)
GSU	Gegenspindelbearbeitung mit Drehung des XYZ-Koordinatensystems um 180° um die X-Achse ohne Veränderung der Werkzeugquadranten. Hierdurch ist in G18 die Z-Achse gespiegelt und in G19 das Ebenenkoordinatensystem um 180° gedreht.

[1] Voreinstellungen: DRA HS

Hauptspindelbearbeitung: G18 HS

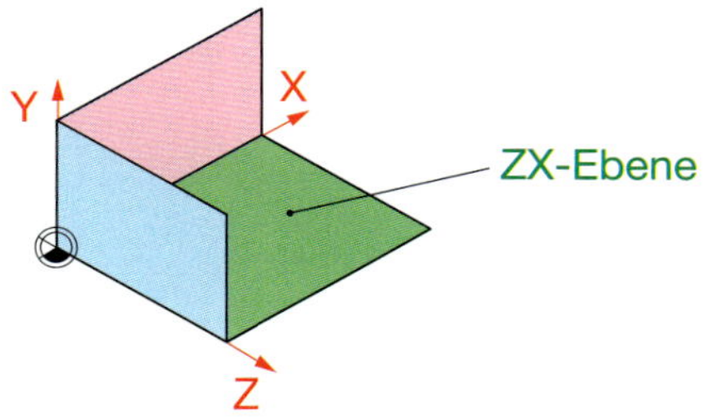

Y
X
ZX-Ebene
Z

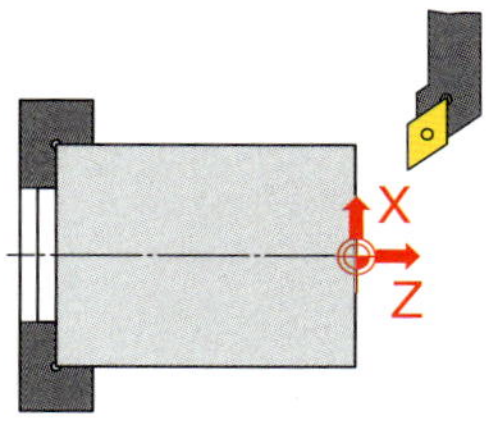

X
Z

Gegenspindelbearbeitung: G18 GS

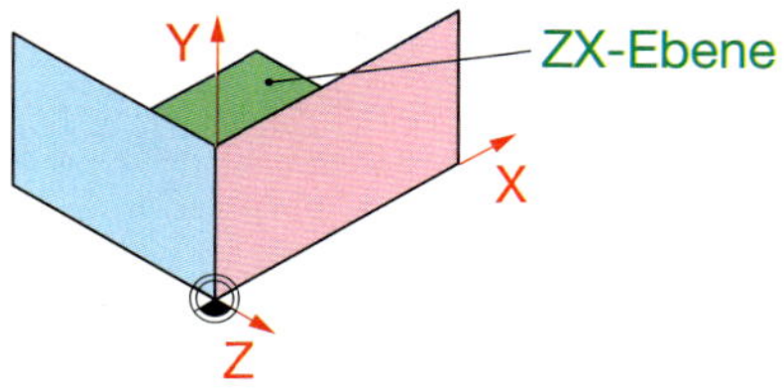

Y
ZX-Ebene
X
Z

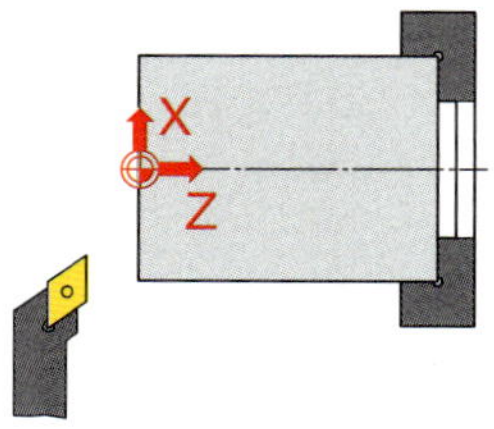

X
Z

Gegenspindelbearbeitung: G18 GSU

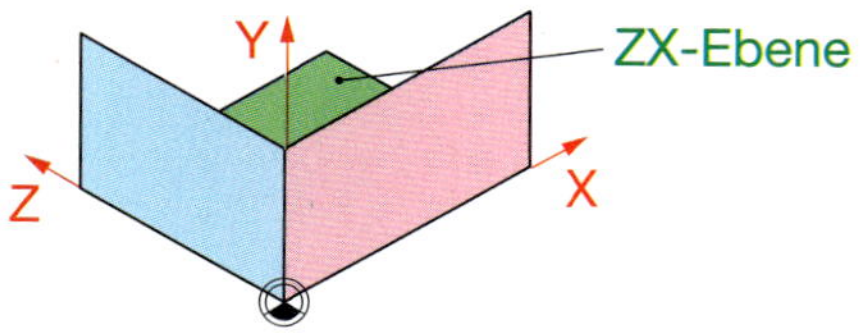

Y
ZX-Ebene
Z
X

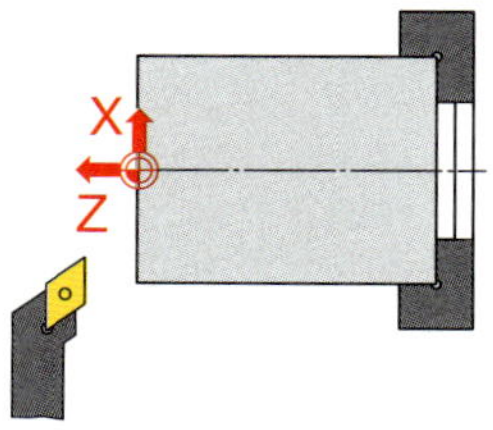

X
Z

G18 DIA

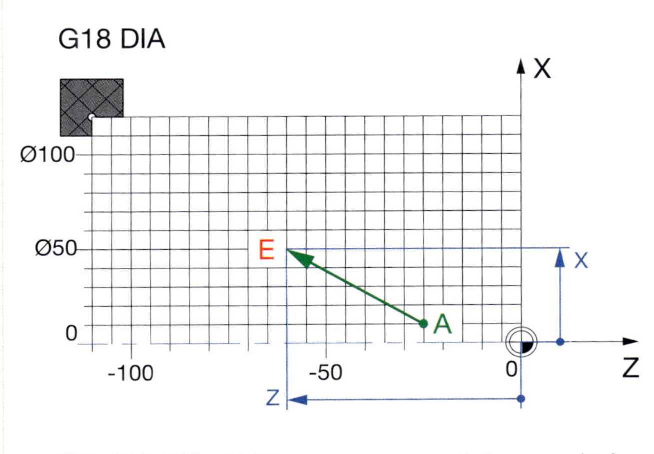


```
G90  G01  X10   Z-25                    ; Anfangspunkt A
G01  X50  Z-60
```

G18 RAD

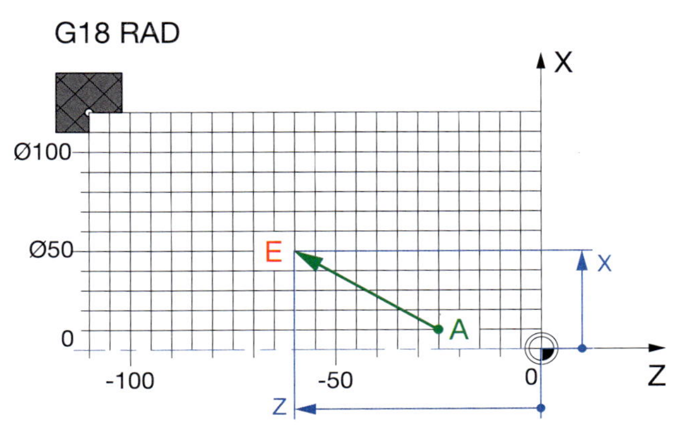


```
G90  G01  X5    Z-25                    ; Anfangspunkt A
G01  X25  Z-60
```

G18 DRA

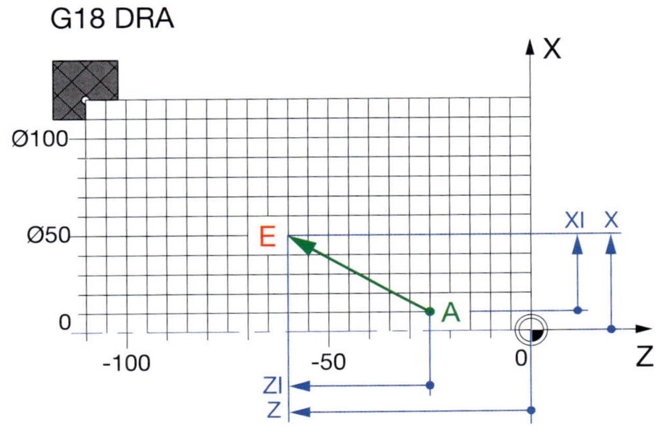


```
G90  G01  X10   Z-25                    ; Anfangspunkt A
G01  X50  Z-60                                      oder
G01  XI20 ZI-35
```

G18 DRA

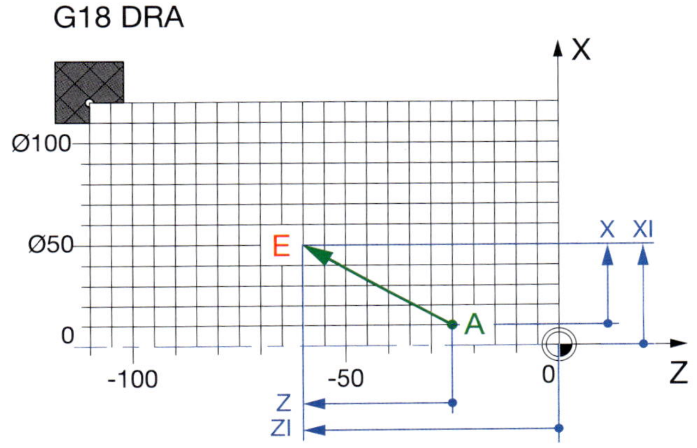


```
G91  G01  XA10  ZA-25                   ; Anfangspunkt A
G01  X20  Z-35                                      oder
G01  XA50 ZA-60
```

G18 DRA

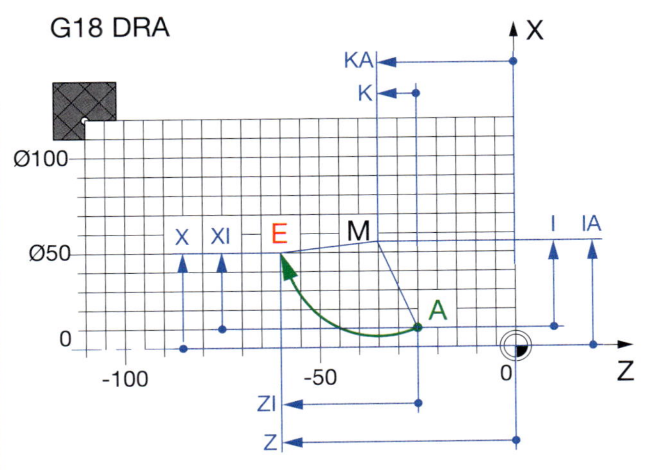


```
G90  G01  X10   Z-25                    ; Anfangspunkt A
G02  X50  Z-60   I22.84   K-10.16                   oder
G02  XI20 ZI-35  IA55.68  KA-35.16
```

G18 DRA

```
G91  G01  XA10  ZA-25                   ; Anfangspunkt A
G02  X20  Z-35   I22.84   K-10.16                   oder
G02  XA50 ZA-60  IA55.68  KA-35.16
```

G22: Unterprogrammaufruf — Wirksamkeit: satzweise

Funktion

Ein Unterprogramm wird von einem Hauptprogramm aufgerufen und abgearbeitet. Anschließend wird das Hauptprogramm nach dem Unterprogramm-Aufruf fortgesetzt. Aus einem Unterprogramm heraus kann ein anderes Unterprogramm aufgerufen werden. Ausblendebenen ermöglichen das Überspringen von Sätzen eines Unterprogramms.

Prozedur 1
Prozedur 4
Prozedur 2
Prozedur 4
Prozedur 3

Adressen:

L	*H /*
Pflichtadresse	*optionale Adressen*

L	Programmnummer des Unterprogramms
H	Anzahl der Wiederholungen des Unterprogramms[1]
/	Ausblendebene[1]

[1] Voreinstellungen:
H1 keine Ausblendebene

Einfacher Unterprogrammaufruf

Hauptprogramm %10	Unterprogramm L101
N10 ...	N10 ...
N20 ...	N20 ...
N30 ...	N30 ...
N40 G22 L101	N40 ...
N50 ...	N50 ...
N60 ...	N60 ...
N70 ...	N70 ...
N80 ...	
N90 ...	
... ...	N160 M17

Absprung
Rücksprung

Unterprogrammaufruf mit Wiederholung

Hauptprogramm %10	Unterprogramm L101
N10 ...	N10 ...
N20 ...	N20 ...
N30 ...	N30 ...
N40 G22 L101 H2	N40 ...
N50 ...	N50 ...
N60 ...	N60 ...
N70 ...	N70 ...
N80 ...	
N90 ...	
... ...	N160 M17

Absprung
Rücksprung
H1
H2

Unterprogrammaufruf vom Unterprogramm

Hauptprogramm %10
N10 ...
N20 ...
N30 ...
N40 G22 L101
N50 ...
N60 ...
N70 ... ...
N80 ...
N90 ...
... ...

Absprung

Unterprogramm L101
N10 ...
N20 ...
N30 ...
N40 ...
N50 G22 L102 H2
N60 ...
... ...
... ...
... ...
N160 M17

Absprung
Rücksprung

Unterprogramm L102
N10 ... H1 H2
N20 ...
N30 ...
N40 ...
N50 ...
N60 ...
... ...
... ...
... ...
N160 M17

Rücksprung

Unterprogrammaufruf mit Ausblendebenen

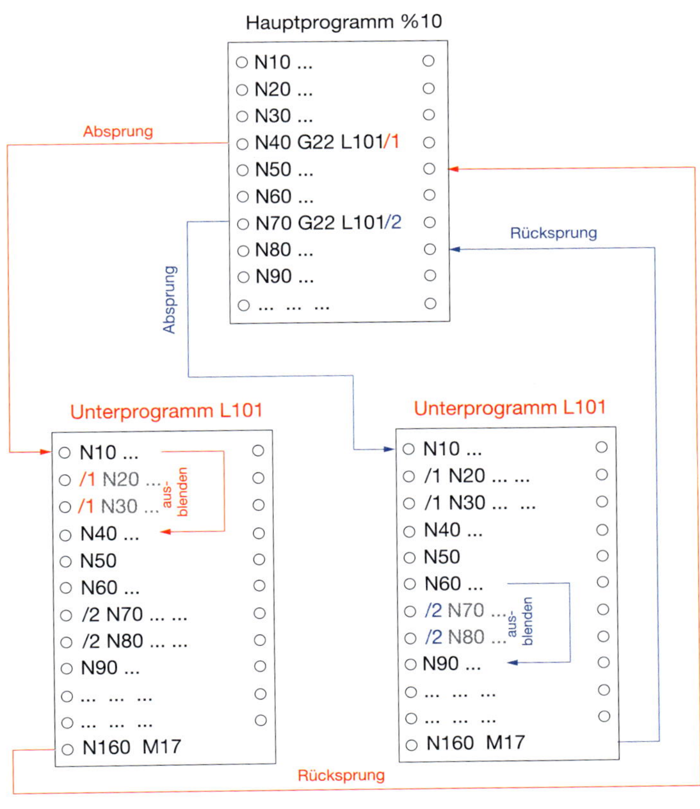

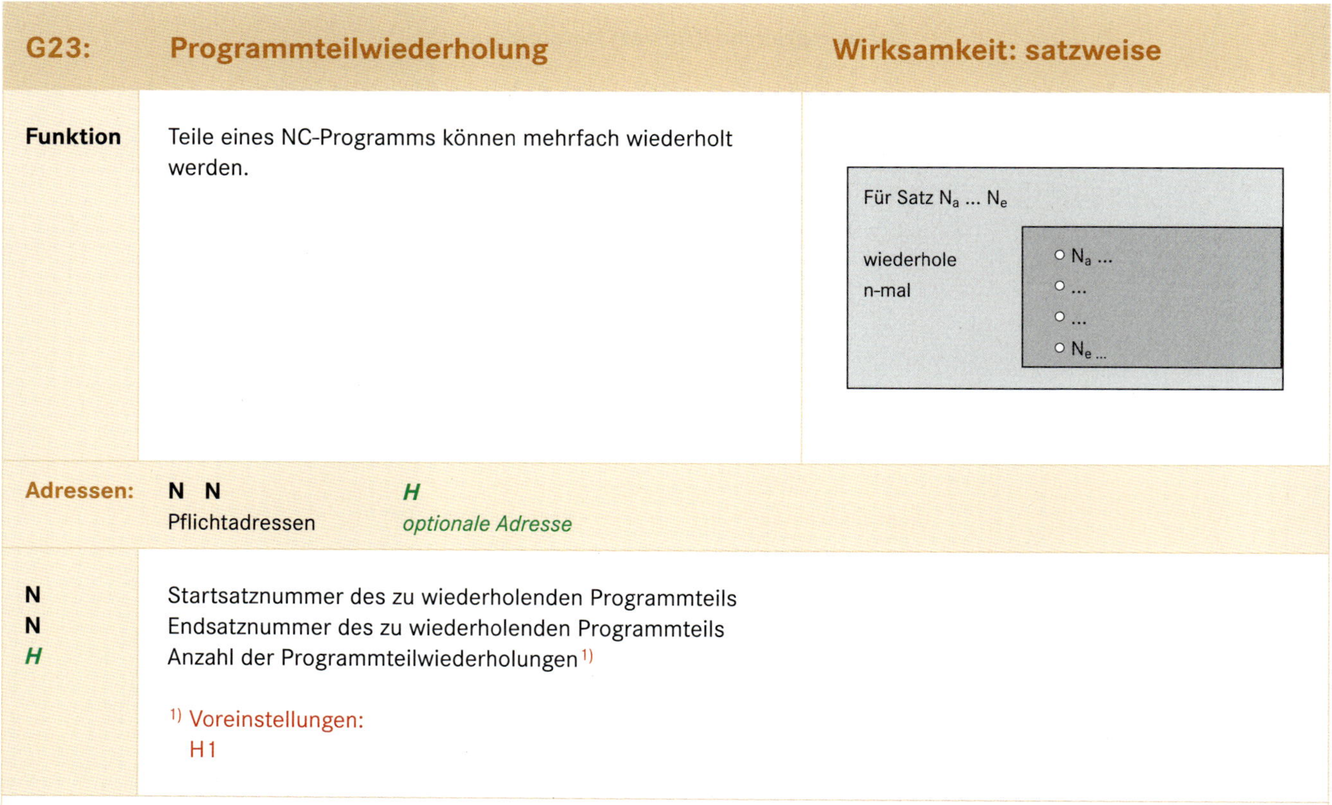

G23:	Programmteilwiederholung	Wirksamkeit: satzweise
Funktion	Teile eines NC-Programms können mehrfach wiederholt werden.	Für Satz N_a … N_e wiederhole n-mal N_a … … … N_e …
Adressen:	**N N** Pflichtadressen	***H*** *optionale Adresse*
N **N** ***H***	Startsatznummer des zu wiederholenden Programmteils Endsatznummer des zu wiederholenden Programmteils Anzahl der Programmteilwiederholungen[1] [1] Voreinstellungen: H1	

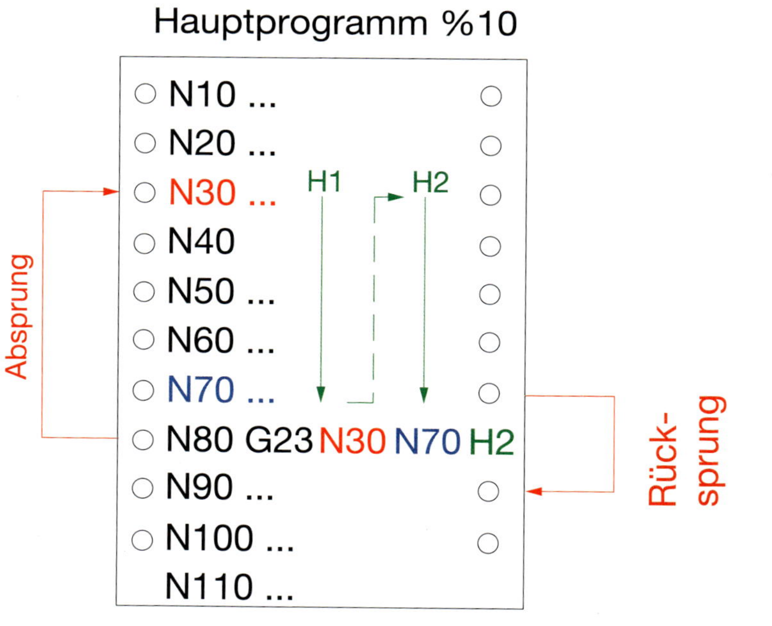

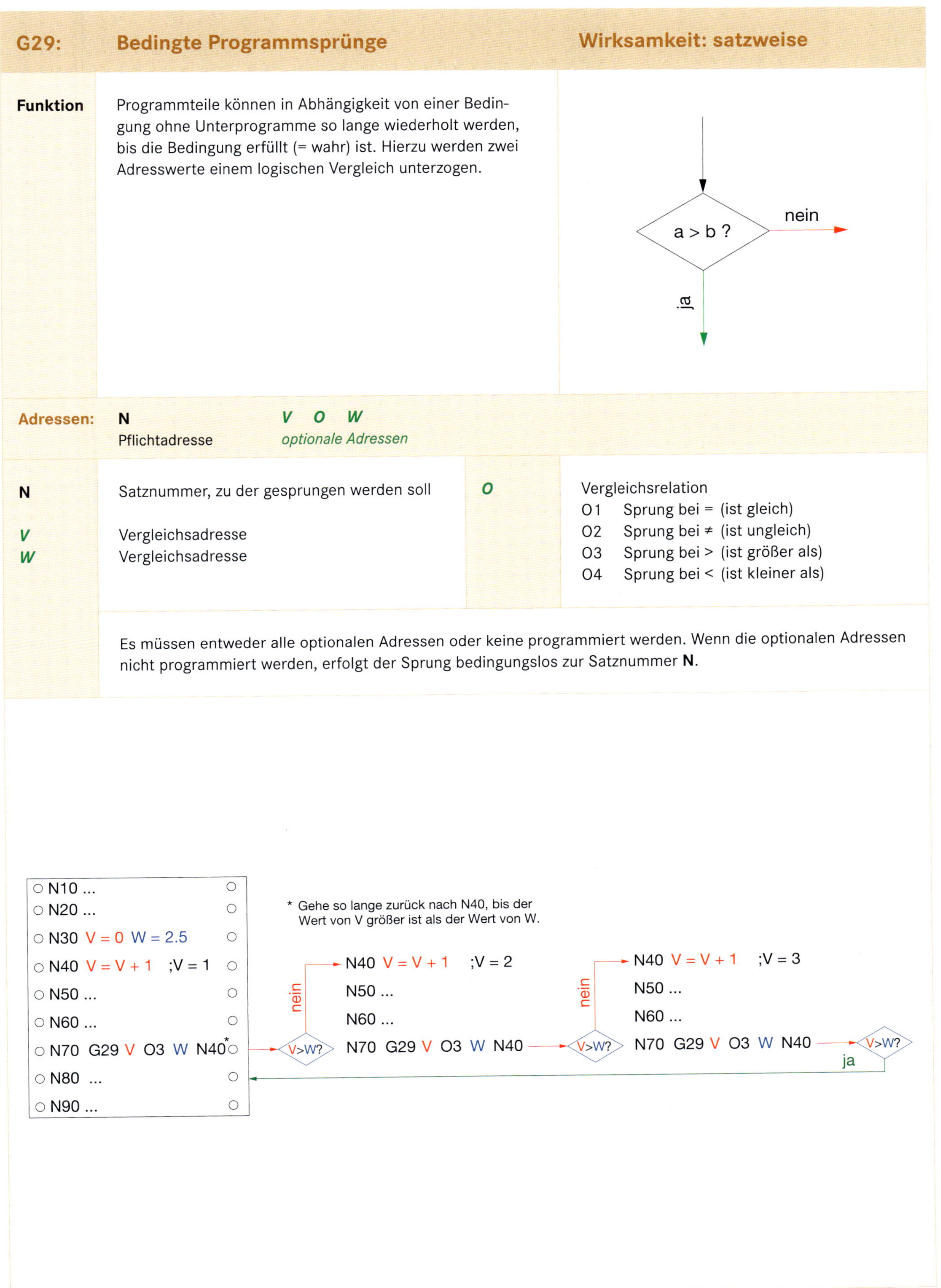

G29:	Bedingte Programmsprünge	Wirksamkeit: satzweise
Funktion	Programmteile können in Abhängigkeit von einer Bedingung ohne Unterprogramme so lange wiederholt werden, bis die Bedingung erfüllt (= wahr) ist. Hierzu werden zwei Adresswerte einem logischen Vergleich unterzogen.	

Adressen: **N** Pflichtadresse — ***V O W*** *optionale Adressen*

N	Satznummer, zu der gesprungen werden soll	***O***	Vergleichsrelation O1 Sprung bei = (ist gleich) O2 Sprung bei ≠ (ist ungleich) O3 Sprung bei > (ist größer als) O4 Sprung bei < (ist kleiner als)
V	Vergleichsadresse		
W	Vergleichsadresse		

Es müssen entweder alle optionalen Adressen oder keine programmiert werden. Wenn die optionalen Adressen nicht programmiert werden, erfolgt der Sprung bedingungslos zur Satznummer **N**.

G30: Umspannen/Gegenspindelübernahme/Reitstockposition — Wirksamkeit: satzweise

Funktion

Zur Rückseitenbearbeitung kann das Werkstück entweder auf der Hauptspindel umgespannt oder auf die Gegenspindel übergeben werden, falls die Maschine entsprechend ausgerüstet ist. Bei Maschinen mit programmierbarem Reitstock kann dieser mit G30 positioniert werden.

Adressen:

	Pflichtadressen	optionale Adressen
	Q DE	C T ZA XS XA TC DA H O M S F M E DM V U M11
oder	Q4 ZA	

Adresse	Bedeutung
Q	Umspannen/Gegenspindelübergabe Q1 Umspannen auf der Hauptspindel Q2 Gegenspindel positionieren und spannen Q3 Gegenspindel positionieren, spannen und Gegenspindelübernahme Q4 Pinole zurückfahren und Reitstockbezugspunkt positionieren
DE	Einspannposition der Spannmittelvorderkante im aktuellen ungedrehten Werkstück-Koordinatensystem der Hauptspindel
ZA	Reitstockbezugspunkt
C	C-Achs-Differenz der Spindel(n) bei Umspannen oder Übernahme[1]
	Adressen für Q2 und Q3:
T	Abstechwerkzeug (mit Pflichtadressen ZA/XS)[1]
ZA	absolute Abstechposition oder Reitstockposition
XS	absoluter Abstech-Startdurchmesser
XA	absoluter Abstech-Enddurchmesser[1]
TC	Korrekturwertregister für Abstechwerkzeug[1]
DA	Werkstück-Auszugslänge nach Positionieren und Spannen auf der Gegenspindel mit Öffnen/Schließen der Werkstückspannung auf der Hauptspindel[1]
H	Werkstück-Auszugsmodus H0 Werkstückauszug bei stehender Spindel Hwert Auszug mit Drehzahl G97 S = wert
O	Spindelkopplungsmodus für Q2[1] O0 Gegenspindel mit beiden stehenden Spindeln an Einspannposition fahren und spannen Owert Gegenspindel mit Drehzahl G97 S = wert und Spindelsynchronisation an Einspannposition fahren und spannen
M	Einspannrichtungen auf Haupt- und Gegenspindel[1] M63 Hauptspindel außen; Gegenspindel außen M64 Hauptspindel außen; Gegenspindel innen M65 Hauptspindel innen; Gegenspindel außen M64 Hauptspindel innen; Gegenspindel innen
S	Abstechschnittgeschwindigkeit G96 (m/min)[1]
F	Abstechvorschub G97 (mm/U)[1]
M	Abstech- und Übernahmedrehrichtung[1]
E	Vorschub der Gegenspindelpositionierung am Werkstück mit G94 (mm/min)[1]
DM	Abstand von Spannmittelvorderkante bis Gegenspindelbezugspunkt[1]
V	Sicherheitsabstand vor der Einspannposition beim Wechsel von G00 nach G01[1]
U	Verweilzeit nach Schließen der Gegenspindelspannung[1]

[1] Voreinstellungen:
C0 DA0 H0 O0 M63
T: nicht programmiert → kein Abstechen
XA: 0–2* Abstechschneideneckenradius
TC: TC1
S, F, M: aktuelle Werte
E, DM, V, U: gemäß PAL-Maschinenkonfiguration

Komplettbearbeitung mit Gegenspindel

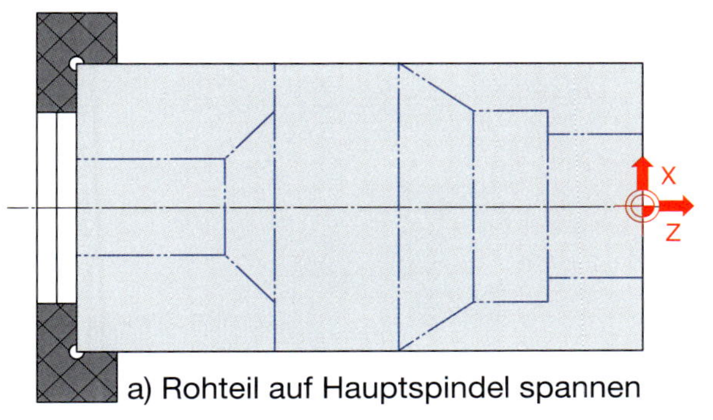

a) Rohteil auf Hauptspindel spannen

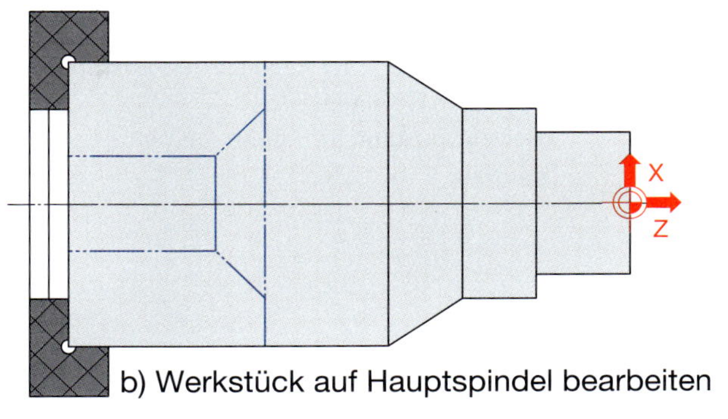

b) Werkstück auf Hauptspindel bearbeiten

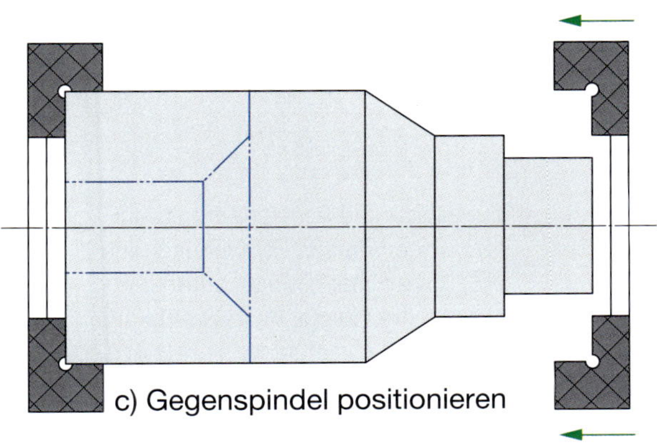
c) Gegenspindel positionieren

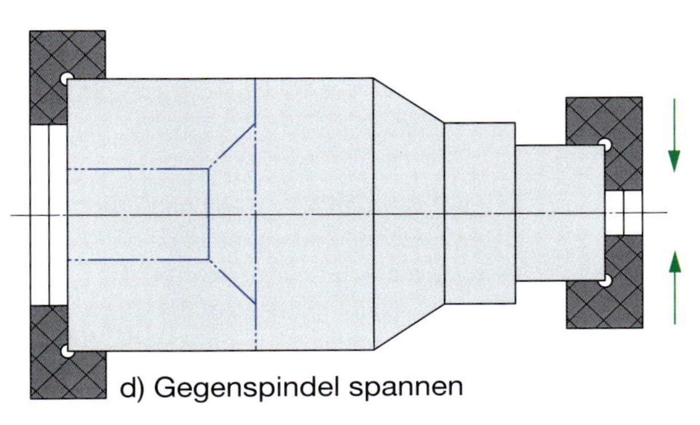
d) Gegenspindel spannen

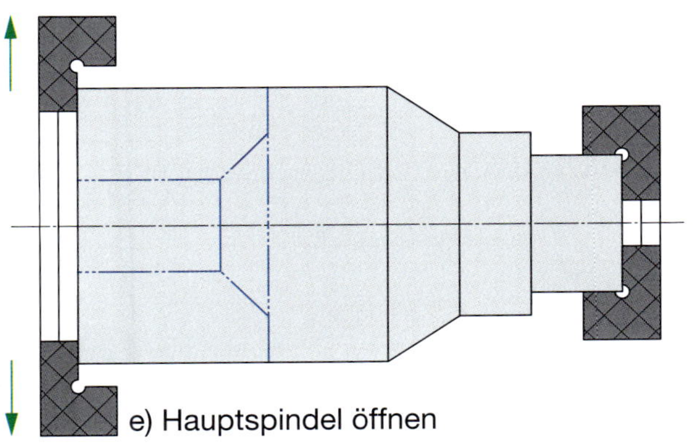
e) Hauptspindel öffnen

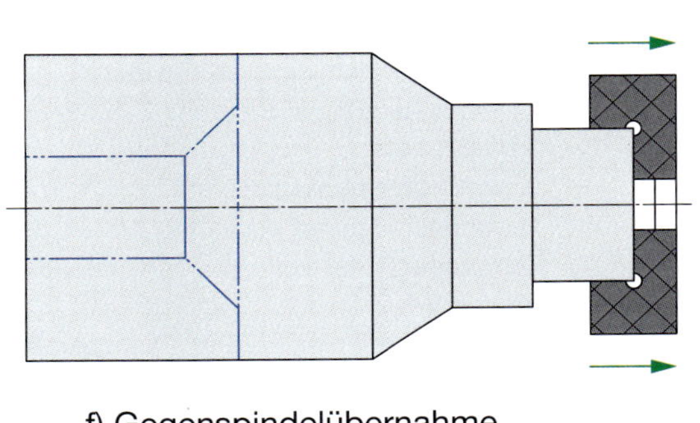
f) Gegenspindelübernahme

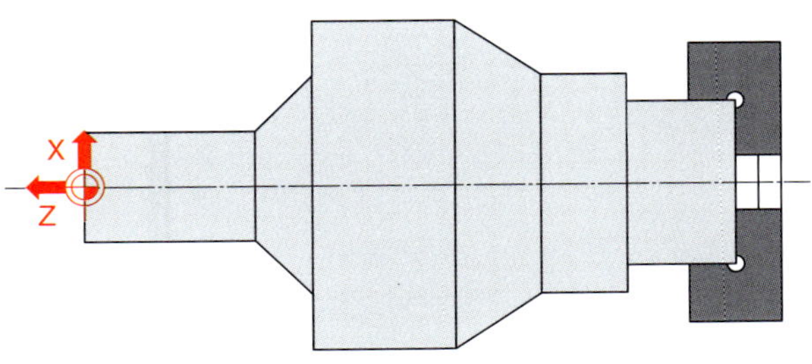

g) Werkstück auf Gegenspindel mit G18 GSU (gespiegelte Z-Achse) bearbeiten

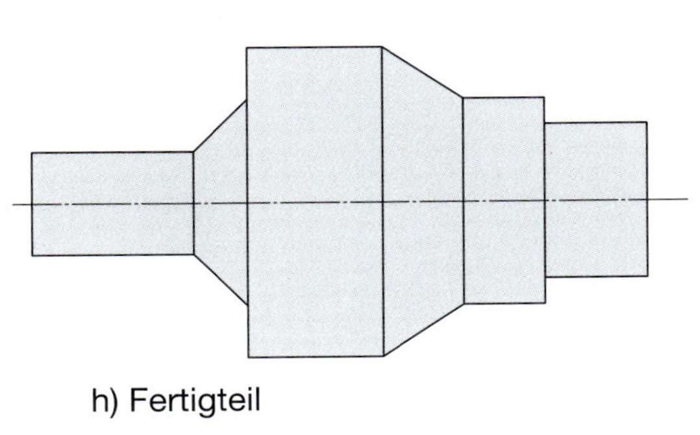
h) Fertigteil

G31:	Gewindezyklus	Wirksamkeit: satzweise
Funktion	Herstellen von zylindrischen Gewinden (z. B. metrisches ISO-Gewinde) oder kegeligen Gewinden (z. B. metrisches kegeliges Gewinde). Der Zyklus kann für Außen- und Innengewinde benutzt werden.	

Adressen: **Z/ZA/ZI X/XA/XI F D** Pflichtadressen — ***ZS XS DA DU Q O AE H S M*** *optionale Adressen*

Z	Z-Gewindeendpunkt absolut bei G90; Z-Gewindeendpunkt inkremental bei G91 bezogen auf den Gewindestartpunkt	***H***	Zustellart- und Restschnittauswahl[1)] H1 ohne Versatz; Restschnitte aus H2 linke Flanke; Restschnitte aus H3 rechte Flanke; Restschnitte aus H4 Versatz wechselweise rechts/links; Restschnitte aus H11 ohne Versatz; Restschnitte ein H12 linke Flanke; Restschnitte ein H13 rechte Flanke; Restschnitte ein H14 Versatz wechselweise rechts/links; Restschnitte ein Restschnitte: ½, ¼, ⅛, ⅛ x (D/Q)
ZA	Z-Gewindeendpunkt absolut bei G91		
ZI	Z-Gewindeendpunkt inkremental bei G90 bezogen auf den Gewindestartpunkt		
X	X-Gewindeendpunkt absolut bei G90; X-Gewindeendpunkt inkremental bei G91 bezogen auf den Gewindestartpunkt		
XA	X-Gewindeendpunkt absolut bei G91		
XI	X-Gewindeendpunkt inkremental bei G90 bezogen auf den Gewindestartpunkt		
F	Gewindesteigung in Richtung Z-Achse		
D	Gewindetiefe	***S***	Drehzahl/Schnittgeschwindigkeit[1)]
ZS	Gewindestartpunkt absolut in Z[1)]		
XS	Gewindestartpunkt absolut in X[1)]	***M***	Zusatzfunktionen[1)]
DA	Gewindeanlaufstrecke in Z-achsparalleler Richtung[1)]		[1)] Voreinstellungen: ZS: um DA verschobene aktuelle Werkzeugposition in Z XS: absolute X-Endpunktkoordinate S: aktuelle Spindeldrehz./Schnittgeschw. M: aktuelle Drehrichtung/Kühlmittel-schaltung DA0 DU0 Q1 O0 AE29 H1
DU	Gewindeüberlaufstrecke in Z-achsparalleler Richtung[1)]		
Q	Anzahl der Schnitte[1)]		
O	Anzahl der Leerdurchläufe[1)]		
AE	Eintauchwinkel zur X-Achse für Zustellung auf der rechten oder linken Flanke[1)]		

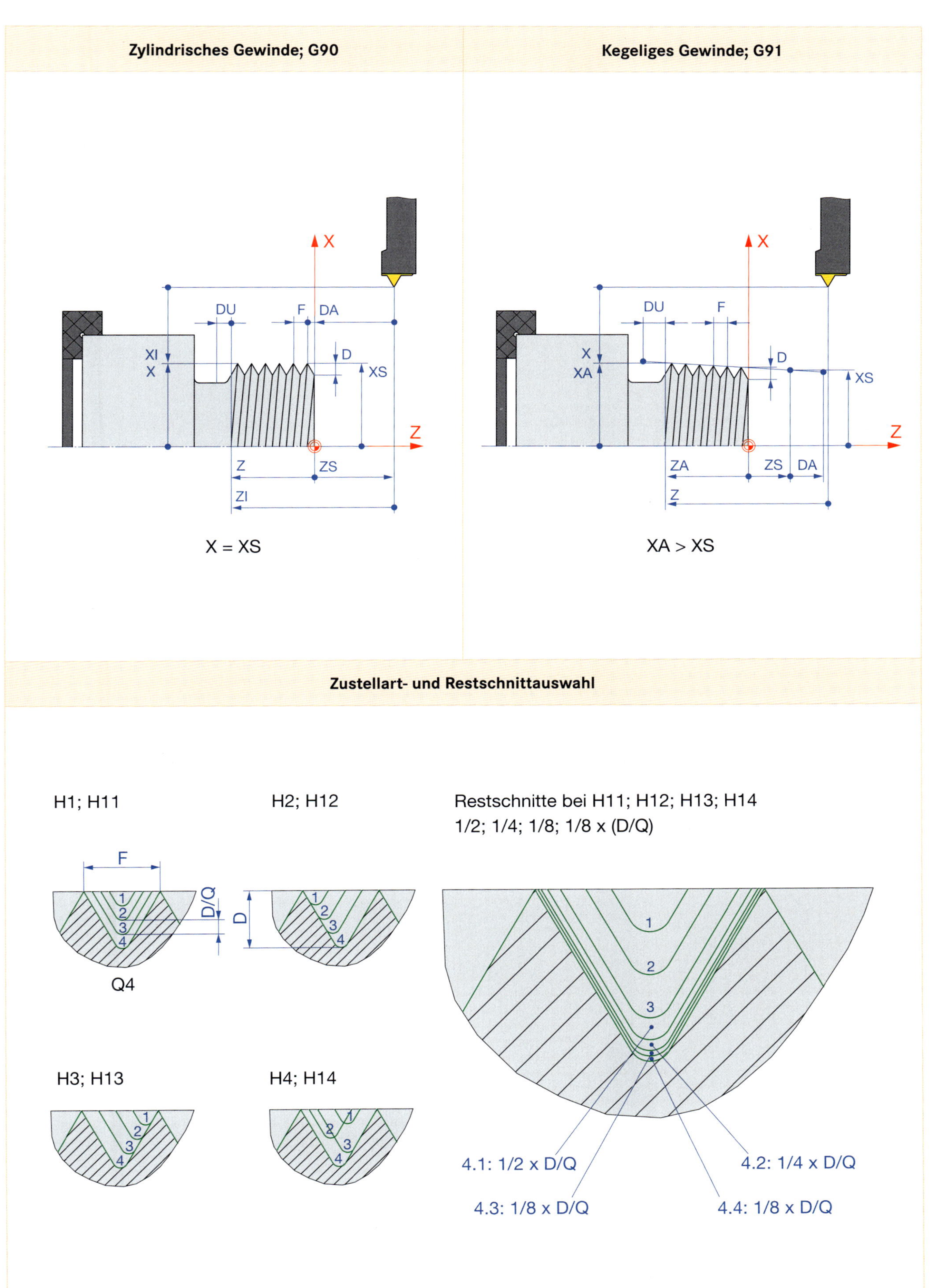
Zylindrisches Gewinde; G90
Kegeliges Gewinde; G91
X
DU
F
DA
XI
X
D
XS
Z
ZS
ZI
X = XS
X
DU
F
X
XA
D
XS
Z
ZA
ZS
DA
Z
XA > XS
Zustellart- und Restschnittauswahl
H1; H11
H2; H12
Restschnitte bei H11; H12; H13; H14
1/2; 1/4; 1/8; 1/8 x (D/Q)
F
D/Q
D
Q4
H3; H13
H4; H14
4.1: 1/2 x D/Q
4.2: 1/4 x D/Q
4.3: 1/8 x D/Q
4.4: 1/8 x D/Q

G32:	Gewindebohrzyklus		Wirksamkeit: satzweise
Funktion	Herstellen eines Innengewindes mit einem Gewindebohrer		
Adressen:	**Z/ZA/ZI F** Pflichtadressen	***S M*** *optionale Adressen*	
Z **ZA** **ZI**	Z-Gewindeendpunkt absolut bei G90; Z-Gewindeendpunkt inkremental bei G91 Z-Gewindeendpunkt absolut bei G91 Z-Gewindeendpunkt inkremental bei G90	**F** ***S*** ***M***	Gewindesteigung Drehzahl/Schnittgeschwindigkeit[1)] Drehrichtung/Kühlmittel[1)] [1)] Voreinstellungen: S: aktuelle Spindeldrehz./Schnittgeschw. M: aktuelle Drehrichtung/Kühlmittel-schaltung

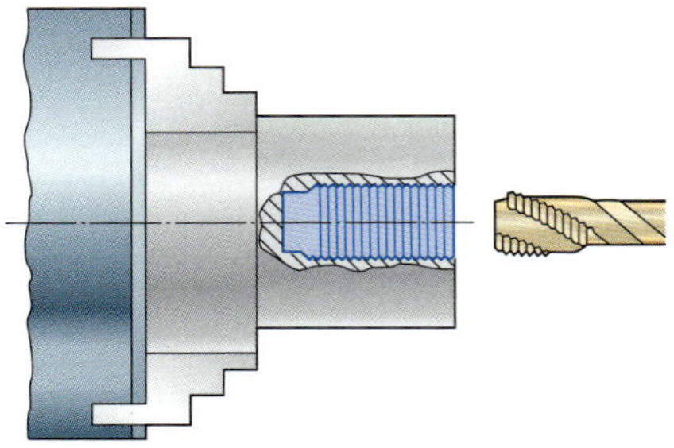

G90 aktiv

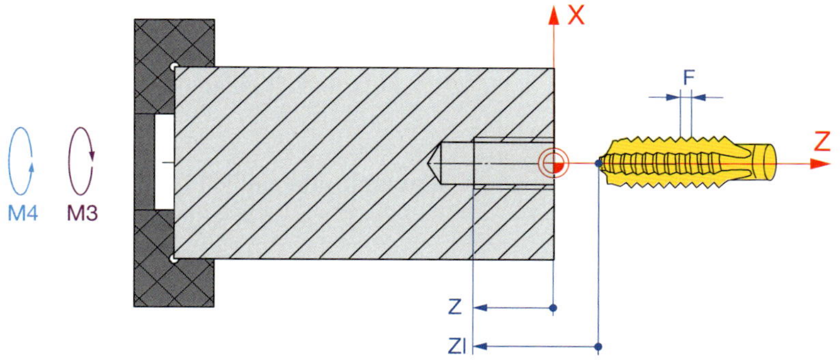

G91 aktiv

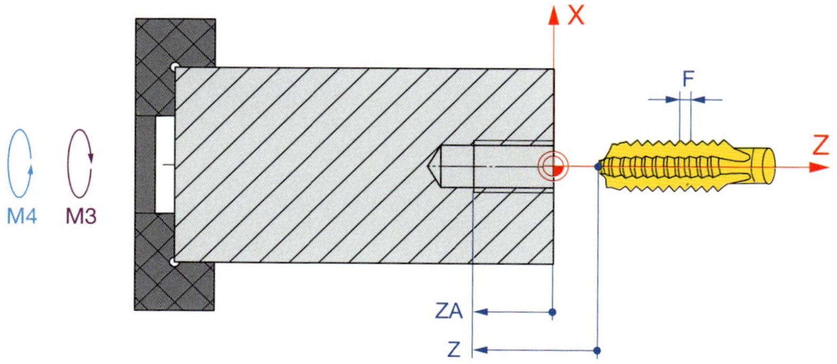

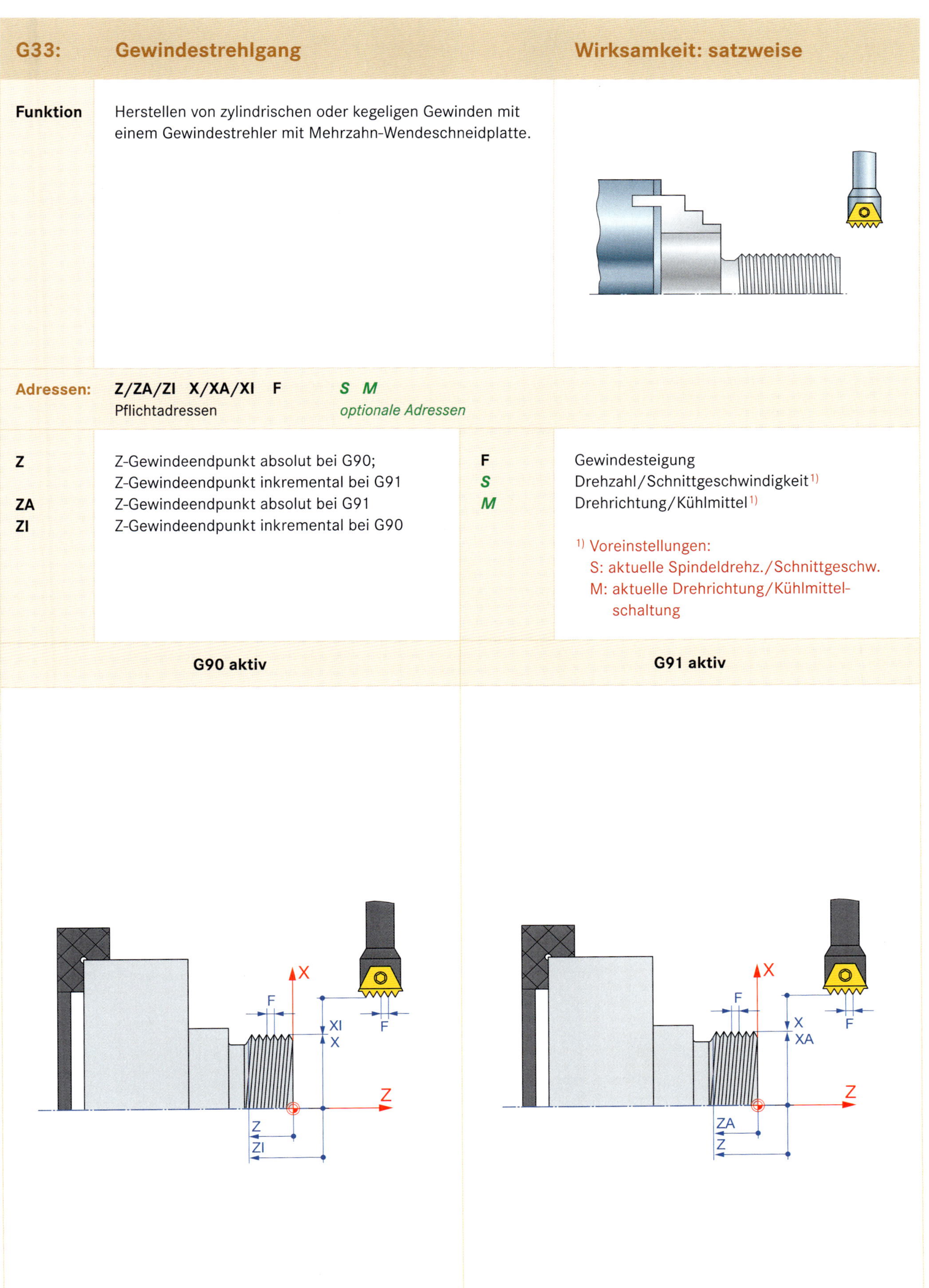

G33:	Gewindestrehlgang			Wirksamkeit: satzweise
Funktion	Herstellen von zylindrischen oder kegeligen Gewinden mit einem Gewindestrehler mit Mehrzahn-Wendeschneidplatte.			
Adressen:	**Z/ZA/ZI X/XA/XI F** Pflichtadressen	***S M*** *optionale Adressen*		
Z	Z-Gewindeendpunkt absolut bei G90; Z-Gewindeendpunkt inkremental bei G91	**F**	Gewindesteigung	
		S	Drehzahl/Schnittgeschwindigkeit[1)]	
ZA	Z-Gewindeendpunkt absolut bei G91	***M***	Drehrichtung/Kühlmittel[1)]	
ZI	Z-Gewindeendpunkt inkremental bei G90		[1)] Voreinstellungen: S: aktuelle Spindeldrehz./Schnittgeschw. M: aktuelle Drehrichtung/Kühlmittelschaltung	

G90 aktiv | **G91 aktiv**

G40: Abwahl der Schneidenradiuskorrektur SRK — Wirksamkeit: selbsthaltend

Funktion

Eine mit G41 oder G42 aufgerufene Schneidenradiuskorrektur wird aufgehoben. In dem NC-Satz kann gleichzeitig bestimmt werden, wie (G00 oder G01) und auf welcher Bahn das Werkzeug von der Kontur wegfährt.

Nach der Abwahl der Schneidenradiuskorrektur werden programmierte Punkte mit der theoretischen Schneidenspitze als konturerzeugendem Punkt angefahren. Hierdurch enstehen bei allen nicht achsparallelen Verfahrwegen Konturfehler, deren Größe vom Schneidenradius und der Form der Kontur abhängig ist.

G40 ist **Einschaltzustand** der Maschine.

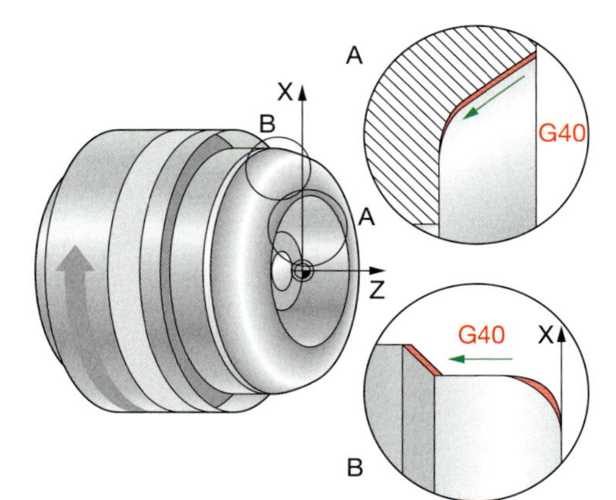

Adressen: keine

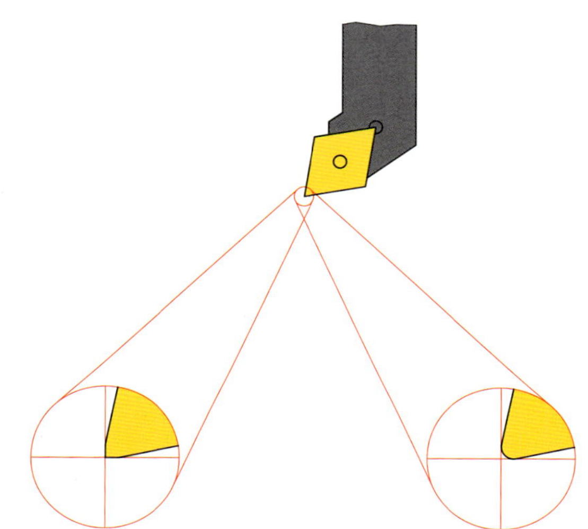

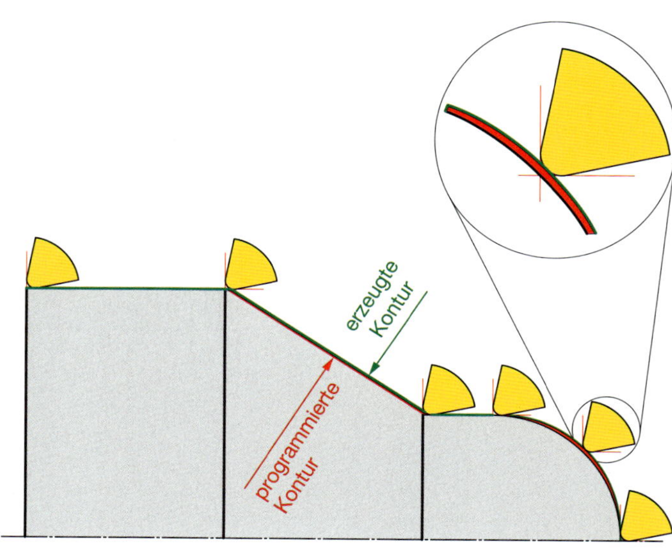

G41: Schneidenradiuskorrektur links
G42: Schneidenradiuskorrektur rechts

Wirksamkeit: selbsthaltend

Funktion

Zur Erhöhung von Standzeit und Oberflächenqualität ist die Schneidenspitze von Drehwerkzeugen abgerundet (r_ε: 0,2 mm ... 2 mm). Ohne Schneidenradiuskorrektur werden programmierte Punkte mit der theoretischen Schneidenspitze angefahren. Dadurch entstehen Konturfehler (s. G40).

Durch den Aufruf der Schneidenradiuskorrektur versetzt die Steuerung das Werkzeug so, dass der Mittelpunkt des Schneidenradius parallel zur Werkstückkontur (Äquidistante) im Abstand des Schneidenradius geführt wird. Das Werkzeug kann in Vorschubrichtung links von der Kontur (G41) oder in Vorschubrichtung rechts von der Kontur arbeiten. Nach der Anwahl der Schneidenradiuskorrektur dürfen Werkzeugkorrekturwerte (TC, TR, TZ, TX) nicht verändert werden.

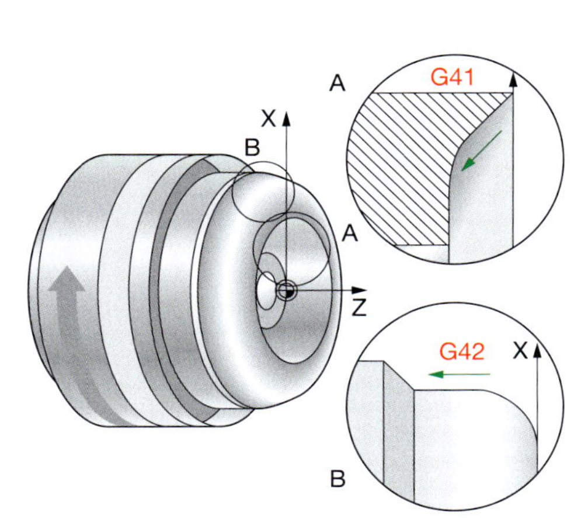

Adressen: keine

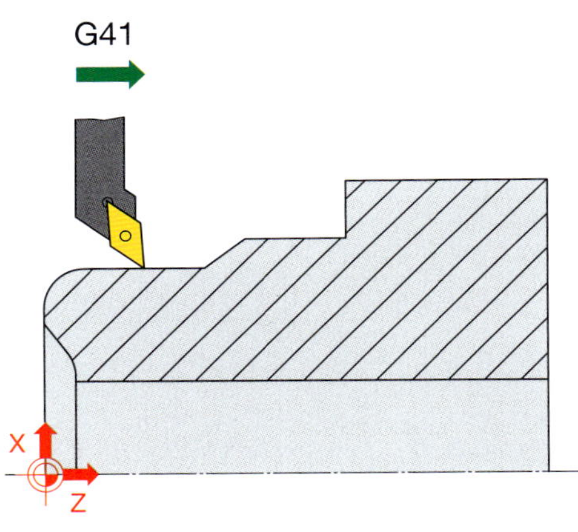

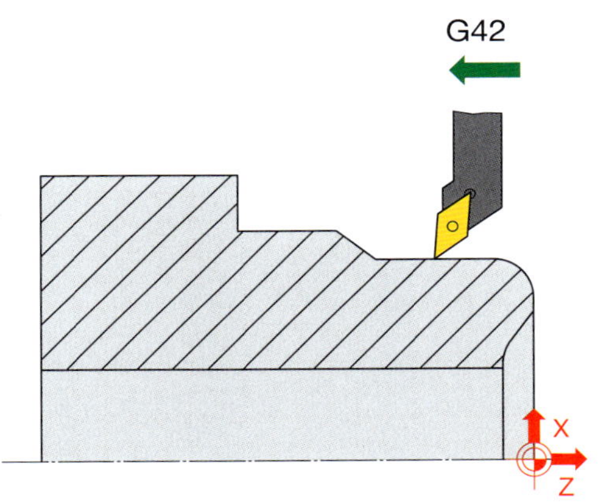

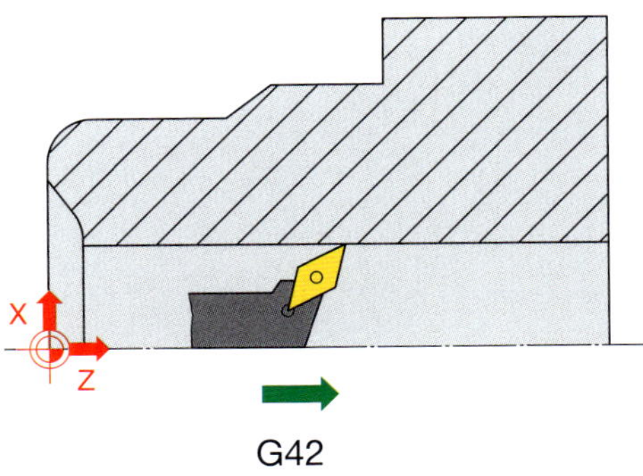

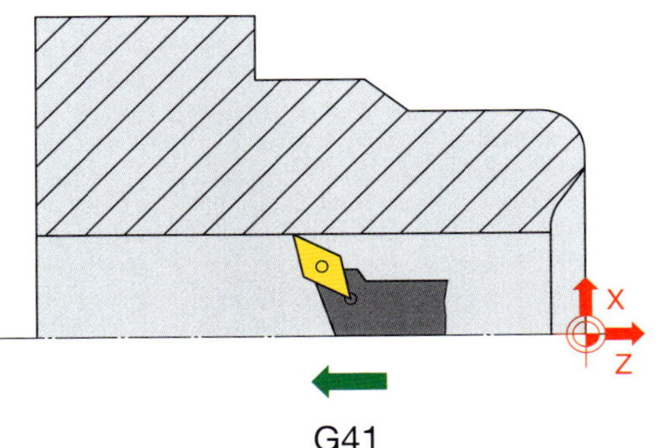

G50:	Aufheben von inkrementellen Nullpunkt-Verschiebungen und Drehungen	Wirksamkeit: selbsthaltend
Funktion	Alle inkrementellen Nullpunktverschiebungen und Drehungen, die mit G59 gesetzt wurden, werden wieder aufgehoben. Anschließend gilt das Werkstückkoordinatensystem, das zuletzt mit einem der Befehle G54 ... G57 aufgerufen wurde. G50 **muss** alleine in einem Satz stehen.	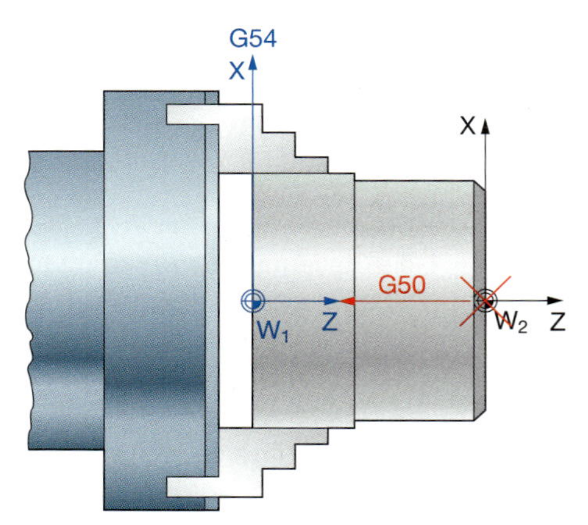
Adressen:	keine	

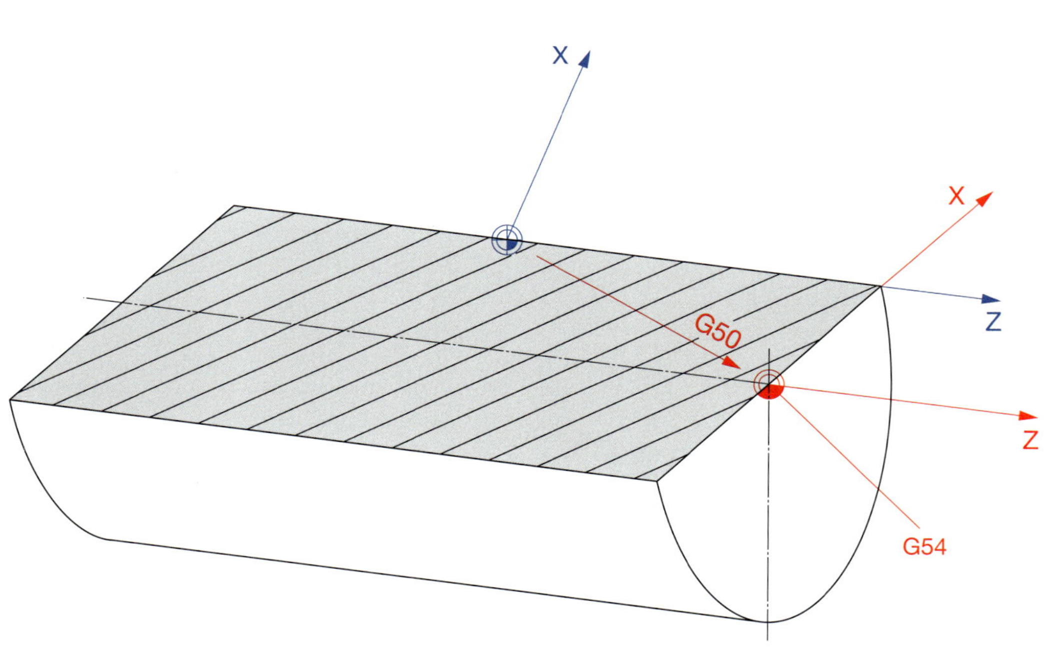

G53:	Alle Nullpunktverschiebungen und Drehungen aufheben	Wirksamkeit: selbsthaltend
Funktion	Alle einstellbaren absoluten Nullpunkte (G54 ... G57) und die inkrementelle Nullpunktverschiebung und Drehung (G59) werden aufgehoben. Anschließend ist das Maschinenkoordinatensystem aktiviert. Für die Weiterarbeit muss erneut eine Nullpunktverschiebung G54 ... G57 programmiert werden. G53 **muss** allein in einem Satz stehen. G53 ist **Einschaltzustand** der Maschine.	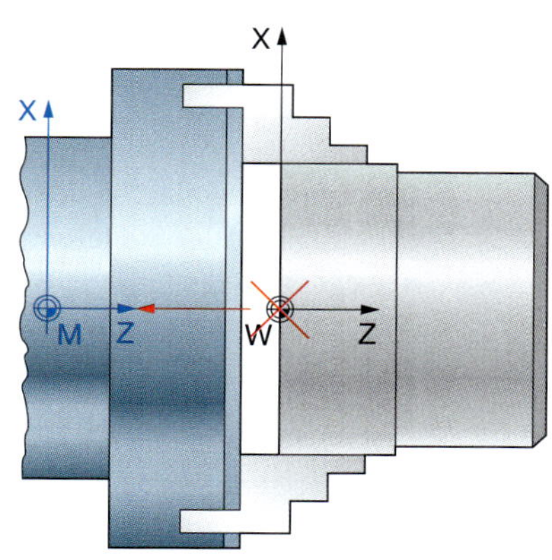
Adressen:	keine	

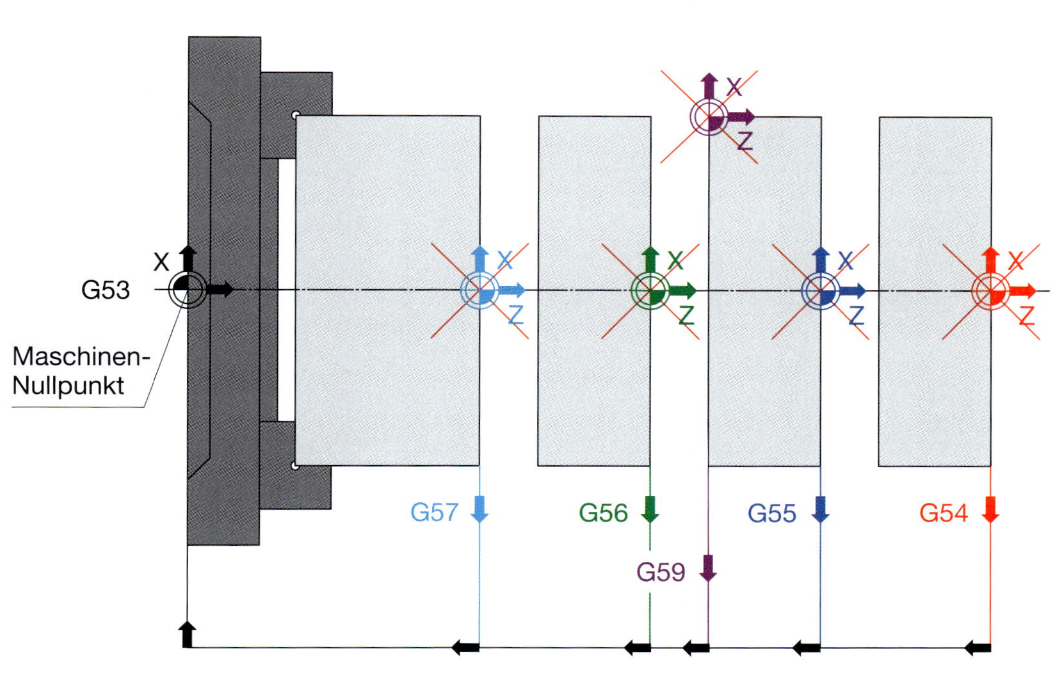

G54–G57: Einstellbare absolute Nullpunkte

Wirksamkeit: selbsthaltend

Funktion

Mit den Befehlen G54 bis G57 können bis zu vier verschiedene Werkstücknullpunkte in Bezug auf den Maschinennullpunkt definiert werden. Wiederkehrende Bearbeitungsfolgen und komplexe Konturen lassen sich so leichter programmieren.

Die Nullpunkte müssen vor dem Programmstart im Nullpunktregister der Steuerung gespeichert werden. Ohne Anwahl eines dieser Nullpunkte verfährt die Maschine im Maschinenkoordinatensystem.

Die definierten Nullpunkte bleiben in den Nullpunktregistern gespeichert, bis sie durch neue Koordinatenangaben überschrieben werden. Ein Programmwechsel verändert die einstellbaren Nullpunkte nicht.

G54–G57 **muss** alleine in einem Satz stehen.

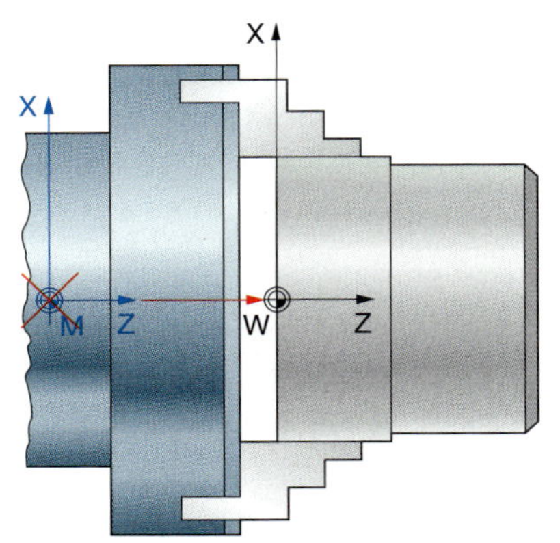

Adressen: keine

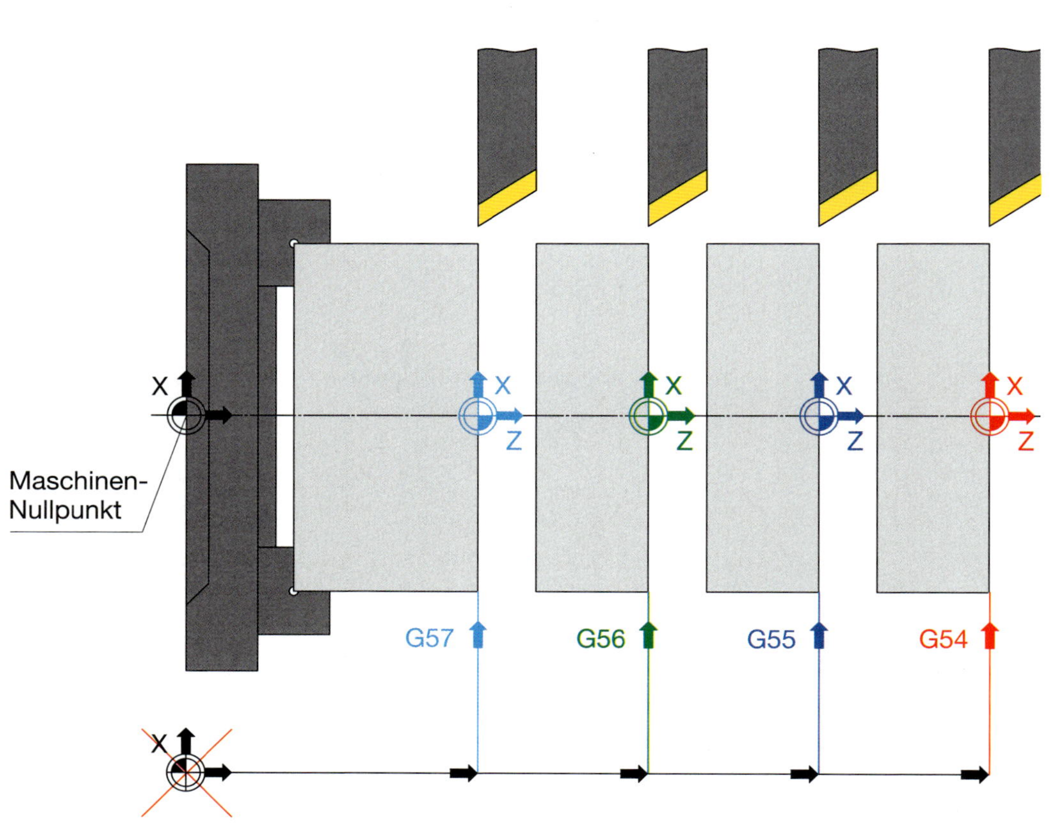

G59: Inkrementelle Nullpunktverschiebung kartesisch und Drehungen

Wirksamkeit: selbsthaltend

Funktion

Innerhalb des aktuellen Werkstück-Koordinatensystems kann durch Verschiebung in Z- und/oder X-Richtung ein neuer Nullpunkt definiert werden. Zusätzlich kann das neue Koordinatensystem um einen definierten Winkel um die 1. Geometrieachse (G18: Z-Achse) gedreht werden. Es lassen sich auch nur Verschiebungen oder nur Drehungen programmieren.

Mehrfache inkrementelle Verschiebungen des jeweils aktuellen Werkstück-Koordinatensystems sind durch wiederholte Programmierung von G59 möglich.

G59 **muss** allein in einem Satz stehen.

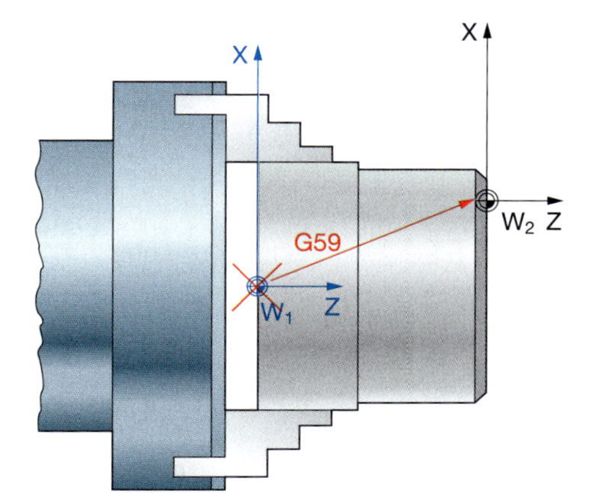

Adressen: ***ZA XA AR C***
optionale Adressen

ZA	Absolute Z-Koordinate des neuen Nullpunktes
XA	Absolute X-Koordinate des neuen Nullpunktes
AR	Drehwinkel des neuen Koordinatensystems bezogen auf die 1. Geometrieachse (G18: Z-Achse)
C	Drehung des Nullpunktes der C-Achse (nur bei G17C und G19C aktiv)

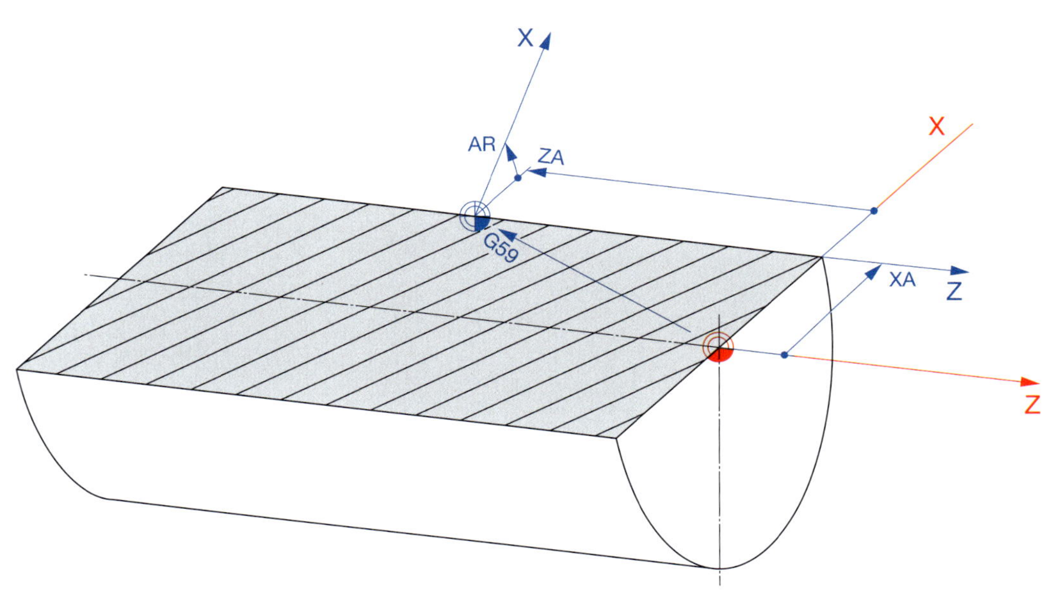

G61: Linearinterpolation für Konturzüge — Wirksamkeit: satzweise

Funktion

Programmierung einer Strecke als offenes (noch nicht endgültig bestimmtes) Konturelement einer einfachen oder komplexen Werkstückkontur. Das Werkzeug verfährt linear mit programmierter Vorschubgeschwindigkeit zum programmierten Endpunkt. Dabei können Start- und/oder Endpunkt noch unbestimmt sein. Die fehlenden Angaben werden durch Rückwärtsrechnung von den nachfolgenden Konturelementen steuerungsintern bestimmt.

G61 **muss** allein in einem Satz stehen.

Adressen: *ZA/ZI XA/XI D AT AS RN H O E F S M*
optionale Adressen

ZA	absolute Z-Koordinate
ZI	inkrementale Z-Koordinate
XA	absolute X-Koordinate
XI	inkrementale X-Koordinate
D	Länge der Verfahrstrecke in der Bearbeitungsebene
AT	Übergangswinkel im Startpunkt zur vorhergehenden Verfahrbewegung ohne Übergangselement, gemessen von der Endrichtung der vorhergehenden Bewegung
AS	Anstiegswinkel der Verfahrstrecke in der Bearbeitungsebene bezogen auf die positive 1. Geometrieachse (G18: Z-Achse)
RN	Übergangselement zum nächsten Konturelement [1)] RN+ Verrundungsradius zum nächsten Konturelement RN- Fasenbreite zum nächsten Konturelement
H	Lösungsauswahl Winkelkriterium [1)] H1 kleinerer Starttangentenwinkel zur positiven 1. Geometrieachse (G18: Z-Achse) H2 größerer Starttangentenwinkel zur positiven 1. Geometrieachse (G18: Z-Achse)
O	Lösungsauswahl Längenkriterium [1)] O1 kleinere Streckenlänge O2 größere Streckenlänge
E	Feinkonturvorschub auf Übergangselementen [1)]
F	Vorschub [1)]
S	Spindeldrehzahl/Schnittgeschwindigkeit [1)]
M	Zusatzfunktionen

[1)] Voreinstellungen:
E, F, S: aktuelle Werte
RN0 H1 O1

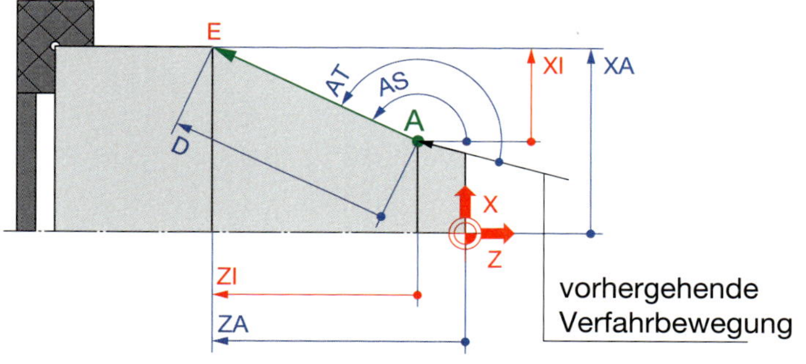

Übergangselement Radius

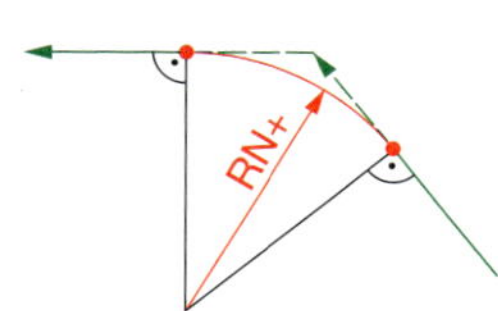

Übergangselement Fase

RN-

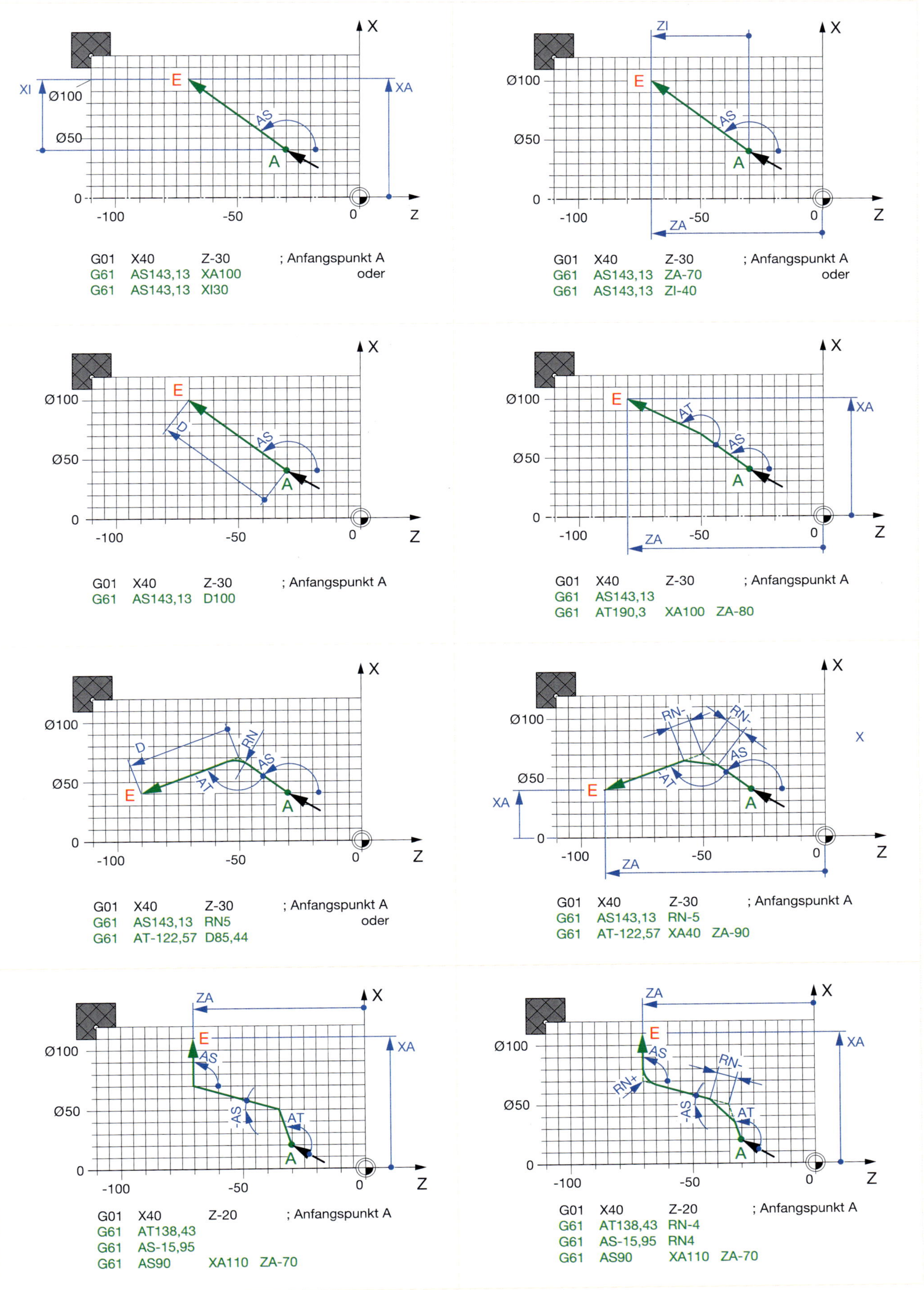
G01 X40 Z-30 ; Anfangspunkt A
G61 AS143,13 XA100 oder
G61 AS143,13 XI30
G01 X40 Z-30 ; Anfangspunkt A
G61 AS143,13 ZA-70 oder
G61 AS143,13 ZI-40
G01 X40 Z-30 ; Anfangspunkt A
G61 AS143,13 D100
G01 X40 Z-30 ; Anfangspunkt A
G61 AS143,13
G61 AT190,3 XA100 ZA-80
G01 X40 Z-30 ; Anfangspunkt A
G61 AS143,13 RN5 oder
G61 AT-122,57 D85,44
G01 X40 Z-30 ; Anfangspunkt A
G61 AS143,13 RN-5
G61 AT-122,57 XA40 ZA-90
G01 X40 Z-20 ; Anfangspunkt A
G61 AT138,43
G61 AS-15,95
G61 AS90 XA110 ZA-70
G01 X40 Z-20 ; Anfangspunkt A
G61 AT138,43 RN-4
G61 AS-15,95 RN4
G61 AS90 XA110 ZA-70

G62: Kreisinterpolation im Uhrzeigersinn für Konturzüge
G63: Kreisinterpolation im Gegenuhrzeigersinn für Konturzüge

Wirksamkeit: satzweise

Funktion

Programmierung einer Strecke als offenes (noch unbestimmtes) Konturelement einer einfachen oder komplexen Werkstückkontur. Das Werkzeug verfährt kreisbogenförmig im Uhrzeigersinn (G62)/Gegenuhrzeigersinn (G63) mit programmierter Vorschubgeschwindigkeit zum programmierten Endpunkt. Dabei können Start- und/oder Endpunkt noch unbestimmt sein. Die fehlenden Angaben werden durch Rückwärtsrechnung von den nachfolgenden Konturelementen steuerungsintern bestimmt.

G62/G63 **muss** allein in einem Satz stehen.

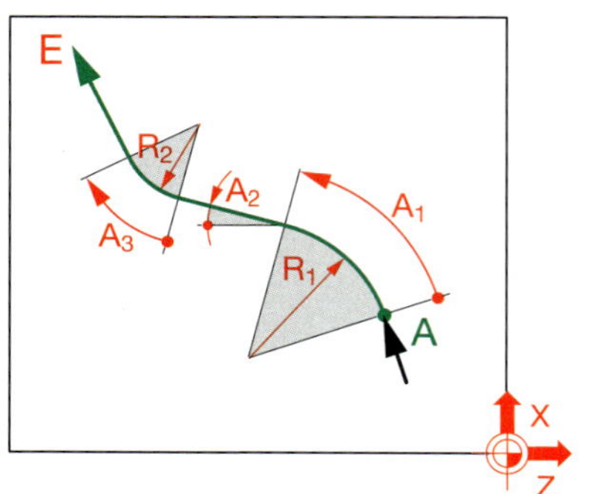

Adressen: *ZA/ZI XA/XI K/KA I/IA R AT AS AO AE/AP RN H O E F S M*

optionale Adressen

ZA	absolute Z-Koordinate
ZI	inkrementale Z-Koordinate
XA	absolute X-Koordinate als Durchmessermaß
XI	inkrementale X-Koordinate als Radiusmaß
K	Z-Koordinatendifferenz zwischen Anfangspunkt und Kreismittelpunkt
KA	Z-Mittelpunktkoordinate absolut in Werkstückkoordinaten
I	inkrementale X-Mittelpunktkoordinate als Radiusmaß
IA	X-Mittelpunktkoordinate absolut als Durchmessermaß
R	Radius des Kreisbogens und Bogenlängenkriterium R+ kürzerer Bogen R- längerer Bogen
AT	Übergangswinkel im Startpunkt zur vorhergehenden Verfahrbewegung ohne Übergangselement, gemessen von der Endrichtung der vorhergehenden Bewegung
AS	Tangentenwinkel im Startpunkt bezogen auf die positive 1. Geometrieachse (G18: Z-Achse)
AO	Öffnungswinkel (immer positiv, da Kreisorientierung durch G62/G63 bestimmt ist)
AE	Tangentenwinkel im Endpunkt bezogen auf die positive 1. Geometrieachse (G18: Z-Achse)
AP	Polarwinkel des Endpunktes bezogen auf die positive 1. Geometrieachse (G18: Z-Achse)
RN	Übergangselement zum nächsten Konturelement[1)] RN+ Verrundungsradius zum nächsten Konturelement RN- Fasenbreite zum nächsten Konturelement
H	Lösungsauswahl Winkelkriterium[1)] H1 kleinerer Starttangentenwinkel zur positiven 1. Geometrieachse (G18: Z-Achse) H2 größerer Starttangentenwinkel zur positiven 1. Geometrieachse (G18: Z-Achse)
O	Lösungsauswahl Bogenlängenkriterium[1)] O1 kürzerer Kreisbogen O2 längerer Kreisbogen Lösungsauswahl R geht vor Auswahl O.
E	Feinkonturvorschub auf Übergangselementen[1)]
F	Vorschub[1)]
S	Spindeldrehzahl/Schnittgeschwindigkeit[1)]
M	Zusatzfunktionen

[1)] Voreinstellungen:
E, F, S: aktuelle Werte
RN0 H1 O1

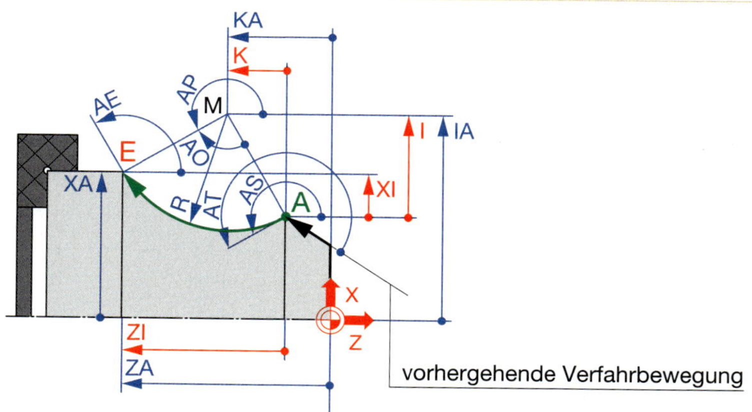

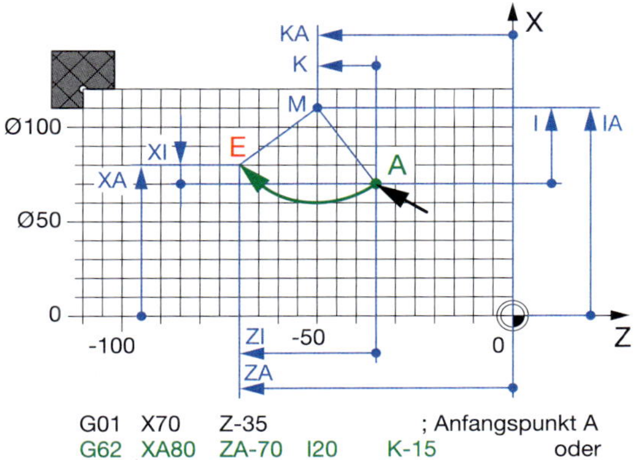


```
G01  X70   Z-35                 ; Anfangspunkt A
G62  XA80  ZA-70  I20    K-15                oder
G62  XI5   ZI-35  IA110  KA-50
```

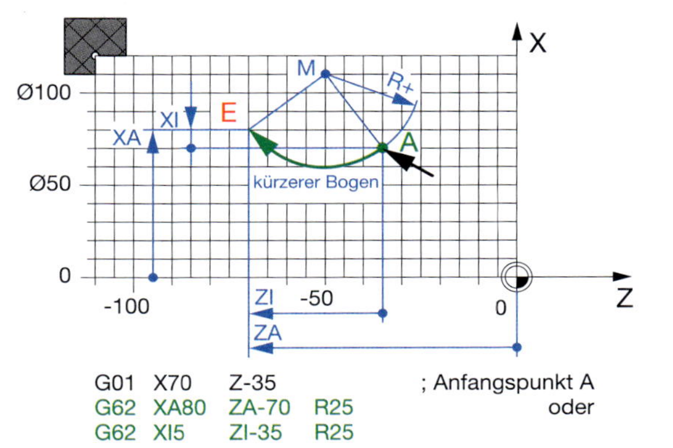


```
G01  X70   Z-35   ; Anfangspunkt A
G62  XA80  ZA-70  R25         oder
G62  XI5   ZI-35  R25
```

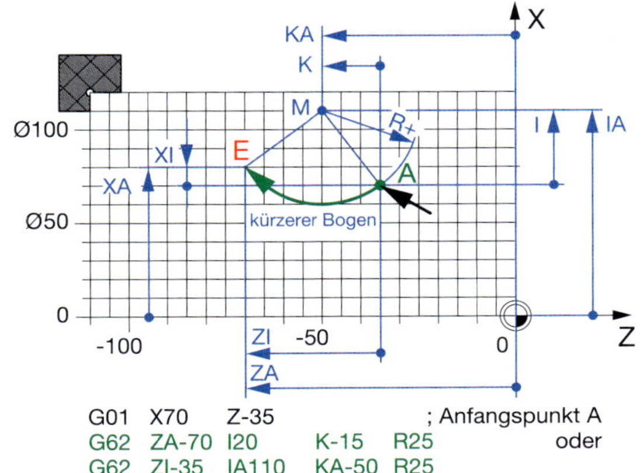


```
G01  X70    Z-35                  ; Anfangspunkt A
G62  ZA-70  I20    K-15   R25              oder
G62  ZI-35  IA110  KA-50  R25
```

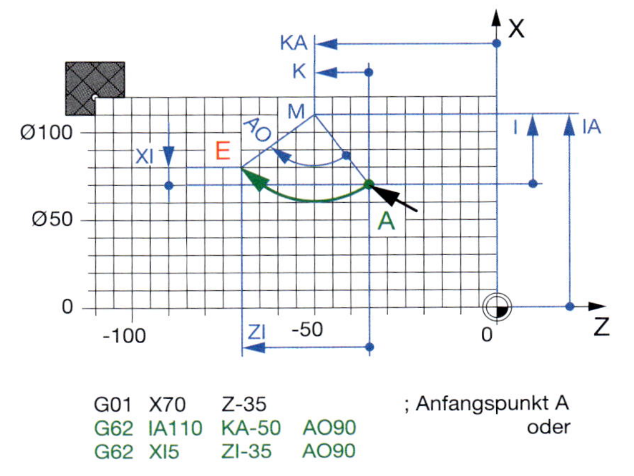


```
G01  X70    Z-35   ; Anfangspunkt A
G62  IA110  KA-50  AO90        oder
G62  XI5    ZI-35  AO90
```

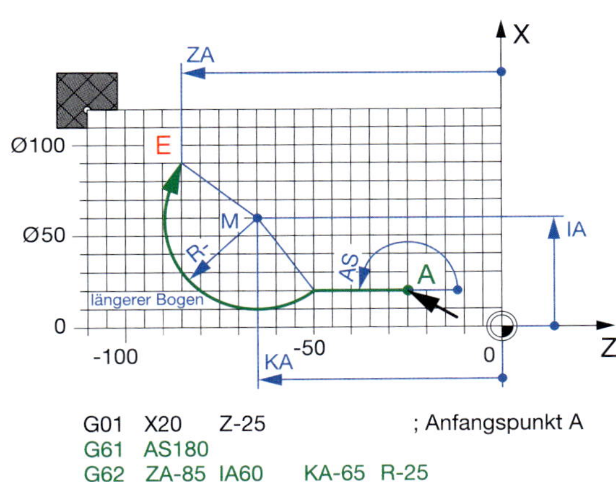


```
G01  X20    Z-25          ; Anfangspunkt A
G61  AS180
G62  ZA-85  IA60   KA-65  R-25
```

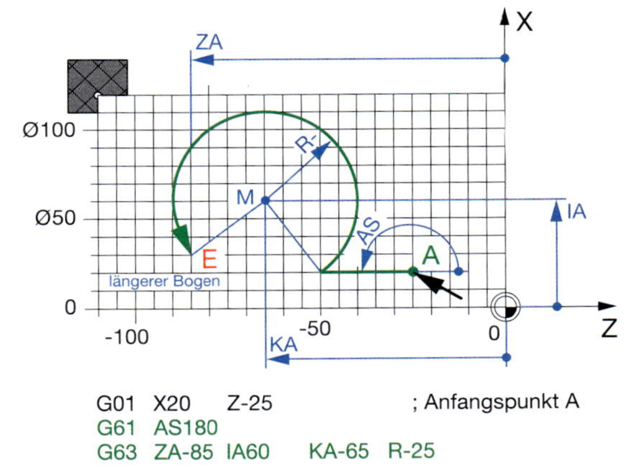


```
G01  X20    Z-25          ; Anfangspunkt A
G61  AS180
G63  ZA-85  IA60   KA-65  R-25
```

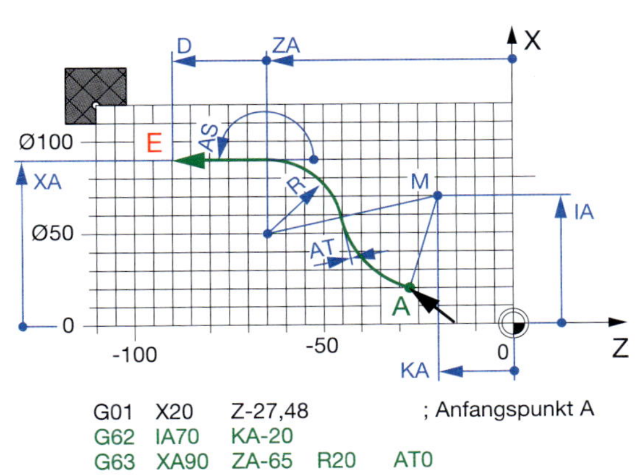


```
G01  X20    Z-27,48          ; Anfangspunkt A
G62  IA70   KA-20
G63  XA90   ZA-65  R20    AT0
G61  D25    AS180
```

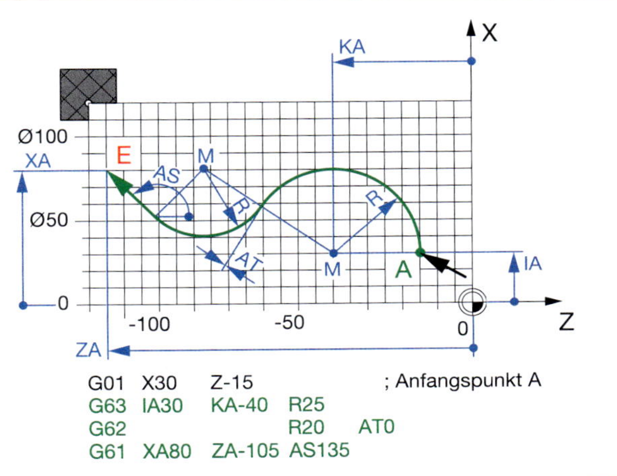


```
G01  X30   Z-15          ; Anfangspunkt A
G63  IA30  KA-40  R25
G62               R20    AT0
G61  XA80  ZA-105 AS135
```

G70: Umschalten auf Maßeinheit Inch (Zoll) — Wirksamkeit: selbsthaltend

Funktion

Die Koordinatensysteme werden auf die Maßeinheit Inch (umgangssprachlich: Zoll) umgeschaltet.

1 in = 1" = 1/12 ft = 25,4 mm

Für Technologiedaten gilt:

- Vorschub in Inch/Umdrehung (in/U)
- Schnittgeschwindigkeit in Fuß/Minute (ft/min)

G70 bleibt wirksam, bis mit G71 auf Millimeter-Angabe umgeschaltet wird.

Durch den Befehl M30 (Ende eines NC-Programms) wird wieder auf Millimeter-Maßangabe (G71) als Einschaltzustand der Maschine umgeschaltet.

G70 **muss** allein in einem Satz stehen.

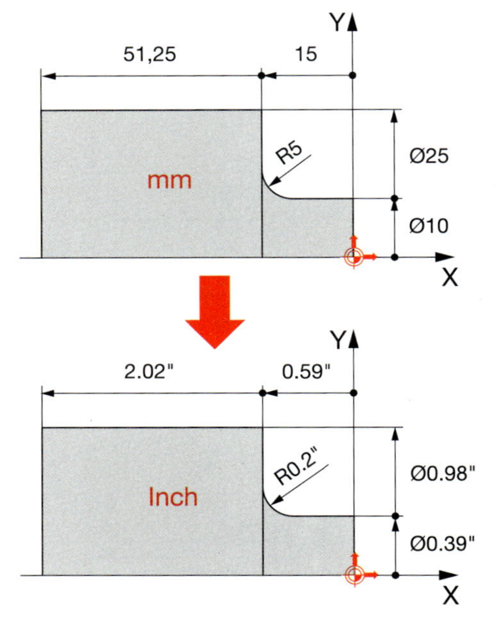

Adressen: keine

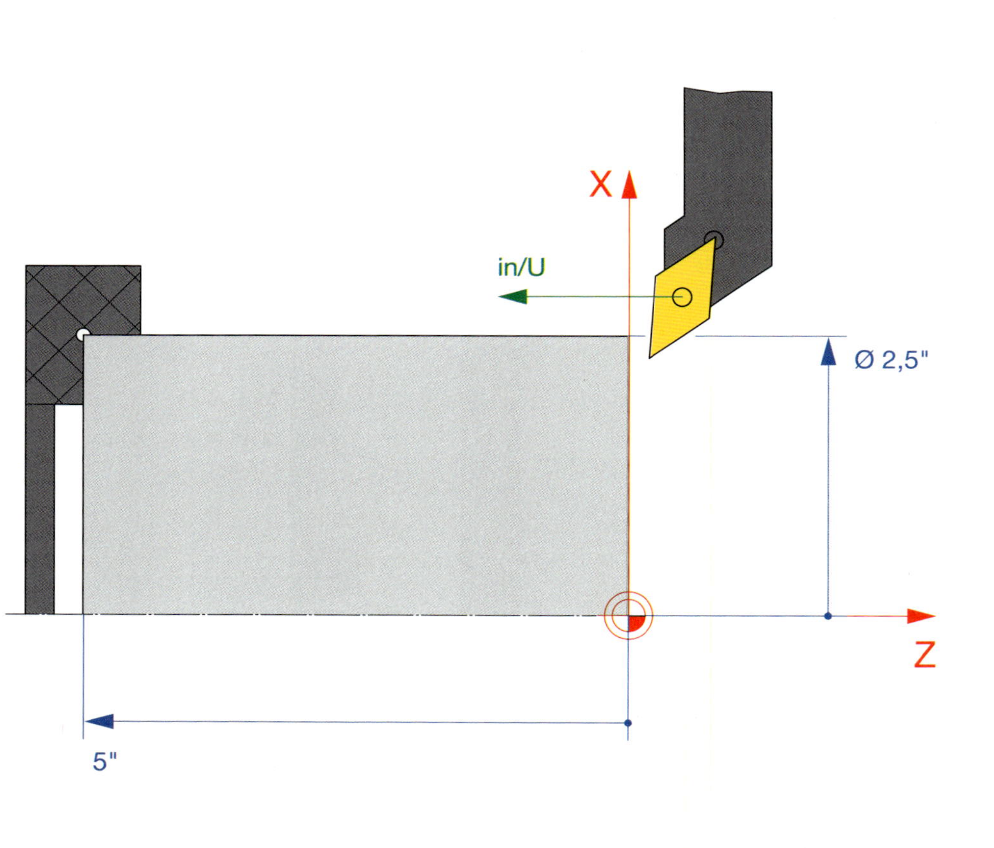

G71:	Umschalten auf Maßeinheit Millimeter	Wirksamkeit: selbsthaltend

Funktion

Die Koordinatensysteme werden auf die Maßeinheit Millimeter umgeschaltet.

Für Technologiedaten gilt:

- Vorschub in Millimeter/Umdrehung (mm/U)
- Schnittgeschwindigkeit in Meter/Minute (m/min)

G71 bleibt wirksam, bis mit G70 auf Inch-Maßangabe umgeschaltet wird.

Durch den Befehl M30 (Ende eines NC-Programms) wird automatisch auf Millimeter-Maßangabe (G71) als Einschaltzustand umgeschaltet.

G71 **muss** allein in einem Satz stehen.

G71 ist **Einschaltzustand** der Maschine.

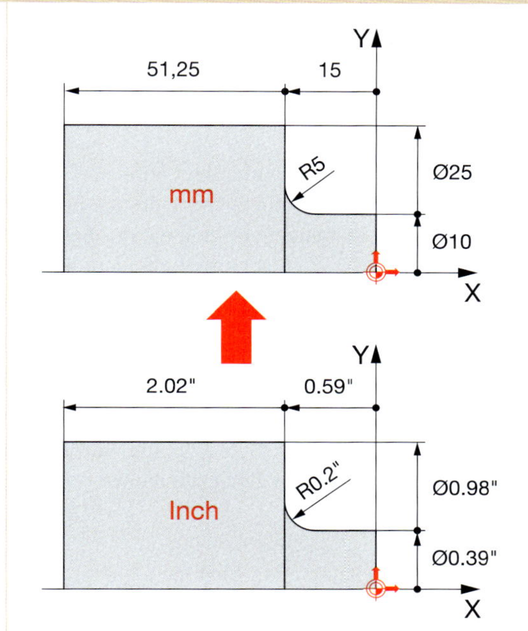

Adressen: keine

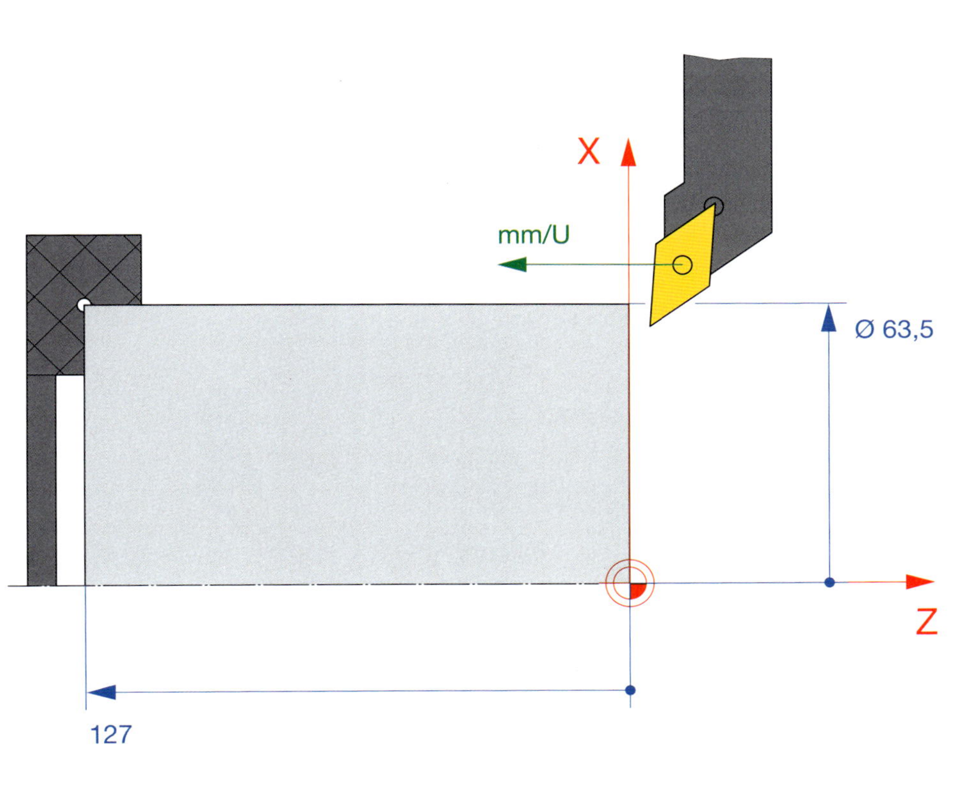

G80:	Abschluss einer Bearbeitungszyklus-Konturbeschreibung	Wirksamkeit: satzweise
Funktion	Bearbeitungszyklus-Konturbeschreibungen nach den Zyklusaufrufen G81, G82, G83, G87 oder G89 werden mit G80 abgeschlossen. Mit den optionalen Adressen XA und ZA können achsparallele Bearbeitungs-Begrenzungslinien festgelegt werden, die der Schneidenpunkt bei der Zyklusbearbeitung nicht überfahren darf.	Ohne Programmierung der optionalen Adressen ist ein Bearbeitungsquadrant mit achsparallelen Begrenzungslinien durch den Bearbeitungsstartpunkt des Bearbeitungszyklus festgelegt. G80 **muss** allein in einem Satz stehen.
Adressen:	***XA ZA*** *optionale Adressen*	
XA ***ZA***	absoluter X-Koordinatenwert der Z-parallelen Bearbeitungs-Begrenzungslinie [1)] absoluter Z-Koordinatenwert der X-parallelen Bearbeitungs-Begrenzungslinie [1)] [1)] Voreinstellungen: XA: keine Begrenzungslinien ZA: keine Begrenzungslinien	

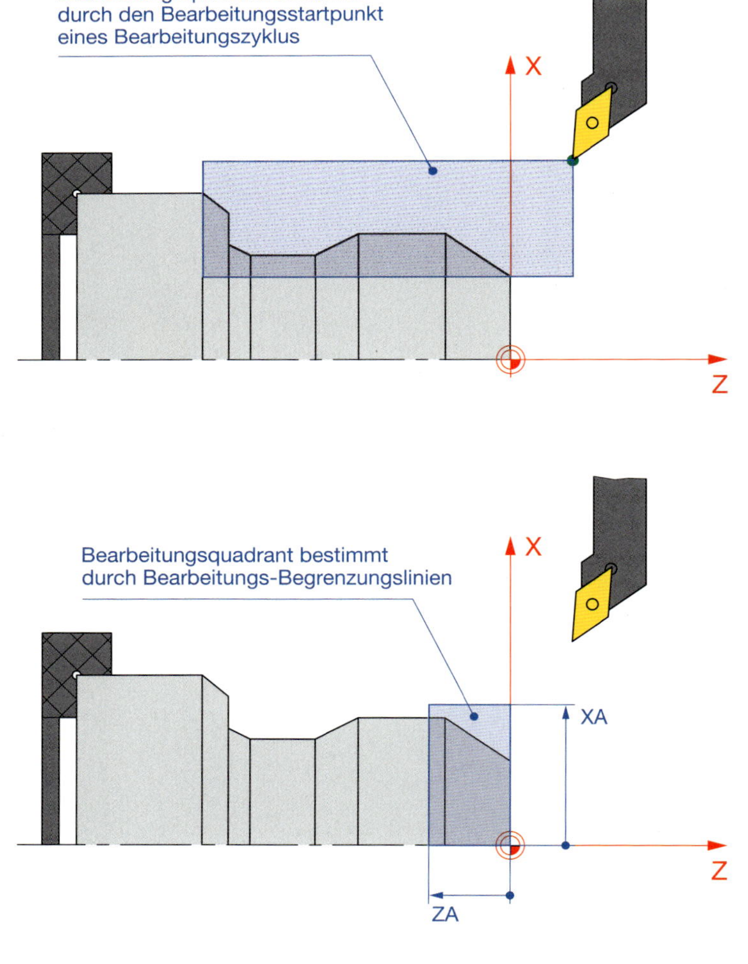

Allgemeine Programmierhinweise für Zyklen G81, G82, G83, G87, G89

Die Konturbeschreibung erfolgt nach dem jeweiligen Zyklusaufruf.

Dies kann geschehen:

- 1. direkt nach dem Zyklusaufruf im Hauptprogramm,
- 2. nach dem Hauptprogramm mit einer Programmteilwiederholung,
- 3. in einem Unterprogramm.

Der 1. Konturpunkt muss absolut mit G00 oder G01 programmiert werden. Die Zyklen arbeiten prinzipiell mit Schneidenradiuskorrektur. Durch den Werkzeugquadranten wird festgelegt, ob eine Außen- oder eine Innenkontur zu bearbeiten ist. Der Bearbeitungsstartpunkt wird bei Wahl des Parameters O2 vor der Zyklusbearbeitung im Eilgang angefahren. Die Konturbeschreibung wird abgeschlossen durch den Befehl G80.

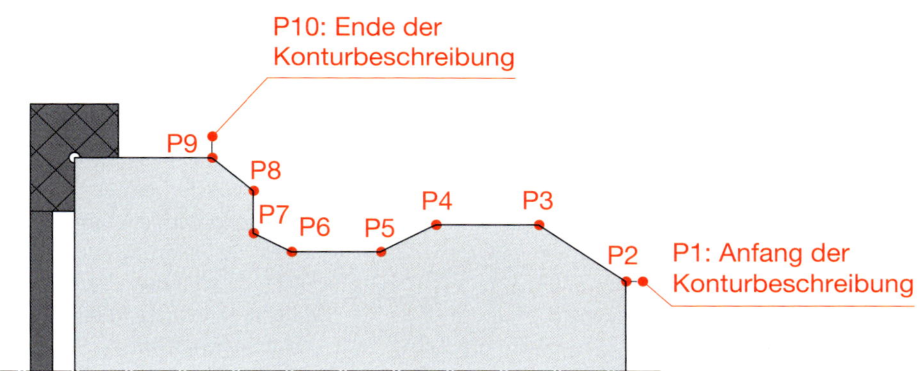

1. Konturbeschreibung
   nach dem Zyklusaufruf im Hauptprogramm

```
N ...
N ...
N100   G81   ...
N110   G00   ...   ; P1
N120   G01   ...   ; P2
N120   G01   ...   ; P3
N120   G01   ...   ; P4
N120   G01   ...   ; P5
N120   G01   ...   ; P6
N120   G01   ...   ; P7
N120   G01   ...   ; P8
N120   G01   ...   ; P9
N120   G01   ...   ; P10
N120   G80
N ...
N ...
N ...  M30
```

2. Konturbeschreibung
   durch Programmteilwiederholung nach dem Hauptprogramm

```
N ...
N ...
N100   G81   ...
N110   G23   N300   N390
N120   G80
N ...
N ...
N ...  M30

N300   G00   ...   ; P1
N310   G01   ...   ; P2
N320   G01   ...   ; P3
N330   G01   ...   ; P4
N340   G01   ...   ; P5
N350   G01   ...   ; P6
N360   G01   ...   ; P7
N370   G01   ...   ; P8
N380   G01   ...   ; P9
N390   G01   ...   ; P10
```

3. Konturbeschreibung
   in einem Unterprogramm

```
N ...
N ...
N100   G81   ...
N110   G22   L100
N120   G80
N ...
N ...
N ...  M30

L100
N300   G00   ...   ; P1
N310   G01   ...   ; P2
N320   G01   ...   ; P3
N330   G01   ...   ; P4
N340   G01   ...   ; P5
N350   G01   ...   ; P6
N360   G01   ...   ; P7
N370   G01   ...   ; P8
N380   G01   ...   ; P9
N390   G01   ...   ; P10
N400   M17
```

G81: Längsschruppzyklus — Wirksamkeit: satzweise

Funktion

Automatische Schnittaufteilung zum Drehen in Längsrichtung an eine programmierte Kontur.* Ob eine Außen- oder eine Innenkontur zu fertigen ist, wird durch den Werkzeugquadranten des aktiven Werkzeugs festgelegt. Mit der Bearbeitungsart H4 kann ein vorgefertigtes Teil (z. B. Guss- oder Schmiedeteil) bearbeitet werden.

* Konturprogrammierung s. S. 43

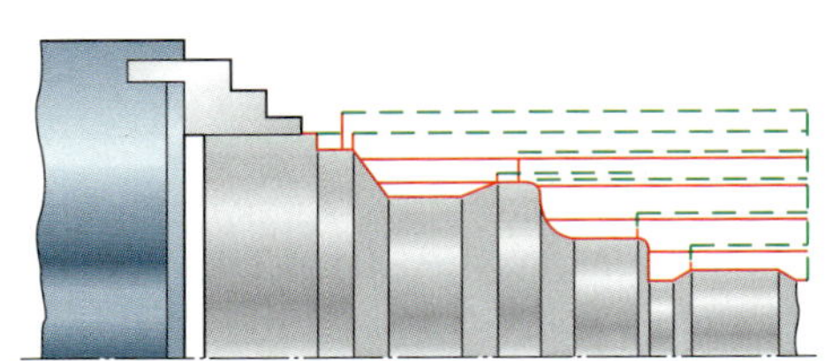

Adressen:	Pflichtadressen	optionale Adressen
	D	*H1/H2/H3/H24 AK AZ AX AE AS AV O Q V E F S M*
oder	H4	*AE AS AV O E F S M*

D	Zustellung
H4	Schlichten der Kontur
H	Bearbeitungsart[1] H1 nur Schruppen; 1 x 45° abheben H2 stufenweises Auswinkeln entlang der Kontur H3 wie H1 + zusätzlicher Konturschnitt am Ende H24 Schruppen mit H2 und anschließendes Schlichten
AK	konturparalleles Aufmaß[1]
AZ	Aufmaß in Z-Richtung[1]
AX	Aufmaß in X-Richtung[1]
AE	Eintauchwinkel bezogen auf die 1. positive Geometrieachse (Z-Achse)[1]
AS	Austauchwinkel bezogen auf die 1. negative Geometrieachse (Z-Achse)[1]
AV	Sicherheitswinkelabschlag für AE und AS[1]
O	Bearbeitungsstartpunkt[1] O1 aktuelle Werkzeugposition O2 aus der Kontur berechnet
Q	Leerschnittoptimierung[1] Q1 Optimierung aus Q2 Optimierung ein
V	Sicherheitsabstand in Z-Richtung[1]
E	Eintauchvorschub[1]
F	Vorschub[1]
S	Drehzahl/Schnittgeschwindigkeit[1]
M	Drehrichtung/Kühlmittel[1]

[1] Voreinstellungen:
AE und AS aus Korrekturwertspeicher
F: aktueller Feinkonturvorschub
S: aktuelle Spindeldrehz./Schnittgeschw.
M: aktuelle Drehrichtung/Kühlmittelschaltung
H2 AK0 AZ0 AX0 AV1 O1 Q1 V1 E=F

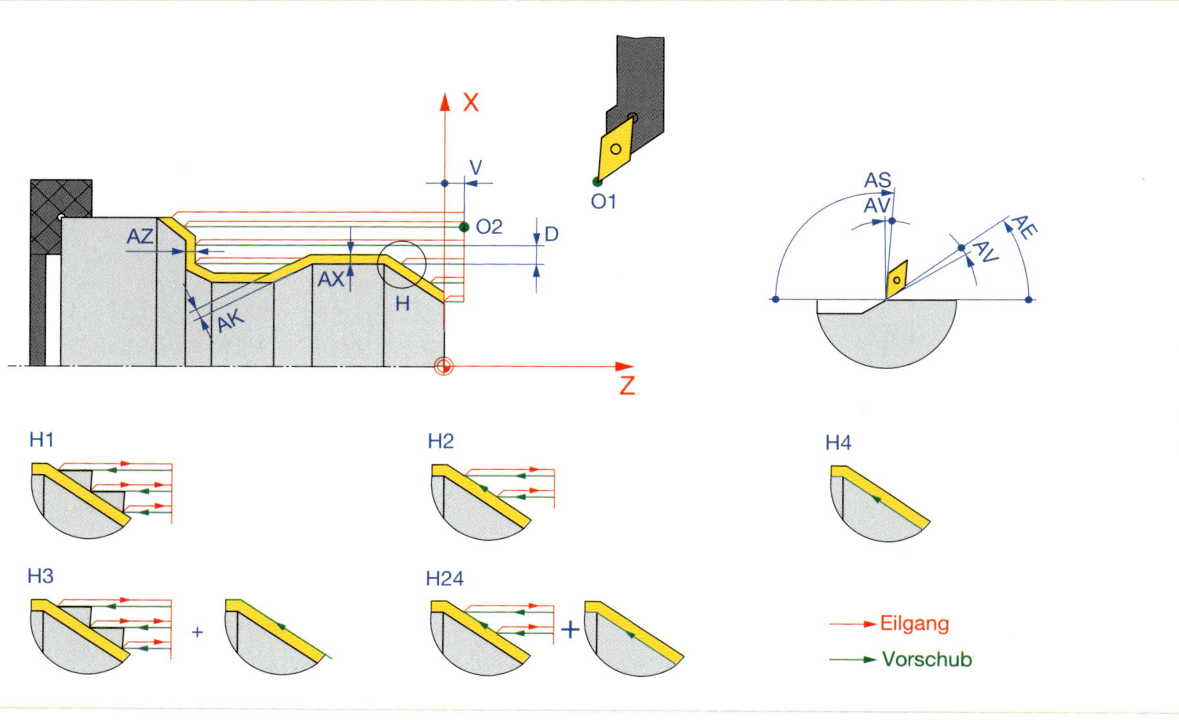

G82: Planschruppzyklus — Wirksamkeit: satzweise

Funktion

Automatische Schnittaufteilung zum Drehen in Planrichtung an eine programmierte Kontur.* Ob eine Außen- oder eine Innenkontur zu fertigen ist, wird durch den Werkzeugquadranten des aktiven Werkzeugs festgelegt. Mit der Bearbeitungsart H4 kann ein vorgefertigtes Teil (z. B. Guss- oder Schmiedeteil) bearbeitet werden.

* Konturprogrammierung s. S. 43

Adressen:

	Pflichtadressen	optionale Adressen
	D	*H1/H2/H3/H24 AK AZ AX AE AS AV O Q V E F S M*
oder	H4	*AE AS AV O E F S M*

D	Zustellung	*AV*	Sicherheitswinkelabschlag für AE und AS[1]
H4	Schlichten der Kontur	*O*	Bearbeitungsstartpunkt[1] O1 aktuelle Werkzeugposition O2 aus der Kontur berechnet
H	Bearbeitungsart[1] H1 nur Schruppen; 1 x 45° abheben H2 stufenweises Auswinkeln entlang der Kontur H3 wie H1 + zusätzlicher Konturschnitt am Ende H24 Schruppen mit H2 und anschließendes Schlichten	*Q*	Leerschnittoptimierung[1] Q1 Optimierung aus Q2 Optimierung ein
		V	Sicherheitsabstand in X-Richtung[1]
		E	Eintauchvorschub[1]
		F	Vorschub[1]
		S	Drehzahl/Schnittgeschwindigkeit[1]
AK	konturparalleles Aufmaß[1]	*M*	Drehrichtung/Kühlmittel[1]
AZ	Aufmaß in Z-Richtung[1]		
AX	Aufmaß in X-Richtung[1]		
AE	Eintauchwinkel bezogen auf die 1. positive Geometrieachse (Z-Achse)[1]		
AS	Austauchwinkel bezogen auf die 1. negative Geometrieachse (Z-Achse)[1]		

[1] Voreinstellungen:
AE und AS aus Korrekturwertspeicher
F: aktueller Feinkonturvorschub
S: aktuelle Spindeldrehz./Schnittgeschw.
M: aktuelle Drehrichtung/Kühlmittelschaltung
H2 AK0 AZ0 AX0 AV1 O1 Q1 V1 E=F

G83: Konturparalleler Schruppzyklus — Wirksamkeit: satzweise

Funktion

Automatische Schnittaufteilung zum Drehen in konturparalleler (äquidistanter) Richtung an eine programmierte Kontur.* Ob eine Außen- oder eine Innenkontur zu fertigen ist, wird durch den Werkzeugquadranten des aktiven Werkzeugs festgelegt.

Mit der Bearbeitungsart H4 kann eine vorgefertigtes Teil (z. B. Guss- oder Schmiedeteil) bearbeitet werden.

* Konturprogrammierung s. S. 43

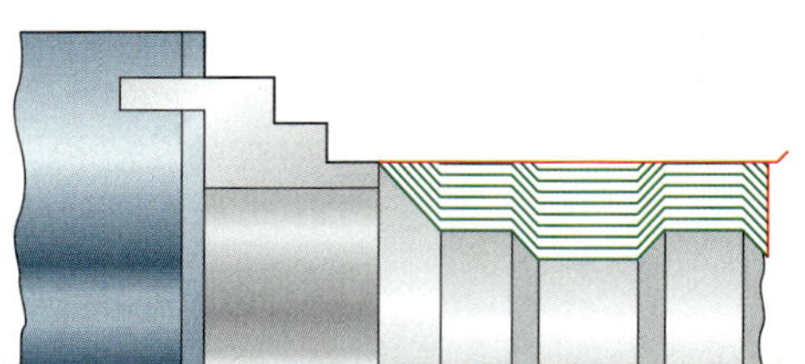

Adressen:	Pflichtadressen	optionale Adressen
	D	*H1/H14 AK AZ AX AE AS AV O Q V E F S M*
oder	H4	*AE AS AV O E F S M*

D	Zustellung	***O***	Bearbeitungsstartpunkt[1] O1 aktuelle Werkzeugposition O2 aus der Kontur berechnet
H4	Schlichten der Kontur	***Q***	Leerschnittoptimierung[1] Q1 Optimierung aus Q2 Optimierung ein
H	Bearbeitungsart[1] H1 Schruppen H14 Schruppen und anschließendes Schlichten	***V***	Sicherheitsabstand in Konturrichtung[1]
AK	konturparalleles Aufmaß[1]	***E***	Eintauchvorschub[1]
AZ	Aufmaß in Z-Richtung[1]	***F***	Vorschub[1]
AX	Aufmaß in X-Richtung[1]	***S***	Drehzahl/Schnittgeschwindigkeit[1]
AE	Eintauchwinkel bezogen auf die 1. positive Geometrieachse (Z-Achse)[1]	***M***	Drehrichtung/Kühlmittel[1]
AS	Austauchwinkel bezogen auf die 1. negative Geometrieachse (Z-Achse)[1]		
AV	Sicherheitswinkelabschlag für AE und AS[1]		

[1] Voreinstellungen:
AE und AS aus Korrekturwertspeicher
F: aktueller Feinkonturvorschub
S: aktuelle Spindeldrehz./Schnittgeschw.
M: aktuelle Drehrichtung/Kühlmittelschaltung
H1 AK0 AZ0 AX0 AV1 O1 Q1 V1 E=F

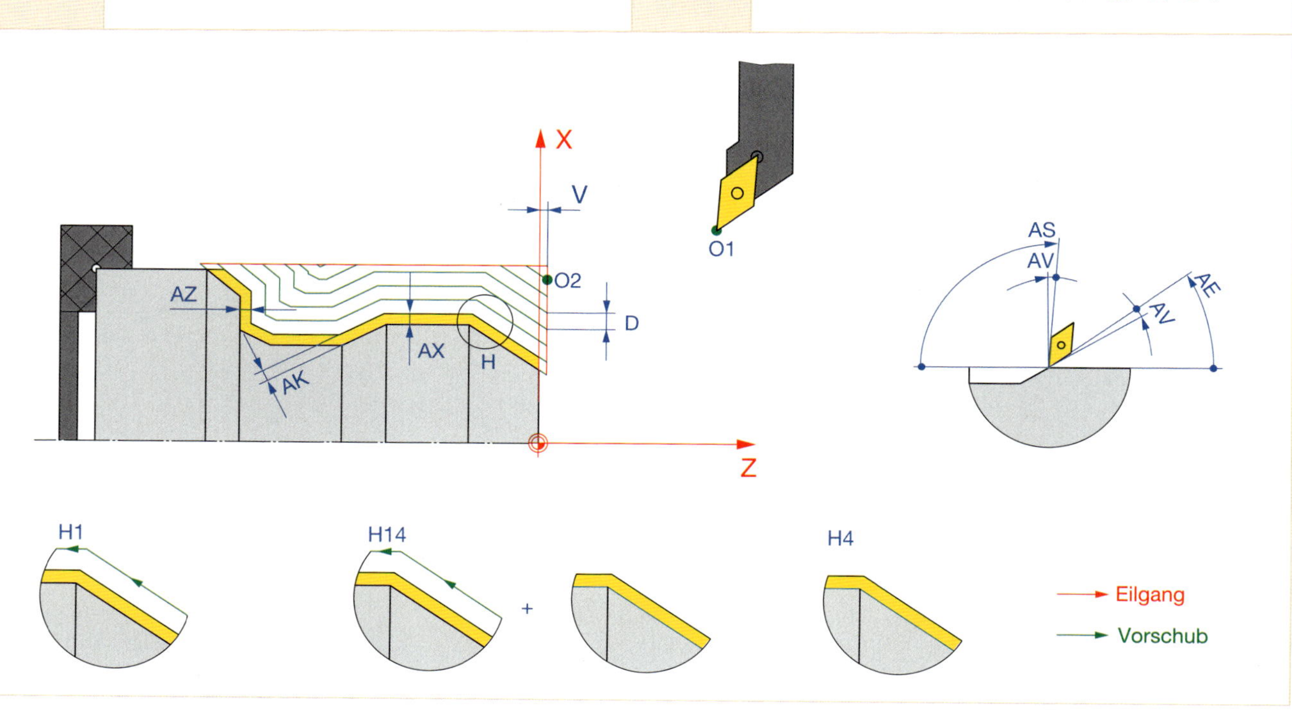

G84: Bohrzyklus — Wirksamkeit: satzweise

Funktion

Universeller Tiefbohrzyklus zum Bohren tiefer Bohrungen in mehreren Zustellungen mit Spanbruch und/oder Spanentleerung. Der Zyklus ist auch geeignet zum Anbohren und Zentrieren großer Bohrungen sowie zum Fertigen kurzer Bohrungen ohne Spanbruch und Spanentleerung mit nur einer Zustellung.

Adressen: **ZI/ZA** Pflichtadressen — ***D V VB DR DM R DA U O FR E F S M*** *optionale Adressen*

ZA	Bohrungstiefe absolut in Werkstückkoordinaten
ZI	Bohrungstiefe inkremental ab aktueller Werkzeugposition
D	Zustelltiefe (bei keiner Eingabe von D: Zustellung bis Endbohrtiefe)
V	Sicherheitsabstand[1]
VB	Sicherheitsabstand vor Bohrgrund[1]
DR	Reduzierwert der Zustelltiefe[1]
DM	Mindestzustellung[1]
R	Rückzugabstand[1]
DA	Anbohrtiefe[1]
U	Verweilzeit am Bohrgrund zum Spanbruch[1]
O	Auswahl der Verweilzeiteinheit[1] O1 Verweilzeit in Sekunden O2 Verweilzeit in Umdrehungen
FR	prozentualer Eilgangreduzierungsfaktor bei Zustellung zum Bohrgrund[1]
E	Anbohrvorschub[1]
F	Vorschub[1]
S	Drehzahl/Schnittgeschwindigkeit[1]
M	Drehrichtung/Kühlmittel[1]

[1] Voreinstellungen:
V1 VB1 DR0 DA0 U0 O1 E = F
DM = DR oder DM = D, wenn DR = 0
R: Rückzug zum Startpunkt
FR100 (keine Reduzierung)
F: aktueller Vorschub
S: aktuelle Spindeldrehz./Schnittgeschw.
M: aktuelle Drehrichtung/Kühlmittelschaltung

G85: Freistichzyklus — Wirksamkeit: satzweise

Funktion

Fertigen von Gewindefreistichen nach DIN 76 und von Freistichen nach DIN 509 Form E und DIN 509 Form F.

Adressen:				
	X/XA/XI Z/ZA/ZI	I K *RN SX H1* *E*	*F S M*	**DIN 76: H1**
oder	X/XA/XI Z/ZA/ZI	*I K RN SX H2/H3 E*	*F S M*	**DIN 509 E: H2**
	Pflichtadressen	*optionale Adressen*		**DIN 509 F: H3**

X	absolute X-Freistichposition in Werkstückkoordinaten bei G90; inkrementale X-Freistichposition ab aktueller Werkzeugposition bei G91	***SX***	Bearbeitungszugabe (Schleifaufmaß)[1]
		H	Freistichform[1] H1 DIN 76 H2 DIN 509 Form E H3 DIN 509 Form F
XA	absolute X-Freistichposition bei G91		
XI	inkrementale X-Freistichposition bei G90	***E***	Eintauchvorschub[1]
Z	absolute Z-Freistichposition in Werkstückkoordinaten bei G90; inkrementale Z-Freistichposition ab aktueller Werkzeugposition bei G91	***F***	Vorschub[1]
		S	Drehzahl/Schnittgeschwindigkeit[1]
		M	Drehrichtung/Kühlmittel[1]
ZA	absolute Z-Freistichposition bei G91		
ZI	inkrementale Z-Freistichposition bei G90		
I/*I*	Freistichtiefe (Pflichtadresse bei H1)		
K/*K*	Freistichbreite (Pflichtadresse bei H1)		
RN	Freistich-Eckenradius[1]		

[1] Voreinstellungen:
RN: nach DIN 76 und DIN 509
SX0 H1 E = 0.25 · F
F: aktueller Vorschub
S: aktuelle Spindeldrehz./Schnittgeschw.
M: aktuelle Drehrichtung/Kühlmittelschaltung

G86: Radialer Stechzyklus — Wirksamkeit: satzweise

Funktion

Fertigen von radialen Formeinstichen

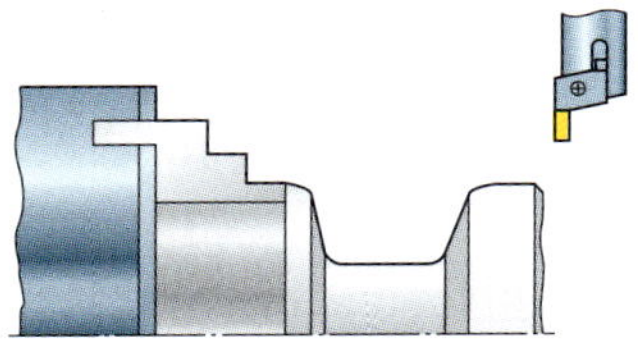

Adressen: X/XA/XI Z/ZA/ZI ET — Pflichtadressen; *EB AS AE RO RU D AK AX EP H DB V E F S M* — *optionale Adressen*

X	absolute X-Koordinate der Einstichsetzposition bei G90; inkrementale X-Koordinate der Einstichsetzposition bei G91
XA	absolute X-Koordinate der Einstichsetzposition bei G91
XI	inkrementale X-Koordinate der Einstichsetzposition bei G90
Z	absolute Z-Koordinate der Einstichsetzposition bei G90; inkrementale Z-Koordinate der Einstichsetzposition bei G91
ZA	absolute Z-Koordinate der Einstichsetzposition bei G91
ZI	inkrementale Z-Koordinate der Einstichsetzposition bei G90
ET	absoluter Durchmesser von Einstichgrund oder Einstichöffnung (komplementär zur Setzpunktfestlegung EP)
EB	Breite und Lage des Einstichs[1] EB+ Einstich in Richtung Z+ von der Einstichposition EB- Einstich in Richtung Z- von der Einstichposition
AS	Flankenwinkel an der Einstichsetzposition bezogen auf die Stechrichtung (X-Richtung)[1]
AE	Flankenwinkel an der der Einstichsetzposition gegenüberliegenden Flanke bezogen auf die Stechrichtung (X-Richtung); Einstich symmetrisch, wenn nur 1 Winkel programmiert[1]
RO	Verrundung/Fase der oberen Ecken[1] RO+ Verrundung RO- Fase
RU	Verrundung/Fase der unteren Ecken[1] RU+ Verrundung RU- Fase
D	Zustelltiefe[1]
AK	konturparalleles Aufmaß auf die Kontur[1]
AX	Aufmaß durch Konturverschiebung in[1] X-Richtung
EP	Setzpunktfestlegung für den Einstich[1] EP1 Setzpunkt in einer Ecke der Einstichöffnung EP2 Setzpunkt in einer Ecke des Einstichgrunds
H	Bearbeitungsart[1] H1 Vorstechen H2 Stechdrehen H4 Schlichten H14 Vorstechen und Schlichten H24 Stechdrehen und Schlichten
DB	Zustellung in Prozent der Meißelbreite beim Stechen[1]
V	Sicherheitsabstand über Einstichöffnung[1]
E	Vollmaterial-Einstechvorschub[1]
F	Vorschub[1]
S	Drehzahl/Schnittgeschwindigkeit[1]
M	Drehrichtung/Kühlmittel[1]

[1] Voreinstellungen:
AS0 AE0 RO0 RU0 AK0 AX0 EP1
H14 DB75 V1 E = F
EB: Einstechmeißelbreite
D: Zustellung bis Endstechtiefe
F; S; M: aktuelle Werte

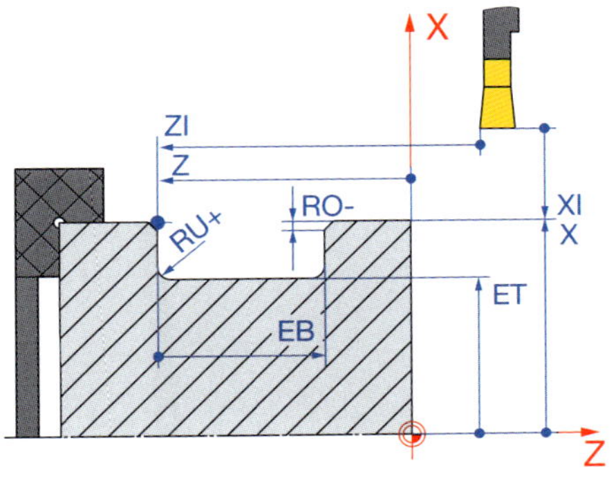

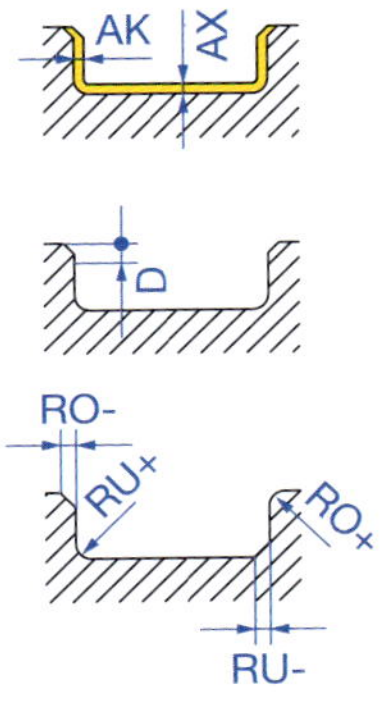

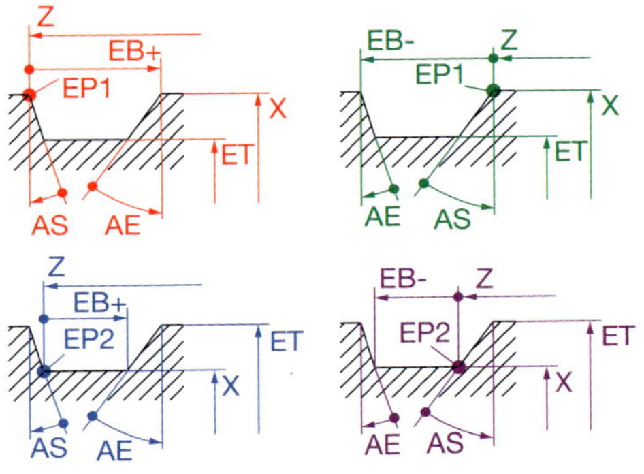

G87: Radialer Konturstechzyklus — Wirksamkeit: satzweise

Funktion

Universeller radialer Konturstechzyklus an eine programmierte Kontur.*

* Konturprogrammierung s. S. 43

Adressen: **D** Pflichtadresse — *AK AX H DB O Q V E F S M* *optionale Adressen*

Adresse	Bedeutung
D	Zustelltiefe zwischen den Bearbeitungsstufen
AK	konturparalleles Aufmaß auf die Kontur[1]
AX	Aufmaß durch Konturverschiebung in X-Richtung[1]
H	Bearbeitungsart[1] H1 Vorstechen H2 Stechdrehen H4 Schlichten H14 Vorstechen und Schlichten H24 Stechdrehen und Schlichten
DB	Zustellung in Prozent der Meißelbreite beim Stechen[1]
V	Sicherheitsabstand beim Stechen (X-Richtung) oder Stechdrehen (Z-Richtung) bei Leerschnitt-optimierung[1]
E	Vollmaterial-Einstechvorschub[1]
F	Einstech-/Stechdrehvorschub[1]
S	Drehzahl/Schnittgeschwindigkeit[1]
M	Drehrichtung/Kühlmittel[1]
O	Bearbeitungsauswahl[1] schräges Abstechen der Randstufen für jede Bearbeitungszustellung O1 Bearbeitung in Richtung Z- für jede Zustellung O2 in Z bidirektionale Bearbeitung in den Zustellungen abwechselnd schräges Abstechen der Randstufen am Ende aller Bearbeitungszustellungen O11 Bearbeitung in Richtung Z- für jede Zustellung O12 in Z bidirektionale Bearbeitung in den Zustellungen abwechselnd
Q	Leerschnittoptimierung[1] Q1 Optimierung aus Q2 Optimierung ein

[1] Voreinstellungen:
AK0 AX0 H14 DB75 O1 Q1 V1 E = F
F; S; M: aktuelle Werte

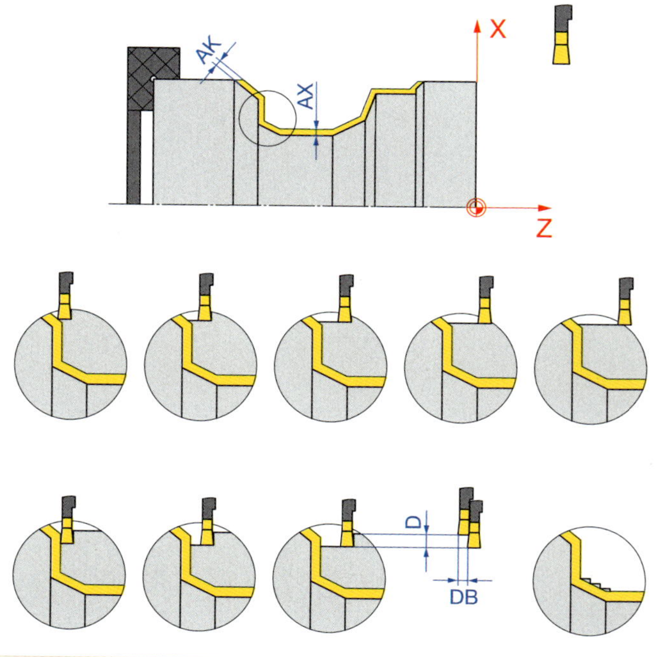

G88: Axialer Stechzyklus — Wirksamkeit: satzweise

Funktion Fertigen von axialen Formeinstichen.

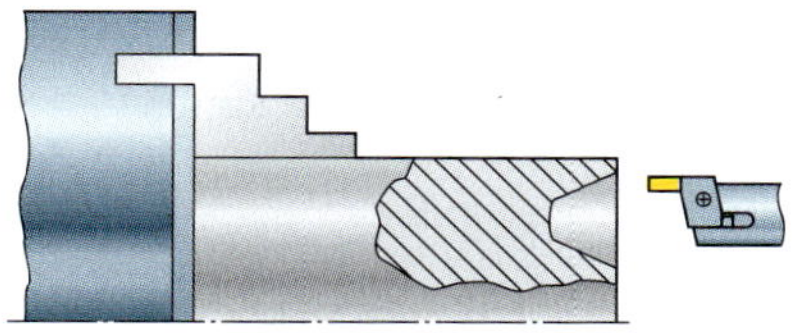

Adressen: **X/XI/XA Z/ZI/ZA ET** Pflichtadressen — *EB AS AE RO RU D AK AZ EP H DB V E F S M* *optionale Adressen*

X	absolute X-Koordinate der Einstichsetzposition bei G90; inkrementale X-Koordinate der Einstichsetzposition bei G91
XA	absolute X-Koordinate der Einstichsetzposition bei G91
XI	inkrementale X-Koordinate der Einstichsetzposition bei G90
Z	absolute Z-Koordinate der Einstichsetzposition bei G90; inkrementale Z-Koordinate der Einstichsetzposition bei G91
ZA	absolute Z-Koordinate der Einstichsetzposition bei G91
ZI	inkrementale Z-Koordinate der Einstichsetzposition bei G90
ET	absolute Z-Koordinate von Einstichgrund oder Einstichöffnung (komplementär zur Setzpunktfestlegung EP)
EB	Breite und Lage des Einstichs[1] EB+ Einstich in Richtung X+ von der Einstichposition EB- Einstich in Richtung X- von der Einstichposition
AS	Flankenwinkel an der Einstichsetzposition bezogen auf die Stechrichtung (Z-Richtung)[1]
AE	Flankenwinkel an der der Einstichsetzposition gegenüberliegenden Flanke bezogen auf die Stechrichtung (Z-Richtung); Einstich symmetrisch, wenn nur 1 Winkel programmiert[1]
RO	Verrundung/Fase der oberen Ecken[1] RO+ Verrundung RO– Fase
RU	Verrundung/Fase der unteren Ecken[1] RU+ Verrundung RU– Fase
D	Zustelltiefe[1]
AK	konturparalleles Aufmaß auf die Kontur[1]
AZ	Aufmaß durch Konturverschiebung in Z-Richtung[1]
EP	Setzpunktfestlegung für den Einstich[1] EP1 Setzpunkt in einer Ecke der Einstichöffnung EP2 Setzpunkt in einer Ecke des Einstichgrunds
H	Bearbeitungsart[1] H1 Vorstechen H2 Stechdrehen H4 Schlichten H14 Vorstechen und Schlichten H24 Stechdrehen und Schlichten
DB	Zustellung in Prozent der Meißelbreite beim Stechen[1]
V	Sicherheitsabstand über Einstichöffnung[1]
E	Vollmaterial-Einstechvorschub

[1] Voreinstellungen:
AS0 AE0 RO0 RU0 AK0 AZ0 EP1
H14 DB75 V1 E = F
EB: Einstechmeißelbreite
D: Zustellung bis Endstechtiefe
F; S; M: aktuelle Werte

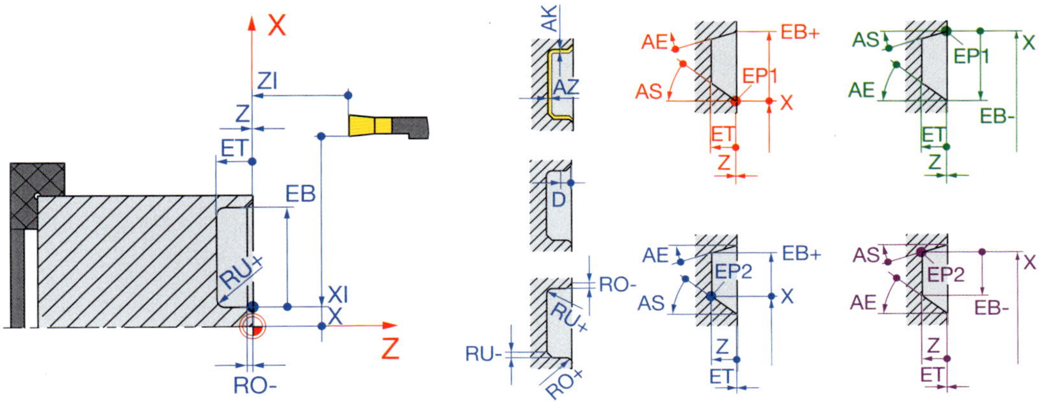

G89: Axialer Konturstechzyklus — Wirksamkeit: satzweise

Funktion

Universeller axialer Konturstechzyklus an eine programmierte Kontur.*

* Konturprogrammierung s. S. 43

Adressen: **D** Pflichtadresse — ***AK AZ H DB O Q V E F S M*** *optionale Adressen*

Adresse	Bedeutung
D	Zustelltiefe zwischen den Bearbeitungsstufen
AK	konturparalleles Aufmaß auf die Kontur[1]
AZ	Aufmaß durch Konturverschiebung in Z-Richtung[1]
H	Bearbeitungsart[1] H1 Vorstechen H2 Stechdrehen H4 Schlichten H14 Vorstechen und Schlichten H24 Stechdrehen und Schlichten
DB	Zustellung in Prozent der Meißelbreite beim Stechen[1]
V	Sicherheitsabstand beim Stechen (Z-Richtung) oder Stechdrehen (X-Richtung) bei Leerschnitt-optimierung[1]
E	Vollmaterial-Einstechvorschub[1]
F	Einstech-/Stechdrehvorschub[1]
S	Drehzahl/Schnittgeschwindigkeit[1]
M	Drehrichtung/Kühlmittel[1]
O	Bearbeitungsauswahl[1] schräges Abstechen der Randstufen für jede Bearbeitungszustellung O1 Bearbeitung in Richtung Z- für jede Zustellung O2 in Z bidirektionale Bearbeitung in den Zustellungen abwechselnd schräges Abstechen der Randstufen am Ende aller Bearbeitungszustellungen O11 Bearbeitung in Richtung Z- für jede Zustellung O12 in Z bidirektionale Bearbeitung in den Zustellungen abwechselnd
Q	Leerschnittoptimierung[1] Q1 Optimierung aus Q2 Optimierung ein

[1] Voreinstellungen:
AK0 AZ0 H14 DB75 O1 Q1 V1 E = F
F; S; M: aktuelle Werte

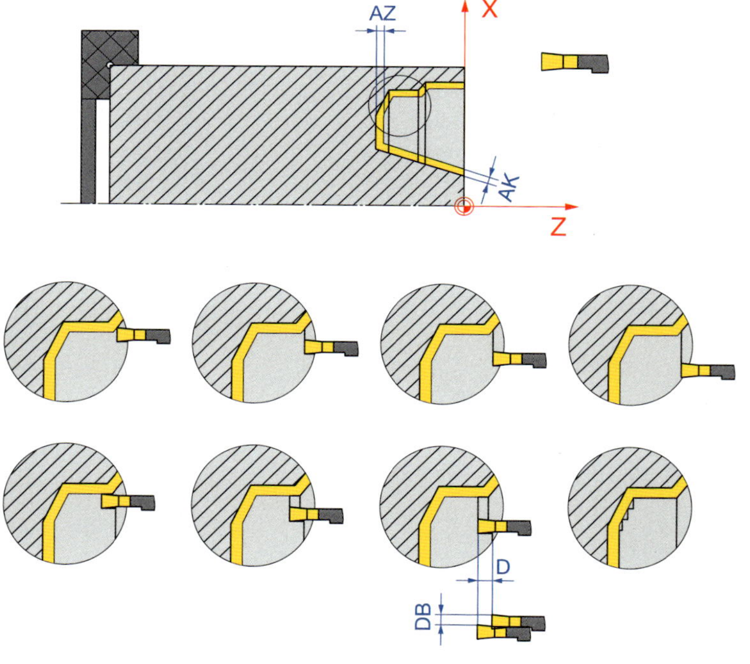

G90: Absolutmaßangabe einschalten — Wirksamkeit: selbsthaltend

Funktion

Das Werkstückkoordinatensystem wird aktiviert. Alle nachfolgenden Koordinatenangaben X und Z beziehen sich auf den gültigen Werkstücknullpunkt. Das Werkzeug verfährt unabhängig von seiner augenblicklichen Position (Anfangspunkt **A**) auf den programmierten Endpunkt **E**.

Während der Wirksamkeit von G90 können aber auch eine oder mehrere Koordinaten inkremental angegeben werden.

Der Befehl G90 bleibt wirksam, bis er durch G91 ausgeschaltet wird.

G90 ist **Einschaltzustand** der Maschine.

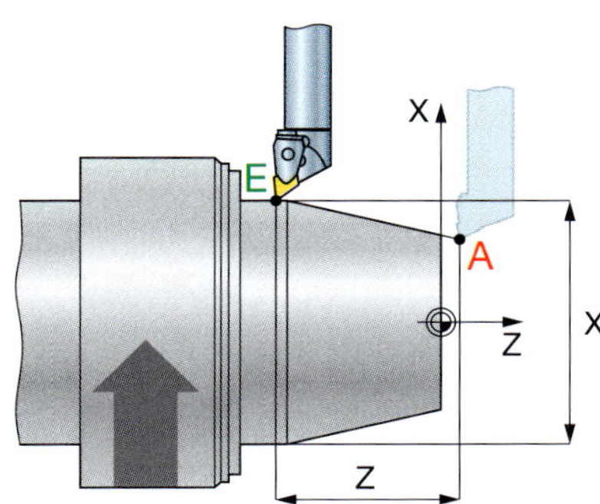

Adressen: keine

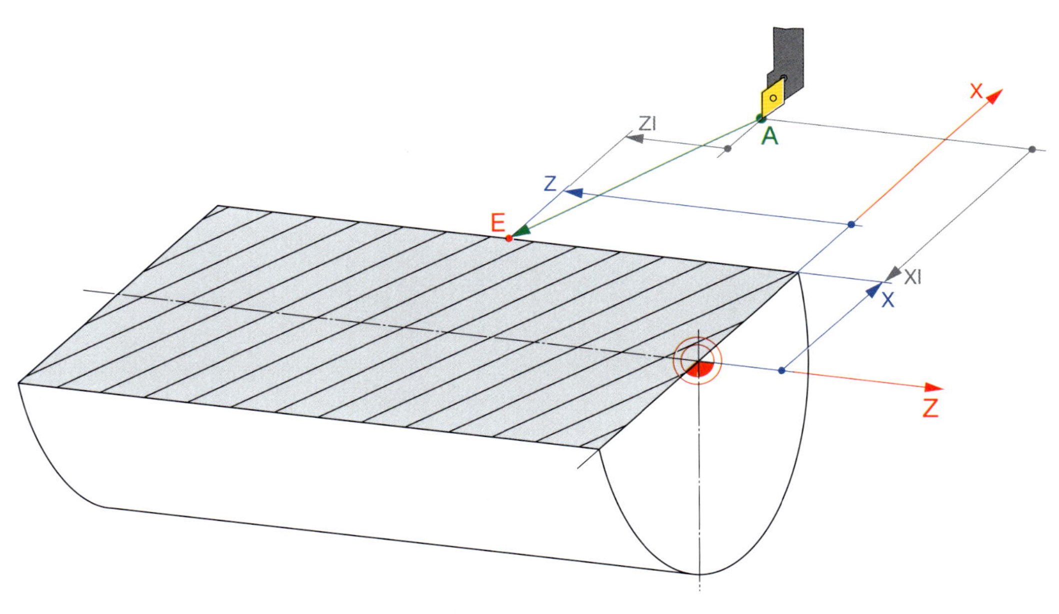

G91:	Kettenmaßangabe einschalten	Wirksamkeit: selbsthaltend
Funktion	Das Werkzeugkoordinatensystem wird aktiviert. Alle nachfolgenden Koordinatenangaben X und Z beziehen sich auf die augenblickliche Werkzeugposition. Das Werkzeug verfährt unabhängig vom gültigen Werkstücknullpunkt von seiner augenblicklichen Position (Anfangspunkt **A**) auf den programmierten Endpunkt **E**. Während der Wirksamkeit von G91 können aber auch eine oder mehrere Koordinaten absolut angegeben werden. Der Befehl G91 bleibt wirksam, bis er durch G90 ausgeschaltet wird.	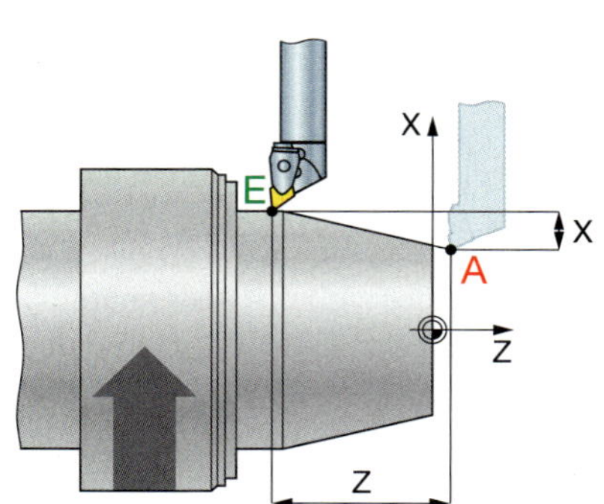
Adressen:	keine	

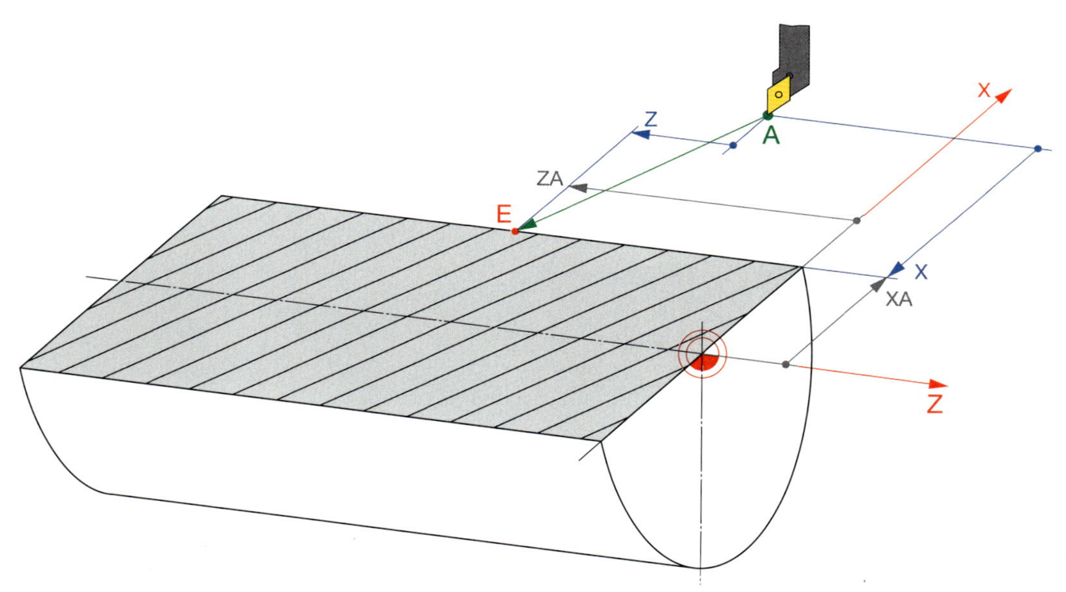

G92:	Drehzahlbegrenzung	Wirksamkeit: selbsthaltend
Funktion	Angabe der maximal zulässigen Grenzdrehzahl der Spindel. Wenn mit G96 eine konstante Schnittgeschwindigkeit programmiert ist, läuft die Spindel beim Plandrehen auf den Durchmesser Null auf die maximal mögliche Drehzahl der Maschine hoch. Dies kann äußerst negative Auswirkungen auf die Werkstückspannung haben. Deshalb wird die aus Schnittgeschwindigkeit und dem jeweiligen Bearbeitungsdurchmesser errechnete Drehzahl von einem bestimmten Grenzdurchmesser an auf die programmierte Grenzdrehzahl reduziert.	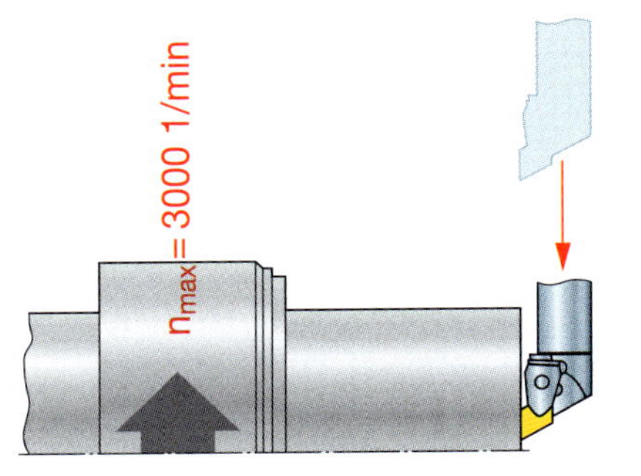
Adressen:	**S** Pflichtadresse	
S	maximale Spindeldrehzahl in 1/min	

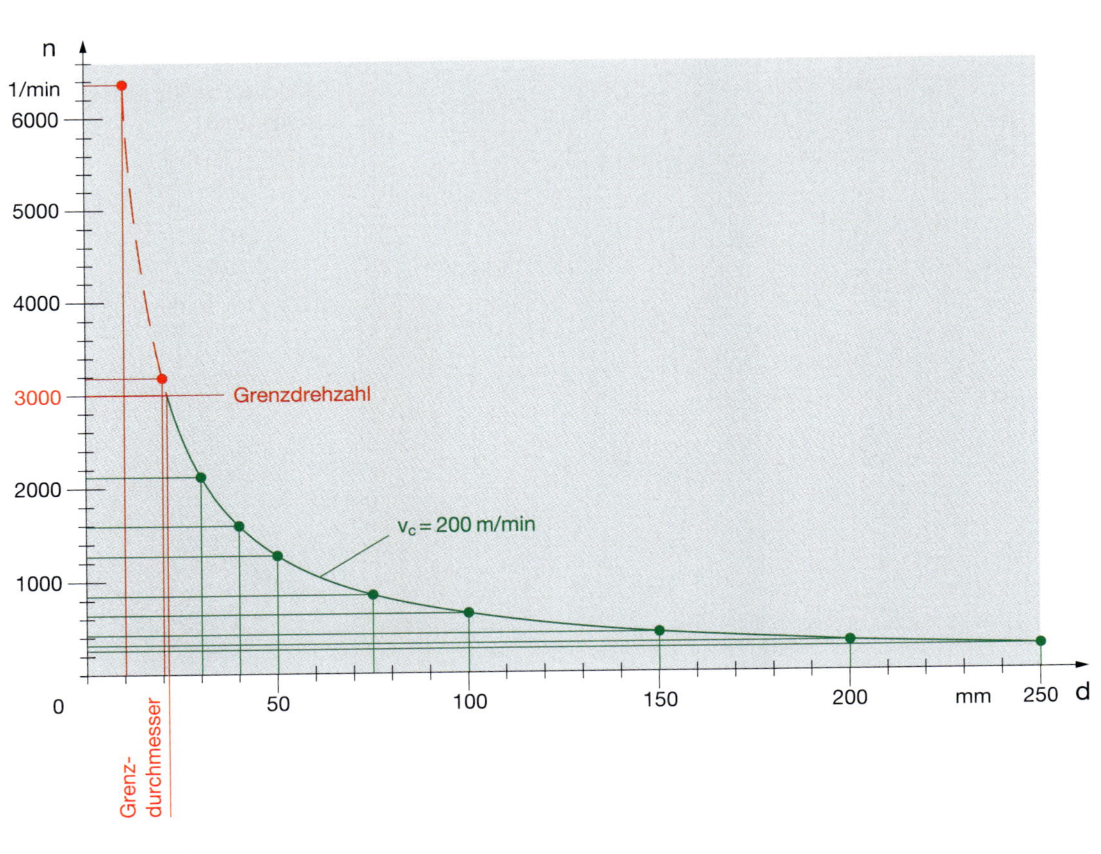

G94: Vorschubgeschwindigkeit in mm/min — Wirksamkeit: selbsthaltend

Funktion

Der Vorschub wird als Vorschubgeschwindigkeit in der Maßeinheit mm/min programmiert.

In der Regel wird diese Vorschubart beim Fertigungsverfahren Drehen nicht verwendet. Sinnvoll ist der Vorschub in mm/min, wenn neben Dreharbeiten auch Fräsarbeiten an Mantel- oder Stirnflächen ausgeführt werden sollen. Dies ist möglich z. B. durch den Einsatz angetriebener Werkzeuge in Verbindung mit einer rotatorischen C-Achse, mit der die Arbeitsspindel programmiert werden kann. Der Befehl G94 bleibt wirksam, bis er durch G95 ausgeschaltet wird.

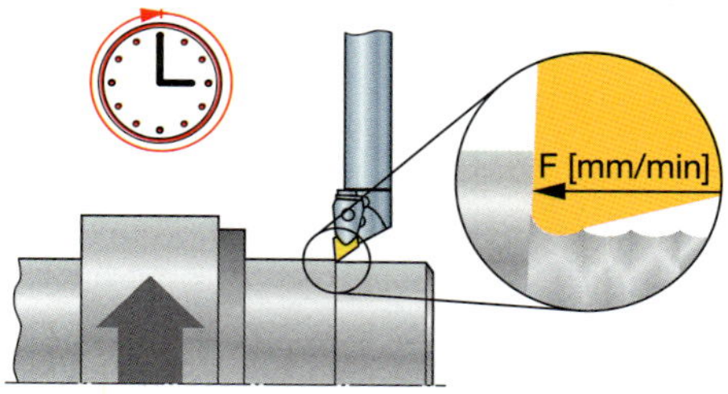

F [mm/min]

Adressen: F — Pflichtadresse; *E S M T TC TR TX TZ* — *optionale Adressen*

F	Vorschub in mm/min
E	Feinkonturvorschub für Übergangselemente Fase und Verrundung [1]
S	Spindeldrehzahl/Schnittgeschwindigkeit [1]
M	Zusatzfunktionen
T	Werkzeugwechsel; Anwahl der Werkzeugrevolverposition
TC	Korrekturwertspeichernummer [1]
TR	inkrementelle Veränderung des Schneidenradiuswertes [1]
TX	inkrementelle Veränderung des X-Korrekturwertes [1]
TZ	inkrementelle Veränderung des Z-Korrekturwertes [1]

[1] Voreinstellungen:
E = F
S: aktuelle Spindeldrehzahl (siehe G97) oder aktuelle Schnittgeschwindigkeit (siehe G96)
M: Zusatzfunktionen
TC1 TR0 TX0 TZ0

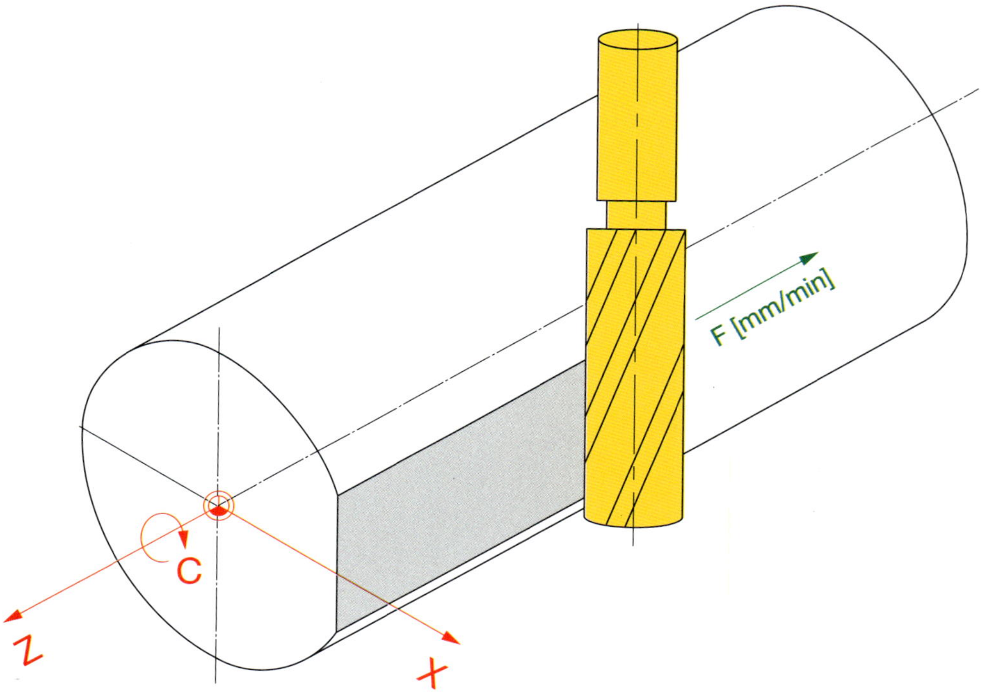

F [mm/min]

C

Z

X

G95: Vorschubgeschwindigkeit in mm/U — Wirksamkeit: selbsthaltend

Funktion

Der Vorschub wird in der Maßeinheit mm/U programmiert.

Der Befehl G95 bleibt wirksam, bis er durch G94 ausgeschaltet wird.

G95 ist **Einschaltzustand** der Maschine.

Adressen: F — Pflichtadresse; *E S M T TC TR TX TZ* — *optionale Adressen*

F	Vorschub in mm/U
E	Feinkonturvorschub für Übergangselemente Fase und Verrundung[1)]
S	Spindeldrehzahl/Schnittgeschwindigkeit[1)]
M	Zusatzfunktionen
T	Werkzeugwechsel; Anwahl der Werkzeugrevolverposition
TC	Korrekturwertspeichernummer[1)]
TR	inkrementelle Veränderung des Schneidenradiuswertes[1)]
TX	inkrementelle Veränderung des X-Korrekturwertes[1)]
TZ	inkrementelle Veränderung des Z-Korrekturwertes[1)]

[1)] Voreinstellungen:
E = F
S: aktuelle Spindeldrehzahl (siehe G97) oder aktuelle Schnittgeschwindgkeit (siehe G96)
M: Zusatzfunktionen
TC1 TR0 TX0 TZ0

G96: Konstante Schnittgeschwindigkeit — Wirksamkeit: selbsthaltend

Funktion

Es wird eine konstante Schnittgeschwindigkeit in m/min programmiert. Hierfür muss der Vorschub in mm/U (G95) aktiviert sein. Andernfalls wird das Programm mit einer Fehlermeldung abgebrochen.

Aus der programmierten Schnittgeschwindigkeit und dem aktuellen X-Wert wird so lange auf die aktuelle Drehzahl umgerechnet, bis eine mit G92 programmierte Grenzdrehzahl oder die maximale Drehzahl der Maschine erreicht wird.

Der Befehl G96 bleibt wirksam, bis er durch G97 ausgeschaltet wird.

$$n = f(d) = \frac{v_c}{d \cdot \pi}$$

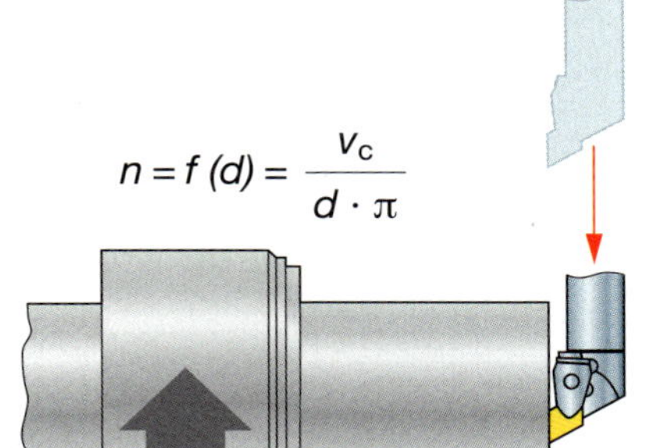

Adressen: **S** Pflichtadresse — *F E M T TC TR TX TZ* *optionale Adressen*

S	Schnittgeschwindigkeit im m/min
F	Vorschub in mm/min[1)]
E	Feinkonturvorschub für Übergangselemente Fase und Verrundung[1)]
M	Zusatzfunktionen
T	Werkzeugwechsel; Anwahl der Werkzeugrevolverposition
TC	Korrekturwertspeichernummer[1)]
TR	inkrementelle Veränderung des Schneidenradiuswertes[1)]
TX	inkrementelle Veränderung des X-Korrekturwertes[1)]
TZ	inkrementelle Veränderung des Z-Korrekturwertes[1)]

[1)] Voreinstellungen:
F: aktueller Vorschub
E: aktueller Feinkonturvorschub
M: Zusatzfunktionen
TC1 TR0 TX0 TZ0

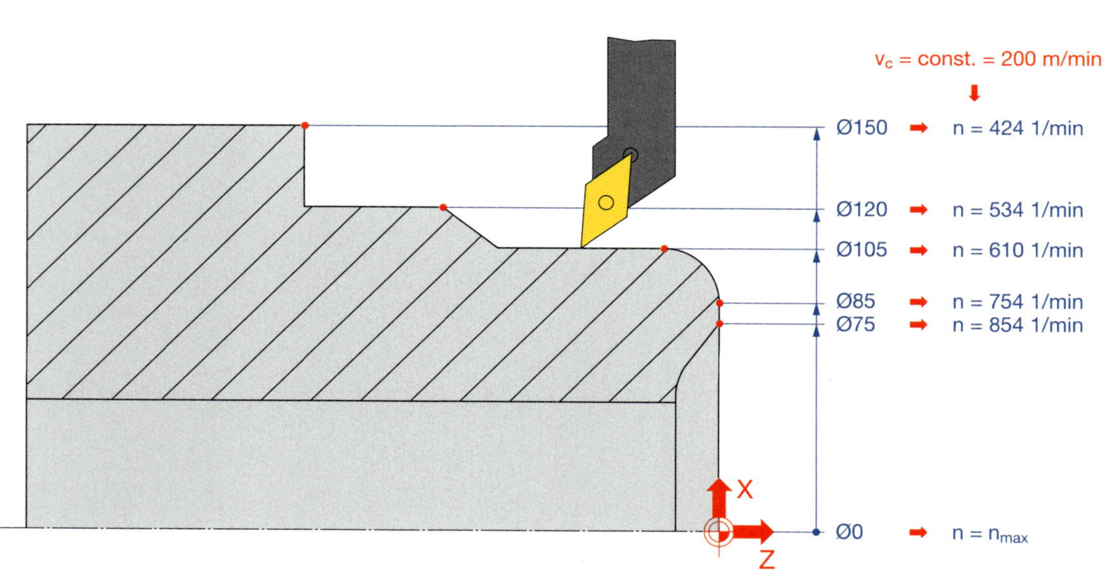

G97: Konstante Drehzahl — Wirksamkeit: selbsthaltend

Funktion

Es wird eine konstante Drehzahl in 1/min programmiert. Diese Drehzahl wird über den gesamten Durchmesserbereich hinweg konstant gehalten. Dadurch ergeben sich an unterschiedlichen Durchmessern unterschiedliche Schnittgeschwindigkeiten.

Der Befehl G97 bleibt wirksam, bis er durch G96 ausgeschaltet wird.

G97 ist **Einschaltzustand** der Maschine.

$n = \text{const.} \neq f(d)$

Adressen: ***S F E M T TC TR TX TZ***

optionale Adressen

S	Spindeldrehzahl in 1/min [1]
F	Vorschub in mm/U (G95) oder mm/min (G94) [1] Feinkonturvorschub für Übergangselemente
E	Fase und Verrundung [1]
M	Zusatzfunktionen
T	Werkzeugwechsel; Anwahl der Werkzeugrevolverposition
TC	Korrekturwertspeichernummer [1]
TR	inkrementelle Veränderung des Schneidenradiuswertes [1]
TX	inkrementelle Veränderung des X-Korrekturwertes [1]
TZ	inkrementelle Veränderung des Z-Korrekturwertes [1]

[1] Voreinstellungen:
S: aktuelle Spindelsdrehz./Schnittgeschw.
F: aktueller Vorschub
E: aktueller Feinkonturvorschub
M: Zusatzfunktionen
TC1 TR0 TZ0 TX0

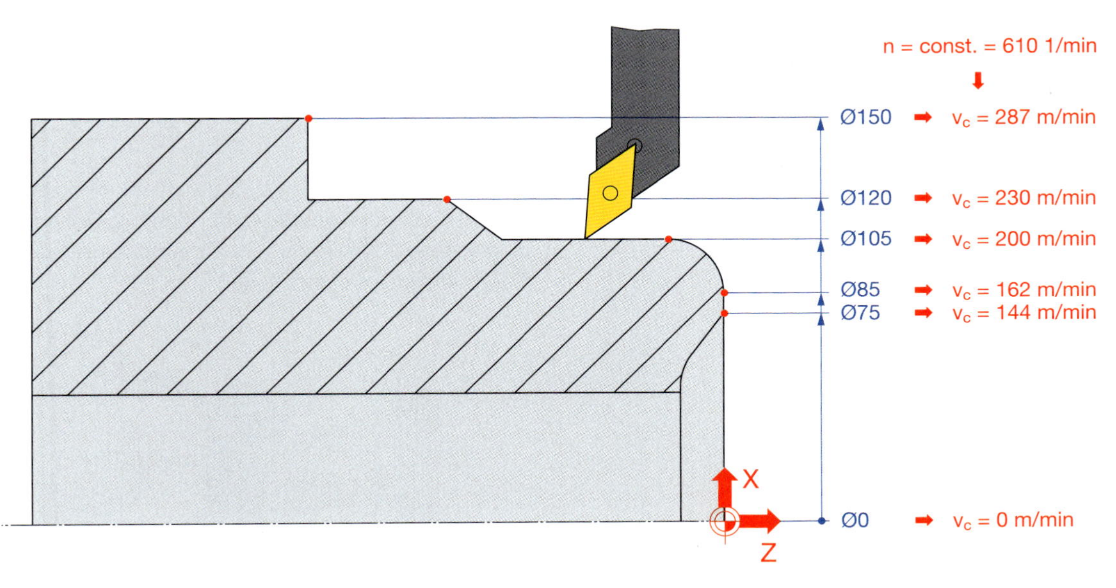

Zusatzfunktionen

Zusatzfunktionen (M-Befehle) können in einem NC-Satz allein oder zusammen mit einer Wegbedingung programmiert werden. Ein NC-Satz darf jedoch maximal nur zwei M-Befehle enthalten.

Eine Zusatzfunktion bleibt so lange wirksam, bis sie durch eine andere Zusatzfunktion aufgehoben wird.

Es gibt Zusatzfunktionen, die vor einem Verfahrbefehl ausgeführt werden (M03, M04, M07, M08) und solche, die nach einem Verfahrbefehl ausgeführt werden (M00, M05, M09, M17, M30).

M00: Programmierter Halt

Das Programm wird angehalten, z. B. für einen manuellen Werkzeugwechsel, einen Kontrollvorgang am Werkstück oder für das Umspannen des Werkstücks. Mit «START» oder «ENTER» wird die Programmabarbeitung fortgesetzt.

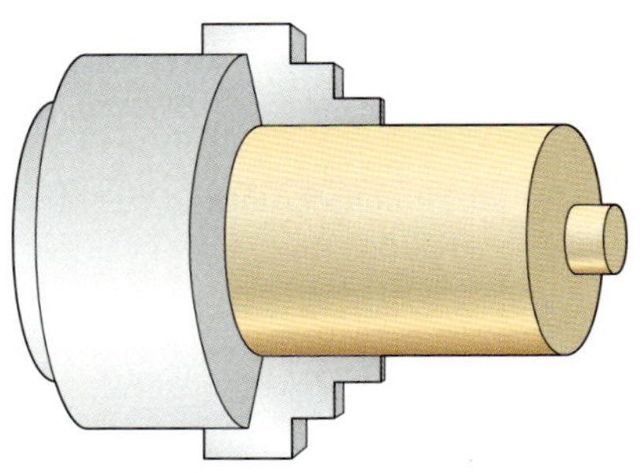

M03: Spindel einschalten; Drehrichtung rechts (Uhrzeigersinn)

Die Spindel dreht im Rechtslauf (Uhrzeigersinn) mit der unter der Adresse S programmierten Drehzahl. Der Befehl wird als erster innerhalb eines Programmsatzes abgearbeitet.

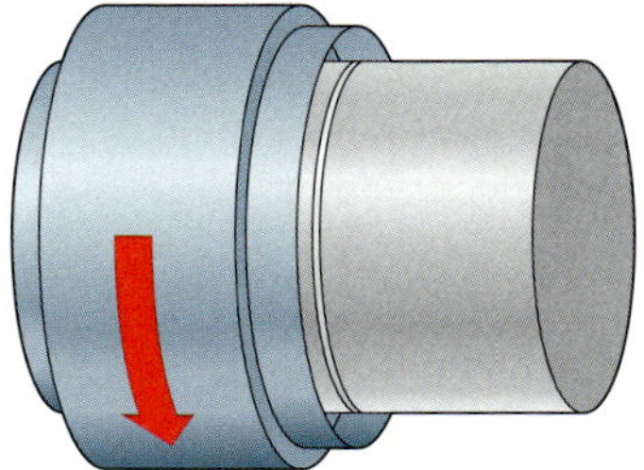

M04: Spindel einschalten; Drehrichtung links (Gegenuhrzeigersinn)

Die Spindel dreht im Linkslauf (Gegenuhrzeigersinn) mit der unter der Adresse S programmierten Drehzahl. Der Befehl wird als erster innerhalb eines Programmsatzes abgearbeitet.

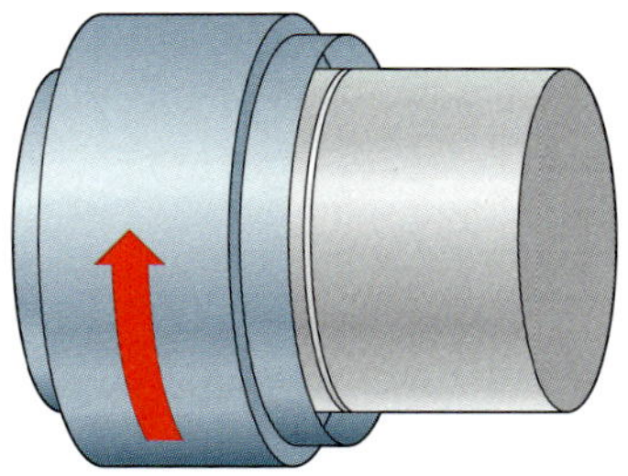

M05: Spindel ausschalten

Die Spindel wird angehalten. Der Befehl wird als letzter innerhalb eines Programmsatzes abgearbeitet. M05 ist **Einschaltzustand** der Maschine.

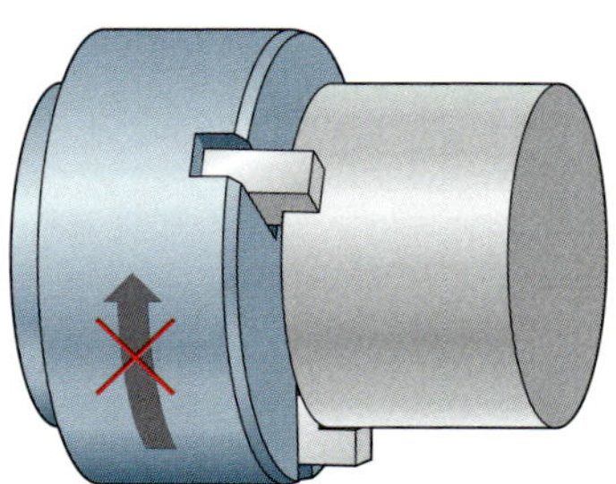

M07: 2. Kühlmittelpumpe einschalten

Eine 2. Kühlmittelleitung (z. B. durch das Werkzeug) mit einem anderen Kühlmittel (z. B. Hochdruckkühlmittel) wird zugeschaltet. Der Befehl wird als erster innerhalb eines Programmsatzes abgearbeitet.

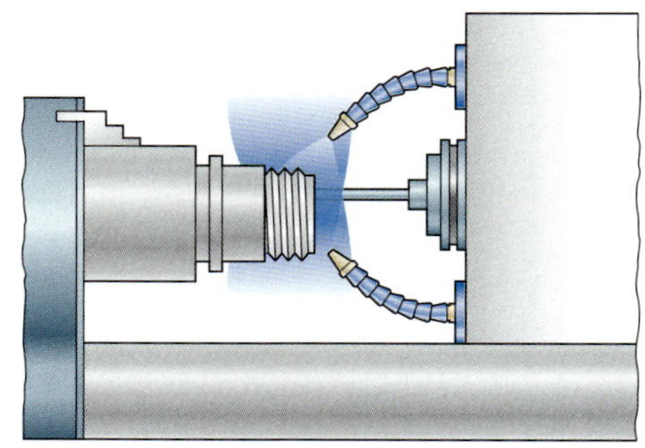

M08: Kühlmittelpumpe einschalten

Die Standard-Kühlmittelleitung mit dem Standard-Kühlschmiermittel wird eingeschaltet. Der Befehl wird als erster innerhalb eines Programmsatzes abgearbeitet.

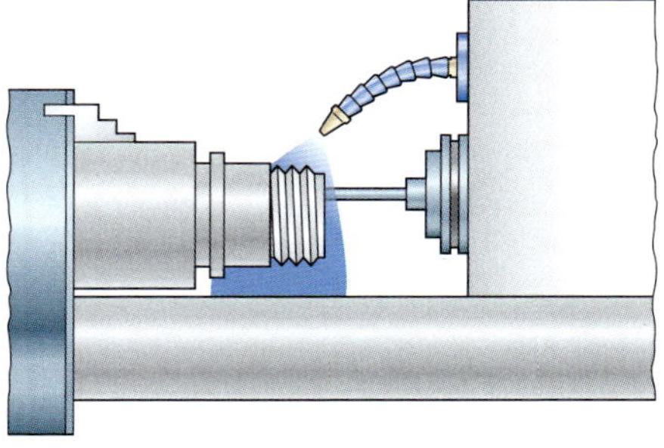

M09: Kühlmittelpumpe ausschalten

Ein über M07 oder M08 eingeschalteter Kühlschmiermittelfluss wird ausgeschaltet. Der Befehl wird als letzter innerhalb eines Programmsatzes abgearbeitet. M09 ist **Einschaltzustand** der Maschine.

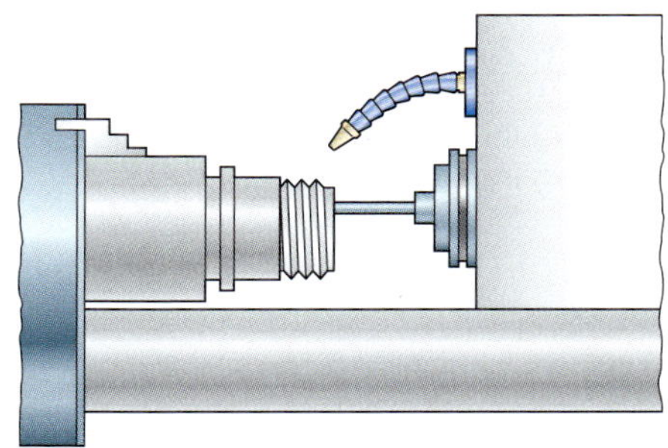

M10: Reitstock-Pinole lösen

Die Pinole eines über die Z-Koordinaten programmierbaren Reitstocks wird vom Werkstück gelöst.

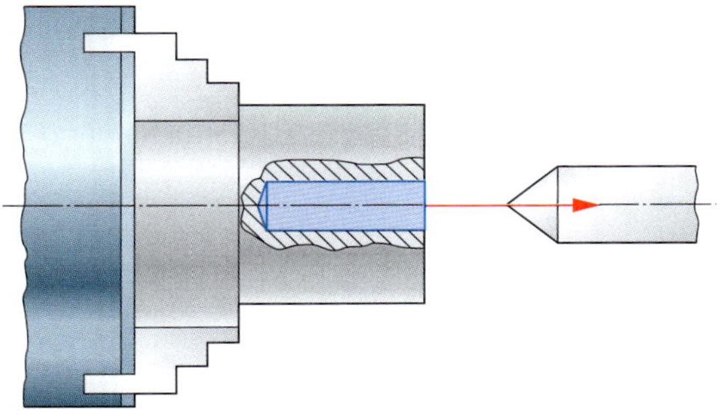

M10: Reitstock-Pinole setzen

Die Pinole eines über die Z-Koordinaten programmierbaren Reitstocks kann gesetzt werden. Damit läßt sich z. B. eine mitlaufende Körnerspitze als Gegenhalt für lange Werkstücke einsetzen.

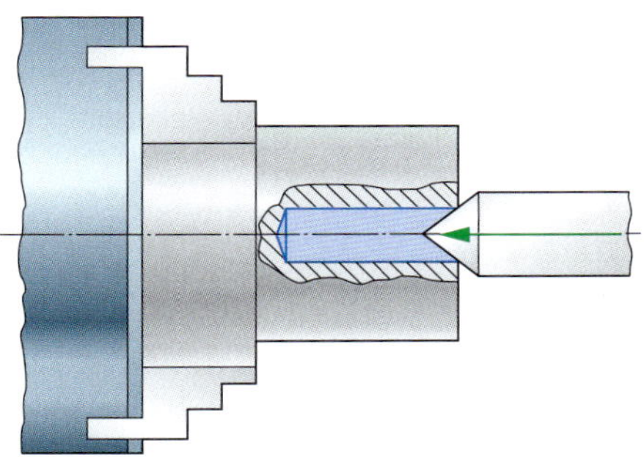

M17: Unterprogramm Ende

Ein von einem Hauptprogramm aufgerufenes Unterprogramm wird beendet. Es erfolgt ein Rücksprung in das aufrufende Programm in den Programmsatz, der dem Unterprogrammaufruf folgt. Der Befehl wird als letzter innerhalb eines Programmsatzes abgearbeitet.

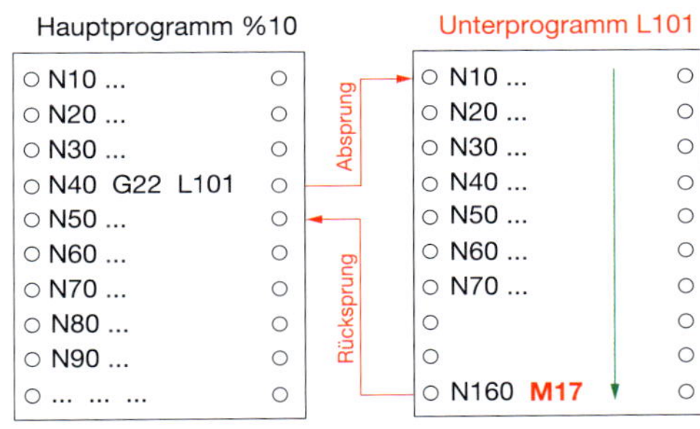

M30: Hauptprogramm Ende

Das Hauptprogramm wird beendet. Spindel und Kühlmittel werden ausgeschaltet. Es erfolgt ein Rücksprung zum Programmanfang. Die Steuerung geht in den Einschaltzustand zurück. Der Befehl wird als letzter innerhalb eines Programmsatzes abgearbeitet.

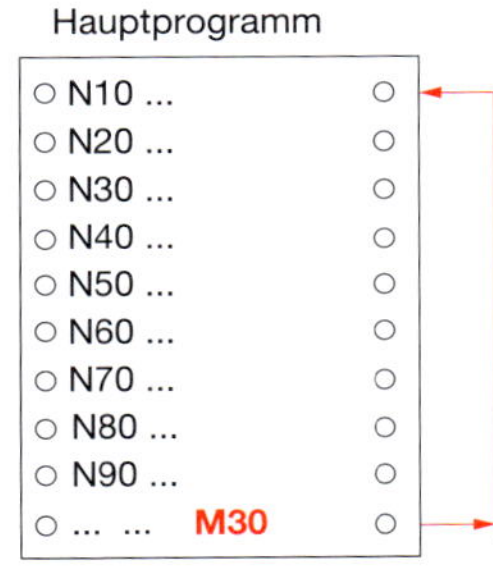

F: Vorschubgeschwindigkeit

Die Vorschubgeschwindigkeit kann programmiert werden:

- in Millimeter pro Minute (mm/min) oder
- in Millimeter pro Umdrehung (mm/U).

Die Auswahl der Einheit erfolgt über die Befehle G94 und G95 mit folgender Zuordnung:

- G94 → F in mm/min
- G95 → F in mm/U

E: Feinkonturvorschub

Der Vorschub F wird bei den Übergangselementen Radius und Fase zwischen Strecken und Kreisbögen auf die Adresse E reduziert. In folgenden Zyklen kann E mit anderer Bedeutung als 2. Vorschub programmiert werden:

- G81 ... G83 → Eintauchvorschub
- G84 → Anbohrvorschub
- G85 → Eintauchvorschub
- G86 ... G89 → Vollmaterial-Einstechvorschub

Wird E nicht programmiert, so gilt: E = F.

S: Spindeldrehzahl/Schnittgeschwindigkeit

Unter der Adresse S kann programmiert werden:

- die Spindeldrehzahl in 1/min oder
- die Schnittgeschwindigkeit in m/min.

Die Auswahl der Einheit erfolgt über die Befehle G97 und G96 mit folgender Zuordnung:

- G97 → S in 1/min
- G96 → S in m/min[1)]

[1)] Der Wert von S wird mit dem zugehörigen Werkstückdurchmesser in eine Drehzahl umgerechnet.

T: Werkzeugwechsel

Das unter der Adresse T im Werkzeugspeicherplatz definierte Wekzeug wird eingewechselt. Mit T0 wird das aktuelle Werkzeug im Werkzeug-Magazin abgelegt. Vor einem Werkzeugwechsel werden Werkzeugspindel und Kühlmittel ausgeschaltet, nach dem Wechsel jedoch nicht wieder eingeschaltet.

TC Korrekturwertspeichernummer
Pro Werkzeug stehen neun Korrekturwertspeicher (TC1 ... TC9) zur Verfügung.[1)]

TR inkrementelle Veränderung des Schneidenradius im aktuellen Korrekturwertspeicher[1)]

TX inkrementelle Veränderung des X-Korrekturwerts im aktuellen Korrekturwertspeicher[1)]

TZ inkrementelle Veränderung des Z-Korrekturwerts im aktuellen Korrekturwertspeicher[1)]

[1)] Voreinstellungen:
TC1 TR0 TX0 TZ0

Einschaltzustand

Beim Start eines NC-Programms gelten folgende Einschaltzustände:

- G-Befehle:
  G18, G90, G53, G71, G40, G01, G97, G95
- Zusatzfunktionen:
  M05, M09
- Vorschub und Drehzahl:
  F0, E0, S0

Satznummern, Kommentare, besondere Zeichen

- Satznummer:
  Für jeden NC-Satz kann eine Satznummer programmiert werden.
- Kommentare:
  Einzelne NC-Sätze oder ganze Programmteile können durch Kommentare ergänzt werden. Als Kommentar-Anfangszeichen wird das Semikolon »;« verwendet. Alles, was nach dem Kommentarzeichen steht, wird von der Steuerung überlesen.
- besondere Zeichen:
  Lange NC-Sätze können sich über mehr als eine Druckzeile erstrecken (Fortsetzungszeile). Als jeweils letztes Zeichen der Zeile, die fortgesetzt wird, wird eine Tilde »~« eingefügt. Zur besseren Lesbarkeit von NC-Sätzen können vor den Adressbuchstaben Leerzeichen » « eingefügt werden. Notwendig sind sie für die Steuerung jedoch nicht.

Konfiguration der CNC-Drehmaschine des PAL-Programmiersystems

Maschinentyp:
Schrägbettdrehmaschine mit Werkzeugrevolver hinter der Drehmitte

Verfahrachsen mit Z//X/Y-Grundausstattung im Werkzeugrevolver

Maschinennullpunkt zentrisch im Anschlagpunkt des Spindelflansches

Verfahrbereiche des Werkzeugträger-Bezugspunkts am Werkzeugrevolver in Maschinenkoordinaten:

Z-Achse: 0 mm ... 800 mm
X-Achse: -100 mm ... 250 mm (Radiusmaß)
Y-Achse: -100 mm ... 100 mm

Werkzeug-Schwenkachse B: 0° ... 360° (stufenlos)
C-Achse: C0 in Richtung +X

Antriebsleistung: 20 kW

Drehzahlbereich: 0 ... 8000 1/min (stufenlos); futterabhängige Begrenzung bei 5000 1/min und 6000 1/min

Maximaler Drehdurchmesser: 280 mm (X-Achse)

Maximale Vorschubgeschwindigkeit: 10 m/min
Eilganggeschwindigkeit in Z-Achse: 30 m/min
Eilganggeschwindigkeit in X-Achse: 20 m/min

Werkzeugwechselpunkt: Z400; X250 (Radiusmaß)

Automatisches Hydraulik-Kraftspannfutter als Backenfutter (mit 2, 3 oder 4 Backen), Spannzangenfutter oder Stirnseitenmitnehmer

Stangendurchlass: 42 mm; 52 mm; 62 mm; 72 mm (je nach Futter)

Backenfutter:

- Ø 160 mm; n_{max} = 8000 1/min;
  Stangendurchlass: 42 mm
- Ø 200 mm; n_{max} = 6000 1/min;
  Stangendurchlass: 52 mm
- Ø 250 mm; n_{max} = 5000 1/min;
  Stangendurchlass: 72 mm

Spannzangenfutter: Ø 42 mm; Ø 62 mm

Stirnseitenmitnehmer: Ø 100 mm

Hauptspindel mit Kurzkegelaufnahme DIN 55028 A8
Ø 139,719

Kühlmittelzufuhr innen und außen

Kratzbandförderer; Spänespülsystem

Gegenspindel:
Ausrichtung des Koordinatensystem:

- gleiche Ausrichtung wie Hauptspindel (GS)
- X-Achse gegenüber Hauptspindel um 180° gedreht (GSU)

Verfahrbereich
Z2-Achse: 200 mm ... 1000 mm

Gegenspindelnullpunkt zentrisch im Anschlagpunkt des Spindelflansches

Gegenspindelreferenzpunkt: Z2: 1000 mm
C-Achse: C0 in Richtung +X

Antriebsleistung: 15 kW

Drehzahlbereich: 0 ... 6000 1/min (stufenlos)

Werkzeugträger als Sternrevolver (Gegenspindelausführung) oder Scheibenrevolver (Reitstockausführung): alle Werkzeugpositionen angetrieben

Antriebsleistung der angetriebenen Fräswerkzeuge: 7,5 kW

Automatisches Hydraulik-Kraftspannfutter als Backenfutter oder Spannzangenfutter wie für Hauptspindel

Reitstock (alternativ): hydraulisch verfahrbar
Spitzenweite in Z2: 800 mm
Pinolenhub: 100 mm

Sachwortverzeichnis Drehen

Sachwortverzeichnis Drehen

Sachwortverzeichnis Drehen

CNC-Kompendium PAL-Fräsen

Dietmar Falk

westermann

2. Auflage, 2012
Druck 1, Herstellungsjahr 2012

Westermann Schroedel Diesterweg Schöningh Winklers GmbH, Braunschweig
www.westermann.de

Redaktion: Martin Reinelt
Umschlaggestaltung: boje5 Grafik & Werbung, Braunschweig
Satz und Layout: deckermedia GbR, Vechelde
Druck und Bindung: westermann druck GmbH, Braunschweig

ISBN 978-3-14-**235027**-1

Inhaltsverzeichnis

Wegbedingungen

Zusatzfunktionen

Technologische Adressen

G00: Verfahren im Eilgang — Wirksamkeit: selbsthaltend

Funktion

Das Werkzeug verfährt vom Anfangspunkt **A** mit maximal möglicher Geschwindigkeit zum programmierten Endpunkt **E**. Die Bewegung endet mit einem Genauhalt am Endpunkt **E**.

Eilganglogik: Eilgangbewegungen in positiver Richtung der Zustellachse werden zuerst ausgeführt, danach die Eilgangbewegungen innerhalb der Ebene. Eilgangbewegungen in negativer Richtung der Zustellachse werden nach den Eilgangbewegungen innerhalb der Ebene ausgeführt.

Adressen: *X/XA/XI Y/YA/YI Z/ZA/ZI F S M T TC TR TL*
optionale Adressen

X	absolute X-Koordinate bei G90;[1)] inkrementale X-Koordinate bei G91
XA	absolute X-Koordinate bei G91
XI	inkrementale X-Koordinate bei G90
Y	absolute Y-Koordinate bei G90;[1)] inkrementale Y-Koordinate bei G91
YA	absolute Y-Koordinate bei G91
YI	inkrementale Y-Koordinate bei G90
Z	absolute Z-Koordinate bei G90;[1)] inkrementale Z -Koordinate bei G91
ZA	absolute Z-Koordinate bei G91
ZI	inkrementale Y-Koordinate bei G90
F	Vorschub[1)]
S	Spindeldrehzahl/Schnittgeschwindigkeit[1)]
M	Zusatzfunktionen
T	Werkzeugwechsel; Anwahl der Werkzeugnummer[1)]
TC	Anwahl der Korrekturwertspeichernummer[1)]
TR	inkrementale Veränderung des Werkzeugradiuswertes[1)]
TL	inkrementale Veränderung der Werkzeuglänge[1)]

[1)] Voreinstellungen:
X, Y, Z: aktuelle Werkzeugposition
F, S: aktuelle Werte
T: aktuelles Werkzeug
TC1 TR0 TL0

G90 aktiv	G91 aktiv
A, E, Z, X, ZI, Z, XI, X, YI, Y	A, E, Z, X, Z, ZA, X, XA, Y, YA

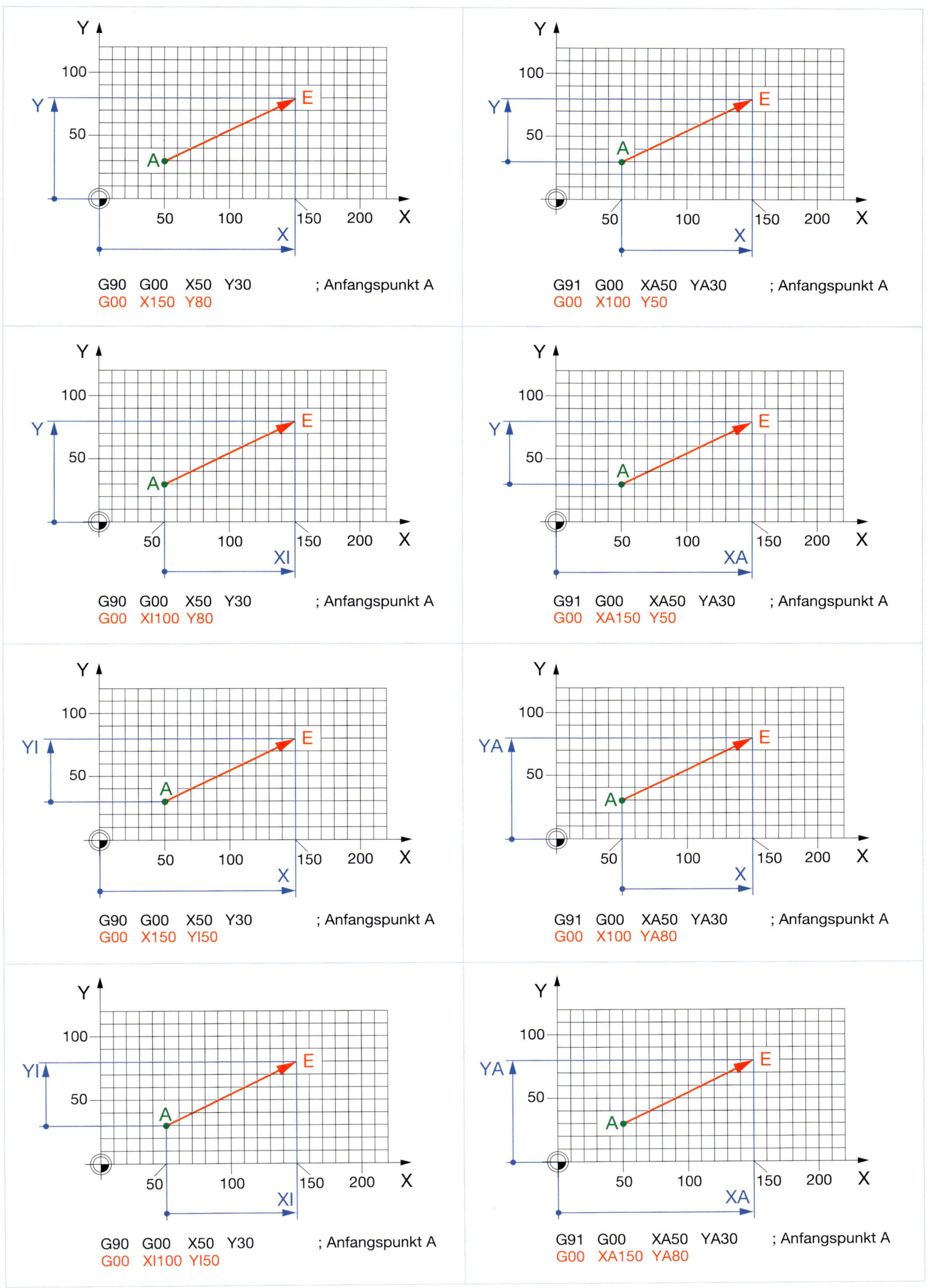
Y
100
Y
50
A
E
50
100
150
200
X
X
G90 G00 X50 Y30 ; Anfangspunkt A
G00 X150 Y80
Y
100
Y
50
A
E
50
100
150
200
X
X
G91 G00 XA50 YA30 ; Anfangspunkt A
G00 X100 Y50
Y
100
Y
50
A
E
50
100
150
200
X
XI
G90 G00 X50 Y30 ; Anfangspunkt A
G00 XI100 Y80
Y
100
Y
50
A
E
50
100
150
200
X
XA
G91 G00 XA50 YA30 ; Anfangspunkt A
G00 XA150 Y50
Y
100
YI
50
A
E
50
100
150
200
X
X
G90 G00 X50 Y30 ; Anfangspunkt A
G00 X150 YI50
Y
100
YA
50
A
E
50
100
150
200
X
X
G91 G00 XA50 YA30 ; Anfangspunkt A
G00 X100 YA80
Y
100
YI
50
A
E
50
100
150
200
X
XI
G90 G00 X50 Y30 ; Anfangspunkt A
G00 XI100 YI50
Y
100
YA
50
A
E
50
100
150
200
X
XA
G91 G00 XA50 YA30 ; Anfangspunkt A
G00 XA150 YA80

G01: Linearinterpolation im Arbeitsgang — Wirksamkeit: selbsthaltend

Funktion

Das Werkzeug verfährt linear vom Anfangspunkt **A** mit programmierter Vorschubgeschwindigkeit zum programmierten Endpunkt **E**.

Von den Adressen X, Y, D, AS können maximal zwei in einem NC-Satz programmiert werden.

Die Selbsthaltefunktion ist bei einer nicht programmierten Endpunkt-Koordinate nur dann wirksam, wenn als Adresse nur die zweite Endpunkt-Koordinate programmiert wird.

G01 ist **Einschaltzustand** der Maschine.

Adressen: *X/XA/XI Y/YA/YI Z/ZA/ZI D AS RN H E F S M TC TR TL*

optionale Adressen

X	absolute X-Koordinate bei G90;[1)] inkrementale X-Koordinate bei G91
XA	absolute X-Koordinate bei G91
XI	inkrementale X-Koordinate bei G90
Y	absolute Y-Koordinate bei G90;[1)] inkrementale Y-Koordinate bei G91
YA	absolute Y-Koordinate bei G91
YI	inkrementale Y-Koordinate bei G90
Z	absolute Z-Koordinate bei G90;[1)] inkrementale Z-Koordinate bei G91
ZA	absolute Z-Koordinate bei G91
ZI	inkrementale Y-Koordinate bei G90
D	Länge der Verfahrstrecke in der Bearbeitungsebene (D positiv)
AS	Anstiegswinkel der Verfahrstrecke in der Bearbeitungsebene bezogen auf die positive 1. Geometrieachse (G17: X; G18: Z; G19: Y)
RN	Übergangselement zum nächsten Konturelement RN+ Verrundungsradius zum nächsten Konturelement RN- Fasenbreite zum nächsten Konturelement
H	Auswahlkriterium für Doppellösungen[1)] (falls D aber nicht AS programmiert wird) H1 kleinerer Anstiegswinkel zur positiven 1. Geometrieachse H2 größerer Anstiegswinkel zur positiven 1. Geometrieachse
E	Feinkonturvorschub auf Übergangselementen[1)]
F	Vorschub[1)]
S	Spindeldrehzahl/Schnittgeschwindigkeit[1)]
M	Zusatzfunktionen
TC	Anwahl der Korrekturwertspeichernummer[1)]
TR	inkrementale Veränderung des Werkzeugradiuswertes[1)]
TL	inkrementale Veränderung der Werkzeuglänge[1)]

[1)] Voreinstellungen:
X, Y, Z: aktuelle Werkzeugposition
E, F, S: aktuelle Werte
RN0 H1 TC1 TR0 TL0

G90 aktiv

Übergangselement Radius

G91 aktiv

Übergangselement Fase

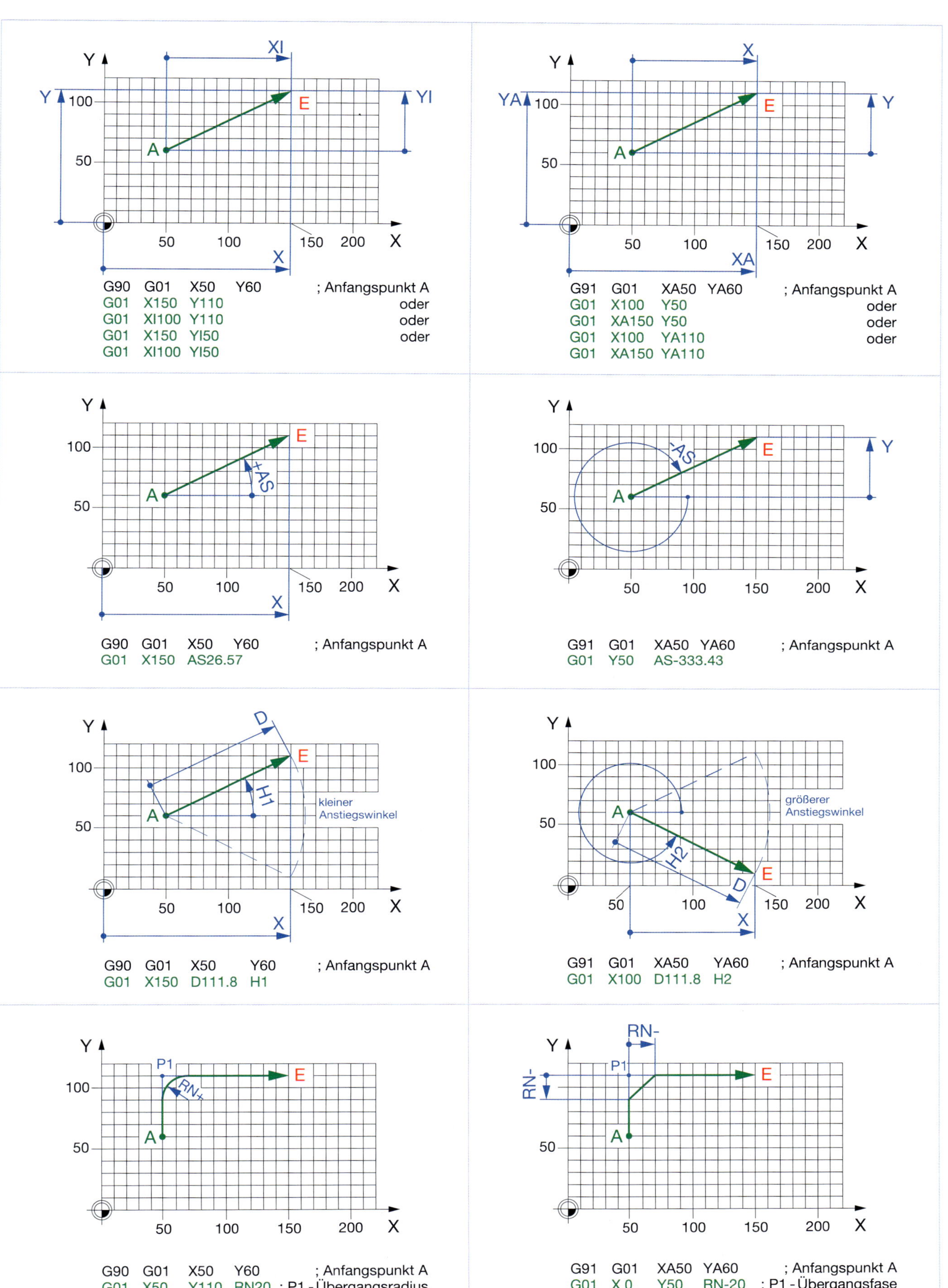

Y
XI
YI
100
50
A
E
50
100
150
200
X
X
G90 G01 X50 Y60 ; Anfangspunkt A
G01 X150 Y110 oder
G01 XI100 Y110 oder
G01 X150 YI50 oder
G01 XI100 YI50
YA
XA
G91 G01 XA50 YA60 ; Anfangspunkt A
G01 X100 Y50 oder
G01 XA150 Y50 oder
G01 X100 YA110 oder
G01 XA150 YA110
+AS
G90 G01 X50 Y60 ; Anfangspunkt A
G01 X150 AS26.57
-AS
G91 G01 XA50 YA60 ; Anfangspunkt A
G01 Y50 AS-333.43
D
H1
kleiner
Anstiegswinkel
G90 G01 X50 Y60 ; Anfangspunkt A
G01 X150 D111.8 H1
H2
größerer
Anstiegswinkel
G91 G01 XA50 YA60 ; Anfangspunkt A
G01 X100 D111.8 H2
P1
RN+
G90 G01 X50 Y60 ; Anfangspunkt A
G01 X50 Y110 RN20 ; P1 - Übergangsradius
G01 X150 Y110
RN-
G91 G01 XA50 YA60 ; Anfangspunkt A
G01 X 0 Y50 RN-20 ; P1 - Übergangsfase
G01 X100 Y0

G02: Kreisinterpolation im Uhrzeigersinn — Wirksamkeit: selbsthaltend

Funktion

Das Werkzeug verfährt in der Bearbeitungsebene kreisbogenförmig im Uhrzeigersinn vom Anfangspunkt **A** mit programmierter Vorschubgeschwindigkeit zum programmierten Endpunkt **E**.

Neben den Koordinaten des Endpunktes müssen die Koordinaten des Kreismittelpunktes oder der Kreisradius oder der Öffnungswinkel des Bogens angegeben werden.

Adressen:

	optionale Adressen			Pflichtadressen	optionale Adressen					
	X/XA/XI	*Y/YA/YI*	*Z/ZA/ZI*	I/IA	*J/JA RN O E*			*F*	*S*	*M*
oder	*X/XA/XI*	*Y/YA/YI*	*Z/ZA/ZI*	J/JA	*RN O E*			*F*	*S*	*M*
oder	*X/XA/XI*	*Y/YA/YI*	*Z/ZA/ZI*	R	*RN O E*			*F*	*S*	*M*
oder	*X/XA/XI*	*Y/YA/YI*	*Z/ZA/ZI*	AO	*RN O E*			*F*	*S*	*M*

Adresse	Bedeutung
X	absolute X-Koordinate bei G90;[1] inkrementale X-Koordinate bei G91
XA	absolute X-Koordinate bei G91
XI	inkrementale X-Koordinate bei G90
Y	absolute Y-Koordinate bei G90;[1] inkrementale Y-Koordinate bei G91
YA	absolute Y-Koordinate bei G91
YI	inkrementale Y-Koordinate bei G90
Z	absolute Z-Koordinate bei G90;[1] inkrementale Z-Koordinate bei G91
ZA	absolute Z-Koordinate bei G91
ZI	inkrementale Y-Koordinate bei G90
I	X-Koordinatendifferenz zwischen Anfangspunkt und Mittelpunkt[1]
IA	X-Mittelpunktkoordinate absolut in Werkstückkoordinaten
J	Y-Koordinatendifferenz zwischen Anfangspunkt und Mittelpunkt[1]
JA	Y-Mittelpunktkoordinate absolut in Werkstückkoordinaten
R	Radius des Kreisbogens R+ kürzerer Bogen R- längerer Bogen
AO	Öffnungswinkel (immer positiv, da Kreisorientierung durch G2/G3 bestimmt)
RN	Übergangselement zum nächsten Konturelement[1] RN+ Verrundungsradius zum nächsten Konturelement RN- Fasenbreite zum nächsten Konturelement
O	Auswahlkriterium für Bogenlänge[1] O1 kürzerer Bogen O2 längerer Bogen
E	Feinkonturvorschub auf Übergangselementen[1]
F	Vorschub[1]
S	Spindeldrehzahl/Schnittgeschwindigkeit[1]
M	Zusatzfunktionen

[1] Voreinstellungen:
X, Y, Z: aktuelle Werkzeugposition
E, F, S: aktuelle Werte
I0 J0 RN0 O1

G90 aktiv

Übergangselement Radius

G91 aktiv

Übergangselement Fase

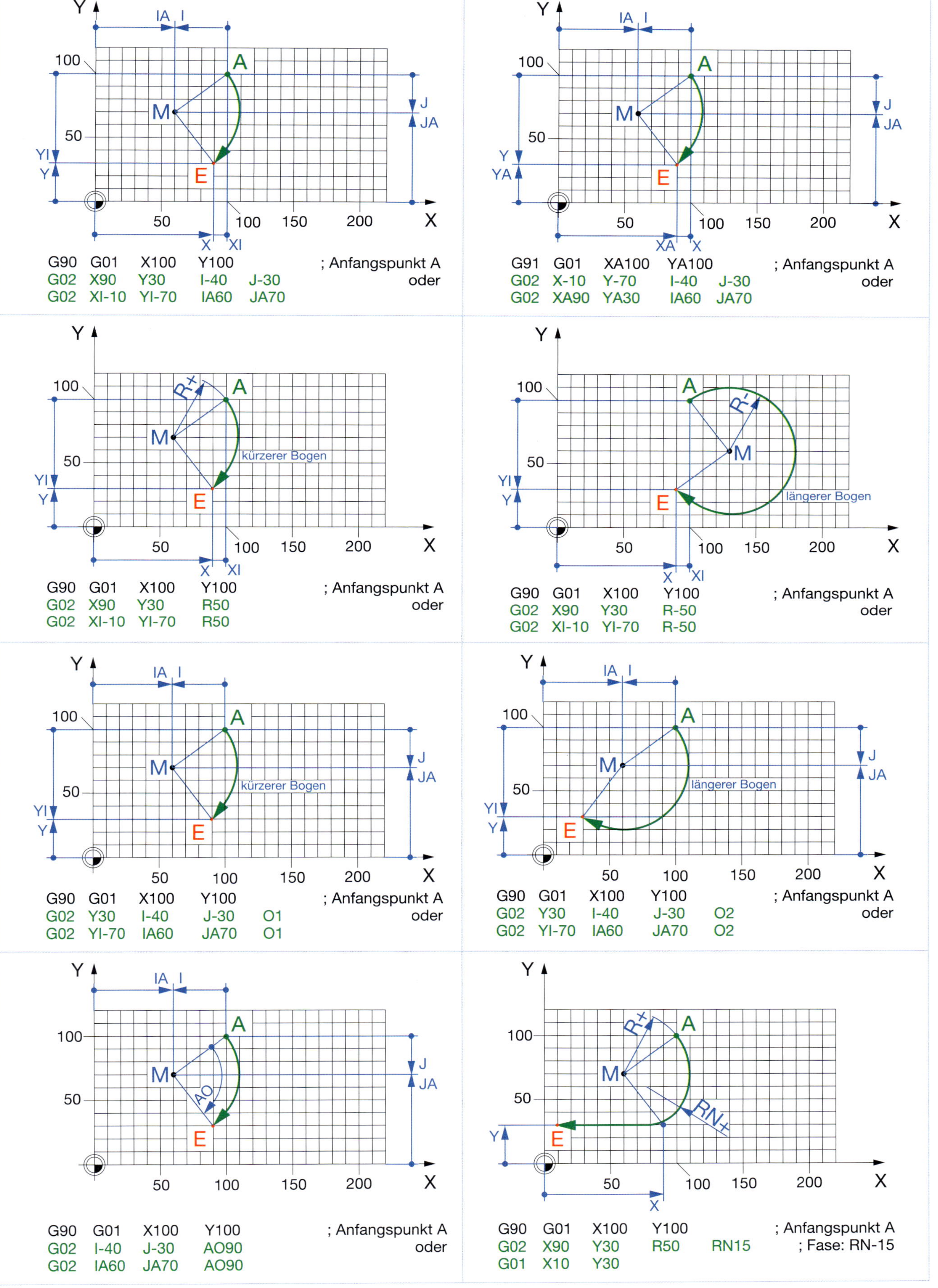
G90 G01 X100 Y100 ; Anfangspunkt A
G02 X90 Y30 I-40 J-30 oder
G02 XI-10 YI-70 IA60 JA70
G91 G01 XA100 YA100 ; Anfangspunkt A
G02 X-10 Y-70 I-40 J-30 oder
G02 XA90 YA30 IA60 JA70
kürzerer Bogen
G90 G01 X100 Y100 ; Anfangspunkt A
G02 X90 Y30 R50 oder
G02 XI-10 YI-70 R50
längerer Bogen
G90 G01 X100 Y100 ; Anfangspunkt A
G02 X90 Y30 R-50 oder
G02 XI-10 YI-70 R-50
kürzerer Bogen
G90 G01 X100 Y100 ; Anfangspunkt A
G02 Y30 I-40 J-30 O1 oder
G02 YI-70 IA60 JA70 O1
längerer Bogen
G90 G01 X100 Y100 ; Anfangspunkt A
G02 Y30 I-40 J-30 O2 oder
G02 YI-70 IA60 JA70 O2
G90 G01 X100 Y100 ; Anfangspunkt A
G02 I-40 J-30 AO90 oder
G02 IA60 JA70 AO90
G90 G01 X100 Y100 ; Anfangspunkt A
G02 X90 Y30 R50 RN15 ; Fase: RN-15
G01 X10 Y30

G03: Kreisinterpolation im Gegenuhrzeigersinn — Wirksamkeit: selbsthaltend

Funktion

Das Werkzeug verfährt in der Bearbeitungsebene kreisbogenförmig im Uhrzeigersinn vom Anfangspunkt **A** mit programmierter Vorschubgeschwindigkeit zum programmierten Endpunkt **E**.

Neben den Koordinaten des Endpunktes müssen die Koordinaten des Kreismittelpunktes oder der Kreisradius oder der Öffnungswinkel des Bogens angegeben werden.

Adressen:

		Pflichtadressen		
	X/XA/XI Y/YA/YI Z/ZA/ZI	I/IA	*J/JA RN O E*	*F S M*
oder	*X/XA/XI Y/YA/YI Z/ZA/ZI*	J/JA	*RN O E*	*F S M*
oder	*X/XA/XI Y/YA/YI Z/ZA/ZI*	R	*RN O E*	*F S M*
oder	*X/XA/XI Y/YA/YI Z/ZA/ZI*	AO	*RN O E*	*F S M*
	optionale Adressen	Pflichtadressen	*optionale Adressen*	

X	absolute X-Koordinate bei G90;[1)] inkrementale X-Koordinate bei G91
XA	absolute X-Koordinate bei G91
XI	inkrementale X-Koordinate bei G90
Y	absolute Y-Koordinate bei G90;[1)] inkrementale Y-Koordinate bei G91
YA	absolute Y-Koordinate bei G91
YI	inkrementale Y-Koordinate bei G90
Z	absolute Z-Koordinate bei G90;[1)] inkrementale Z-Koordinate bei G91
ZA	absolute Z-Koordinate bei G91
ZI	inkrementale Y-Koordinate bei G90
I	X-Koordinatendifferenz zwischen Anfangspunkt und Mittelpunkt[1)]
IA	X-Mittelpunktkoordinate absolut in Werkstückkoordinaten
J	Y-Koordinatendifferenz zwischen Anfangspunkt und Mittelpunkt[1)]
JA	Y-Mittelpunktkoordinate absolut in Werkstückkoordinaten
R	Radius des Kreisbogens R+ kürzerer Bogen R- längerer Bogen
AO	Öffnungswinkel (immer positiv, da Kreisorientierung durch G2/G3 bestimmt)
RN	Übergangselement zum nächsten Konturelement[1)] RN+ Verrundungsradius zum nächsten Konturelement RN- Fasenbreite zum nächsten Konturelement
O	Auswahlkriterium für Bogenlänge[1)] O1 kürzerer Bogen O2 längerer Bogen
E	Feinkonturvorschub auf Übergangselementen[1)]
F	Vorschub[1)]
S	Spindeldrehzahl/Schnittgeschwindigkeit[1)]
M	Zusatzfunktionen

1) Voreinstellungen:
X, Y, Z: aktuelle Werkzeugposition
E, F, S: aktuelle Werte
I0 J0 RN0 O1

G90 aktiv | **G91 aktiv**

Übergangselement Radius

Übergangselement Fase

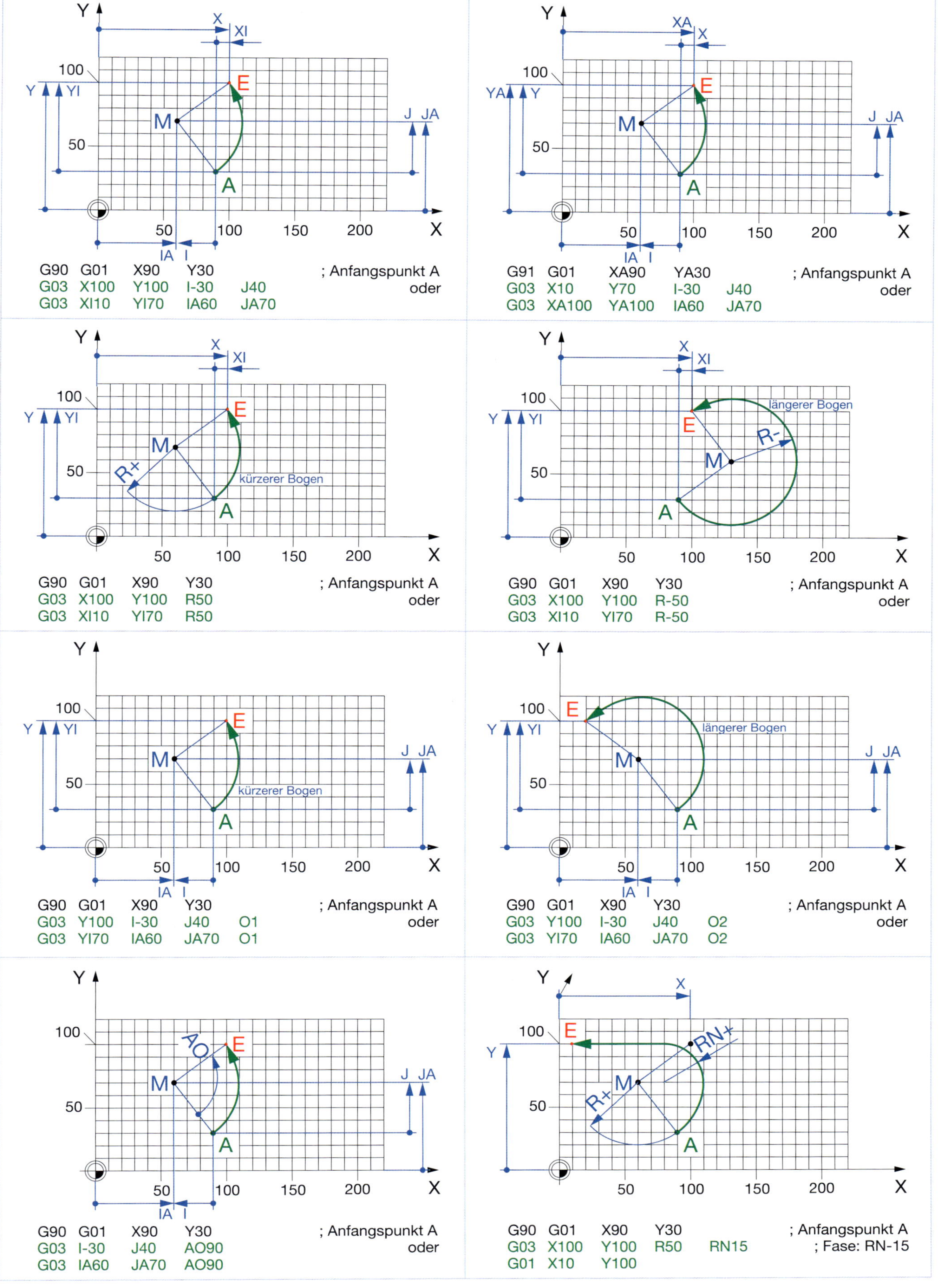
G90 G01 X90 Y30 ; Anfangspunkt A
G03 X100 Y100 I-30 J40 oder
G03 XI10 YI70 IA60 JA70
G91 G01 XA90 YA30 ; Anfangspunkt A
G03 X10 Y70 I-30 J40 oder
G03 XA100 YA100 IA60 JA70
kürzerer Bogen
G90 G01 X90 Y30 ; Anfangspunkt A
G03 X100 Y100 R50 oder
G03 XI10 YI70 R50
längerer Bogen
G90 G01 X90 Y30 ; Anfangspunkt A
G03 X100 Y100 R-50 oder
G03 XI10 YI70 R-50
kürzerer Bogen
G90 G01 X90 Y30 ; Anfangspunkt A
G03 Y100 I-30 J40 O1 oder
G03 YI70 IA60 JA70 O1
längerer Bogen
G90 G01 X90 Y30 ; Anfangspunkt A
G03 Y100 I-30 J40 O2 oder
G03 YI70 IA60 JA70 O2
G90 G01 X90 Y30 ; Anfangspunkt A
G03 I-30 J40 AO90 oder
G03 IA60 JA70 AO90
G90 G01 X90 Y30 ; Anfangspunkt A
G03 X100 Y100 R50 RN15 ; Fase: RN-15
G01 X10 Y100

G04:	Verweildauer			Wirksamkeit: satzweise
Funktion	Die Vorschubbewegung des Werkzeugs wird für eine programmierbare Verweilzeit unterbrochen, wenn zwischen zwei Verfahrbewegungen technologisch bedingt eine Pause eingelegt werden soll, z. B. zum Spänebrechen, Entspänen oder Freischneiden des Werkzeugs.			
Adressen:	**U** Pflichtadresse	*O* *optionale Adresse*		
U	Verweildauer in Sekunden oder in Umdrehungen		*O*	Auswahl der Verweilzeiteinheit[1)] O1 Verweilzeit in Sekunden O2 Verweilzeit in Umdrehungen [1)] Voreinstellung: O1

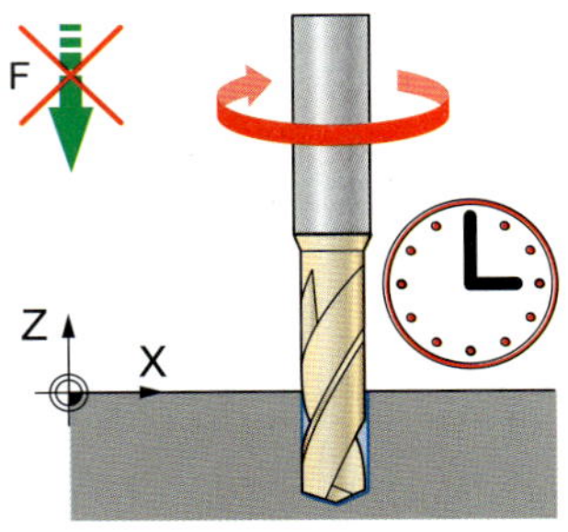

N... G01 Z-10 F... S... T... M...

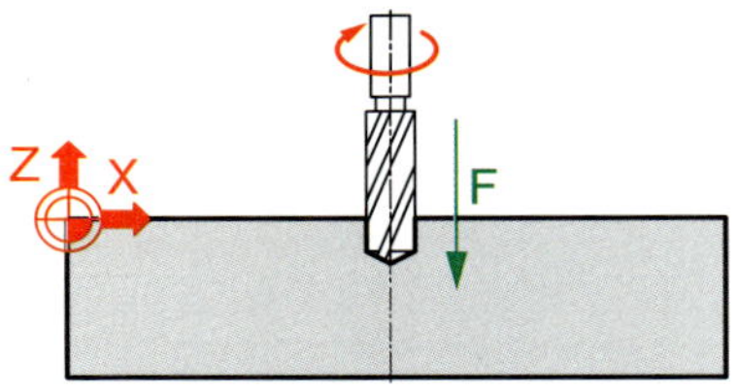

N... G04 U3

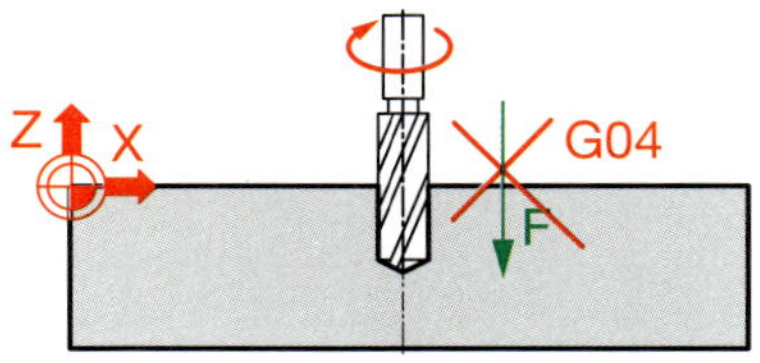

N... G00 Z2

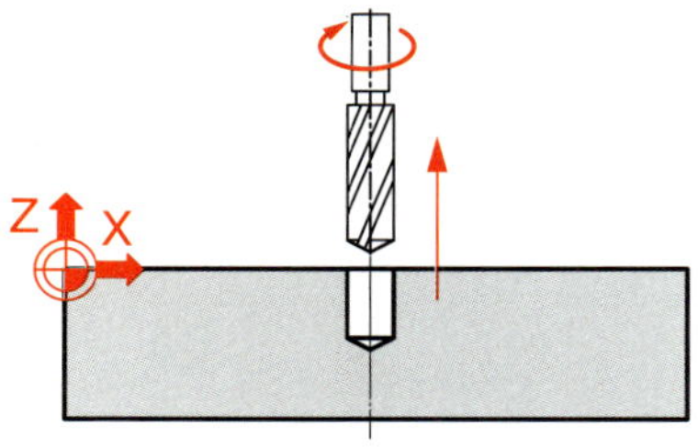

G09:	Genauhalt	Wirksamkeit: satzweise
Funktion	G09 kann ergänzend zu G01, G02, G03, G11, G12, G13 programmiert werden, um die Vorschubgeschwindigkeit bei Erreichen des programmierten Endpunktes auf Null zu verzögern. Erst nach Erreichen der Sollgeschwindigkeit Null wird der nächste Programmsatz abgearbeitet. Üblicherweise werden CNC-Programme ohne Reduzierung des Vorschubs abgearbeitet. Dadurch weicht die erzeugte Kontur von der programmierten Kontur ab, weil Werkstückecken abgerundet werden. Durch den Befehl G09, der am Anfang oder am Ende eines Programmsatzes stehen kann, wird der programmierte Punkt exakt angefahren.	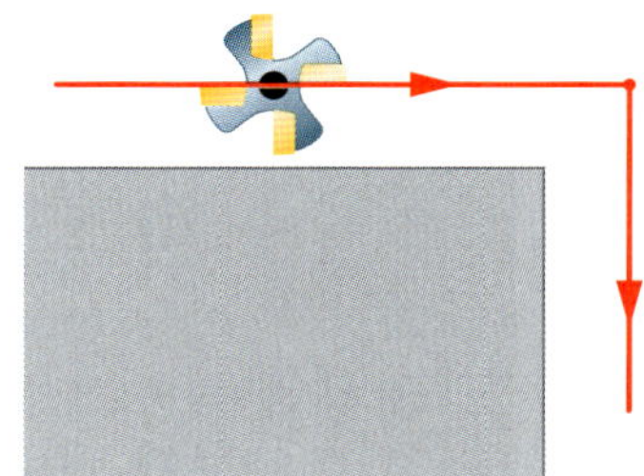
Adressen:	keine	

Kontur **mit** Genauhalt

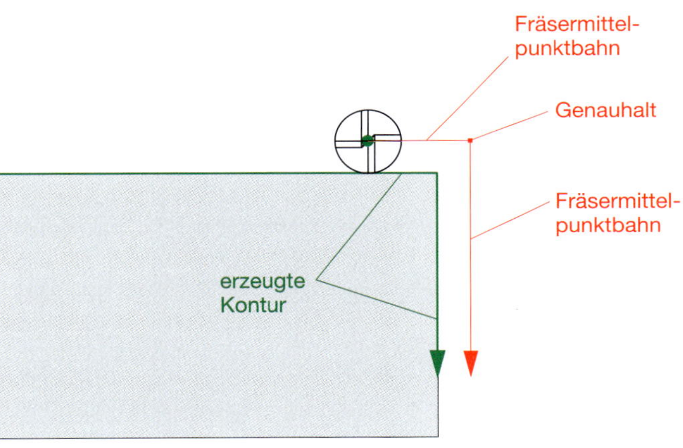

Kontur **ohne** Genauhalt

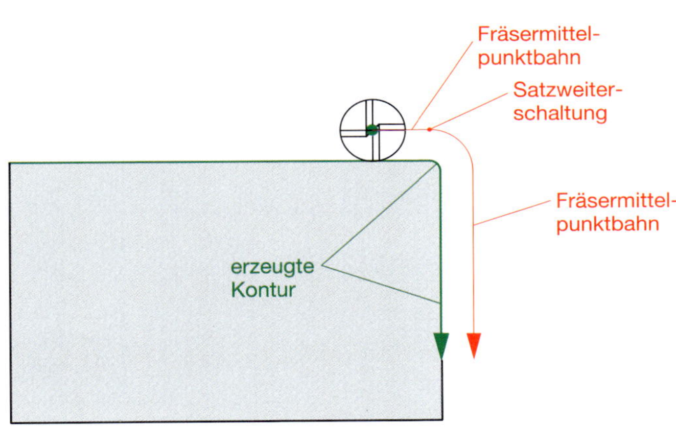

G10: Verfahren im Eilgang mit Polarkoordinaten — Wirksamkeit: satzweise

Funktion

Das Werkzeug verfährt vom Anfangspunkt **A** mit maximal möglicher Geschwindigkeit zum programmierten Endpunkt **E**, der über Polarkoordinaten angegeben wird. Die Bewegung endet mit einem Genauhalt am Endpunkt **E**.

Eilganglogik: Eilgangbewegungen in positiver Richtung der Zustellachse werden zuerst ausgeführt, danach die Eilgangbewegungen innerhalb der Ebene. Eilgangbewegungen in negativer Richtung der Zustellachse werden nach den Eilgangbewegungen innerhalb der Ebene ausgeführt.

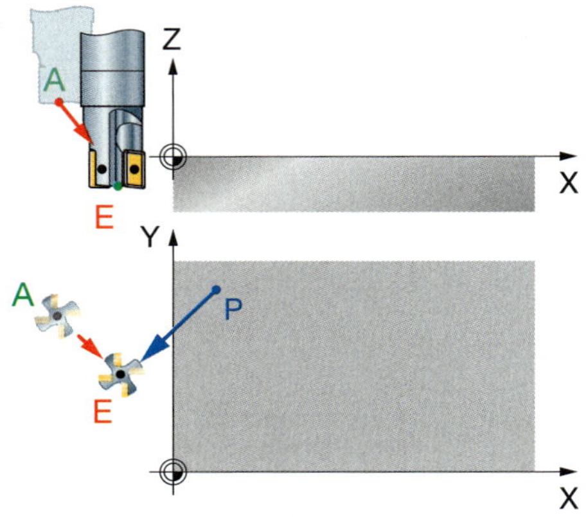

Adressen: **RP AP/AI** Pflichtadressen — *I/IA J/JA Z/ZA/ZI F S M TC TR TL* *optionale Adressen*

RP	Polarradius
AP	Polarwinkel bezogen auf die positive 1. Geometrieachse (G17: X-Achse)
AI	inkrementaler Polarwinkel bezogen auf die aktuelle Werkzeugposition
I	X-Koordinatendifferenz zwischen Anfangspunkt A und Polarzentrum P [1]
IA	X-Koordinate des Polarzentrums P absolut in Werkstückkordinaten
J	Y-Koordinatendifferenz zwischen Anfangspunkt A und Polarzentrum P [1]
JA	Y-Koordinate des Polarzentrums P absolut in Werkstückkordinaten
Z	absolute Z-Koordinate bei G90; [1] inkrementale Z-Koordinate bei G91
ZA	absolute Z-Koordinate bei G91
ZI	inkrementale Z-Koordinate bei G90
F	Vorschub [1]
S	Spindeldrehzahl/Schnittgeschwindigkeit [1]
M	Zusatzfunktionen
TC	Anwahl der Korrekturwertspeichernummer [1]
TR	inkrementale Veränderung des Werkzeugradiuswertes [1]
TL	inkrementale Veränderung der Werkzeuglängenkorrektur [1]

[1] Voreinstellungen:
Z: aktuelle Werkzeugposition
F, S: aktuelle Werte
I0 J0 RN0 O1

G90 aktiv — **G91 aktiv**

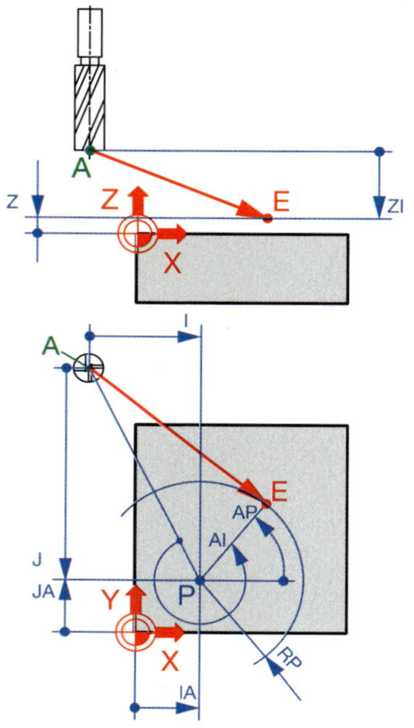

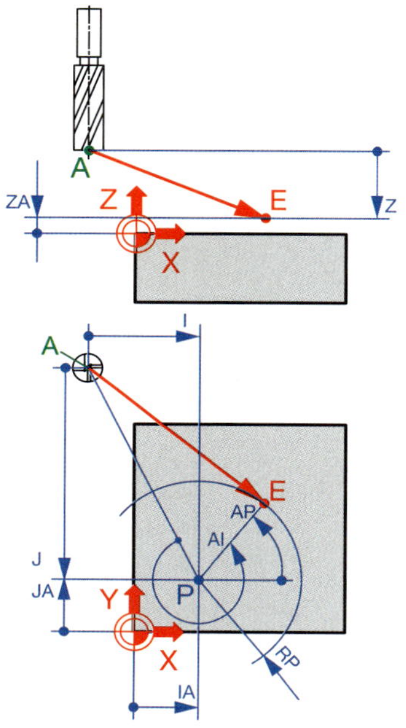

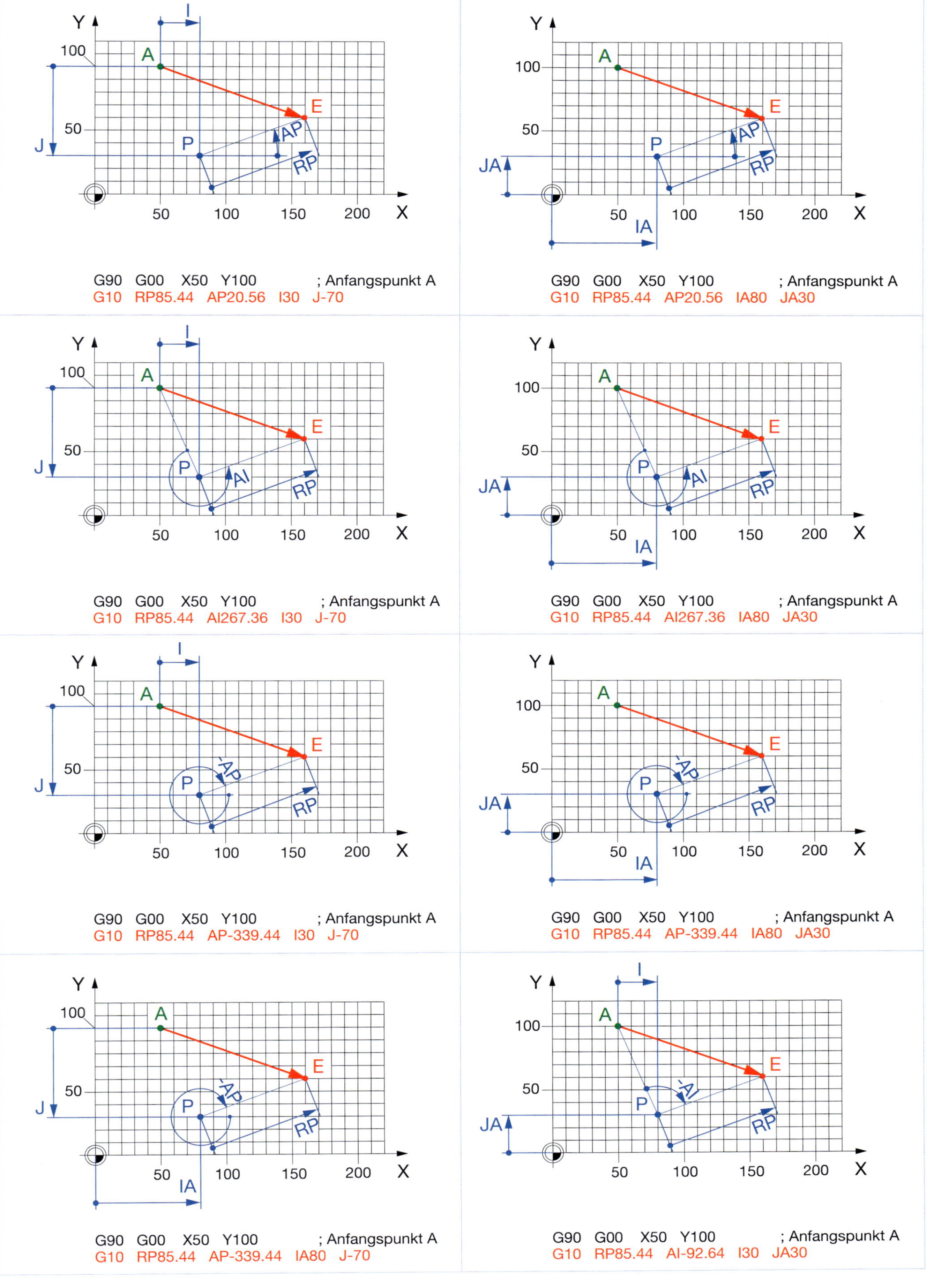
Y
I
100
A
E
50
AP
P
J
RP
50
100
150
200
X
G90 G00 X50 Y100 ; Anfangspunkt A
G10 RP85.44 AP20.56 I30 J-70
Y
100
A
E
50
AP
P
JA
RP
50
100
150
200
X
IA
G90 G00 X50 Y100 ; Anfangspunkt A
G10 RP85.44 AP20.56 IA80 JA30
Y
I
100
A
E
50
P
AI
J
RP
50
100
150
200
X
G90 G00 X50 Y100 ; Anfangspunkt A
G10 RP85.44 AI267.36 I30 J-70
Y
100
A
E
50
P
AI
JA
RP
50
100
150
200
X
IA
G90 G00 X50 Y100 ; Anfangspunkt A
G10 RP85.44 AI267.36 IA80 JA30
Y
I
100
A
E
50
-AP
P
J
RP
50
100
150
200
X
G90 G00 X50 Y100 ; Anfangspunkt A
G10 RP85.44 AP-339.44 I30 J-70
Y
100
A
E
50
-AP
P
JA
RP
50
100
150
200
X
IA
G90 G00 X50 Y100 ; Anfangspunkt A
G10 RP85.44 AP-339.44 IA80 JA30
Y
100
A
E
50
-AP
P
J
RP
50
100
150
200
X
IA
G90 G00 X50 Y100 ; Anfangspunkt A
G10 RP85.44 AP-339.44 IA80 J-70
Y
I
100
A
E
50
-AI
P
JA
RP
50
100
150
200
X
G90 G00 X50 Y100 ; Anfangspunkt A
G10 RP85.44 AI-92.64 I30 JA30

G11: Linearinterpolation mit Polarkoordinaten — Wirksamkeit: satzweise

Funktion

Das Werkzeug verfährt linear vom Anfangspunkt **A** mit programmierter Vorschubgeschwindigkeit zum programmierten Endpunkt **E**, der über Polarkoordinaten angegeben wird.

Adressen:

RP AP/AI	*I/IA J/JA Z/ZA/ZI RN E F S M TC TR TL*
Pflichtadressen	*optionale Adressen*

Adresse	Bedeutung
RP	Polarradius
AP	Polarwinkel bezogen auf die positive 1. Geometrieachse (G17: X-Achse)
AI	inkrementaler Polarwinkel bezogen auf die aktuelle Werkzeugposition
I	X-Koordinatendifferenz zwischen Anfangspunkt A und Polarzentrum P[1]
IA	X-Koordinate des Polarzentrums P absolut in Werkstückkordinaten
J	Y-Koordinatendifferenz zwischen Anfangspunkt A und Polarzentrum P[1]
JA	Y-Koordinate des Polarzentrums P absolut in Werkstückkordinaten
Z	absolute Z-Koordinate bei G90;[1] inkrementale Z-Koordinate bei G91
ZA	absolute Z-Koordinate bei G91
ZI	inkrementale Z-Koordinate bei G90
E	Feinkonturvorschub auf Übergangselementen[1]
RN	Übergangselement zum nächsten Konturelement[1] RN+ Verrundungsradius zum nächsten Konturelement RN- Fasenbreite zum nächsten Konturelement
F	Vorschub[1]
S	Spindeldrehzahl/Schnittgeschwindigkeit[1]
M	Zusatzfunktionen
TC	Anwahl der Korrekturwertspeichernummer[1]
TR	inkrementale Veränderung des Werkzeugradiuswertes[1]
TL	inkrementale Veränderung der Werkzeuglängenkorrektur[1]

[1] Voreinstellungen:
Z: aktuelle Werkzeugposition
E, F, S: aktuelle Werte
I0 J0 RN0

G90 aktiv

G91 aktiv

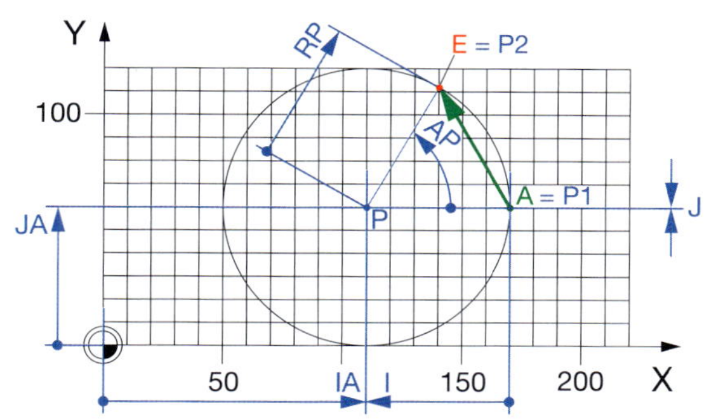


```
G01  X170   Y60              ; Anfangspunkt A = P1
G11  RP60   AP60   I-60   J0                  oder
G11  RP60   AP60   IA110  JA60
```

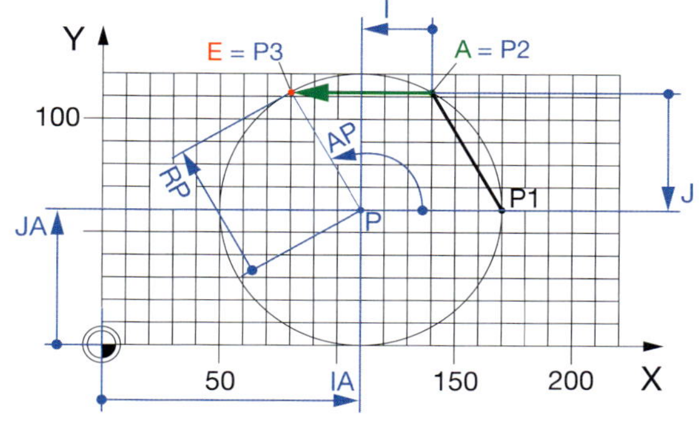


```
G11  RP60   AP60    I-60   J0          ; A = P2
G11  RP60   AP120   I-30   J-51.96       oder
G11  RP60   AP120   IA110  JA60
```

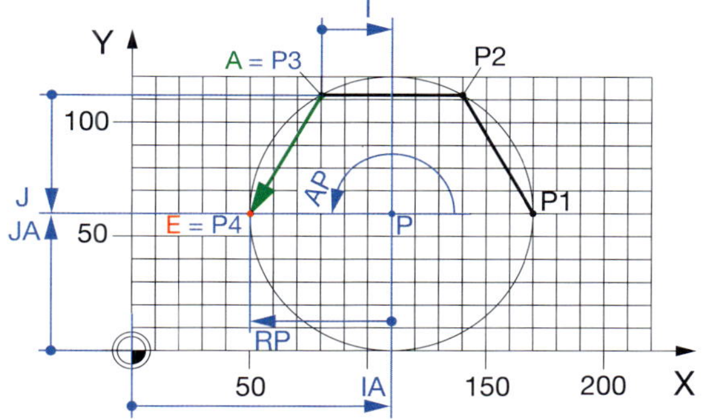


```
G11  RP60   AP120  I-30   J-51.96     ; A = P3
G11  RP60   AP180  I30    J-51.96       oder
G11  RP60   AP180  IA110  JA60
```

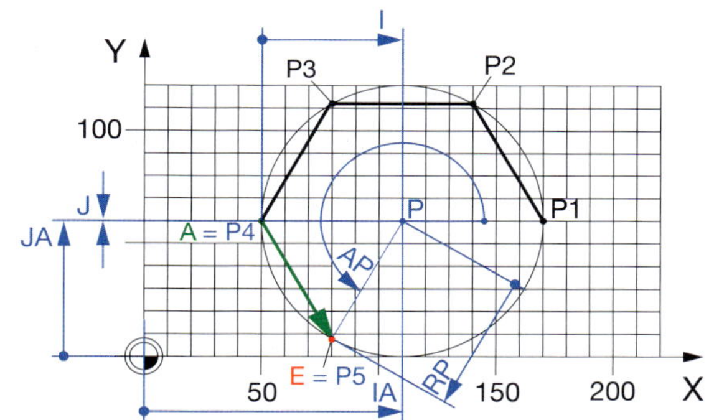


```
G11  RP60   AP180  I30    J-51.96     ; A = P4
G11  RP60   AP240  I60    J0            oder
G11  RP60   AP240  IA110  JA60
```

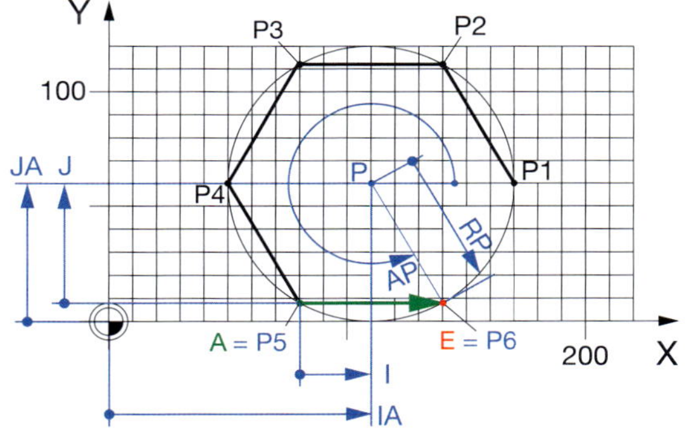


```
G11  RP60   AP240  I60    J0          ; A = P5
G11  RP60   AP300  I30    J51.96        oder
G11  RP60   AP300  IA110  JA60
```

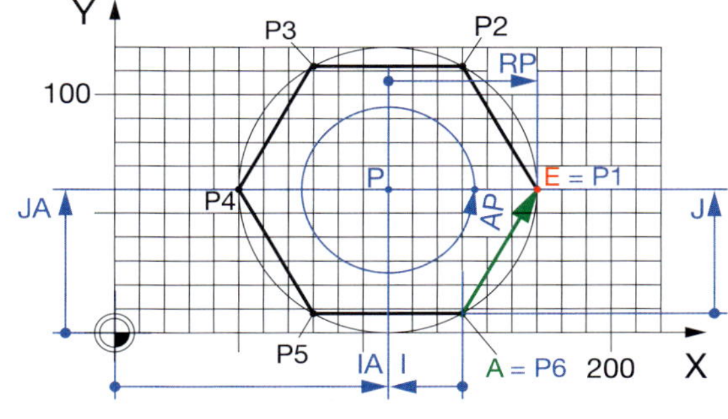


```
G11  RP60   AP300  I30    J51.96      ; A = P6
G11  RP60   AP360  I-30   J51.96        oder
G11  RP60   AP360  IA110  JA60          oder
G11  RP60   AP0    IA110  JA60
```

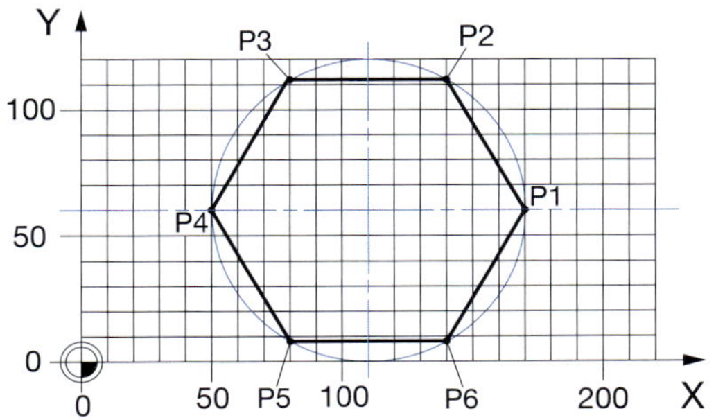


```
G01  X170   Y60                   ; P1
G11  RP60   AP60    IA110  JA60   ; P2
G11  RP60   AP120   IA110  JA60   ; P3
G11  RP60   AP180   IA110  JA60   ; P4
G11  RP60   AP240   IA110  JA60   ; P5
G11  RP60   AP300   IA110  JA60   ; P6
G11  RP60   AP360   IA110  JA60   ; P1
```

G 12: Kreisinterpolation im Uhrzeigersinn mit Polarkoordinaten

Wirksamkeit: satzweise

Funktion

Das Werkzeug verfährt in der Bearbeitungsebene kreisbogenförmig im Uhrzeigersinn vom Anfangspunkt **A** mit programmierter Vorschubgeschwindigkeit zum programmierten Endpunkt **E**, der über Polarkoordinaten angegeben wird. Das Polarzentrum **P** ist mit dem Kreismittelpunkt identisch. Der Polarradius ist damit gleich dem Abstand des Anfangspunktes A zum Kreismittelpunkt **M** (= Polarzentrum).

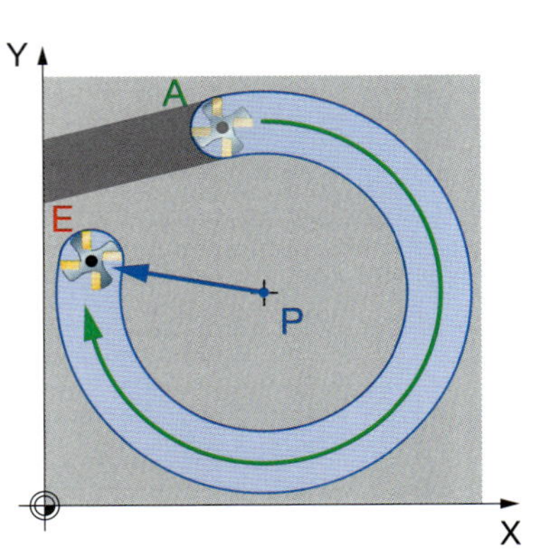

Adressen: **AP/AI** Pflichtadressen — *I/IA J/JA Z/ZA/ZI RN E F S M* *optionale Adressen*

AP	Polarwinkel bezogen auf die positive 1. Geometrieachse (G 17: X-Achse)
AI	inkrementaler Polarwinkel bezogen auf die aktuelle Werkzeugposition
I	X-Koordinatendifferenz zwischen Anfangspunkt A und Polarzentrum P[1]
IA	X-Koordinate des Polarzentrums P absolut in Werkstückkordinaten
J	Y-Koordinatendifferenz zwischen Anfangspunkt A und Polarzentrum P[1]
JA	Y-Koordinate des Polarzentrums P absolut in Werkstückkordinaten
Z	absolute Z-Koordinate bei G90;[1] inkrementale Z-Koordinate bei G91
ZA	absolute Z-Koordinate bei G91
ZI	inkrementale Z-Koordinate bei G90
RN	Übergangselement zum nächsten Konturelement[1] RN+ Verrundungsradius zum nächsten Konturelement RN- Fasenbreite zum nächsten Konturelement
E	Feinkonturvorschub auf Übergangselementen[1]
F	Vorschub[1]
S	Spindeldrehzahl/Schnittgeschwindigkeit[1]
M	Zusatzfunktionen

[1] Voreinstellungen:
Z: aktuelle Werkzeugposition
E, F, S: aktuelle Werte
I0 J0 RN0

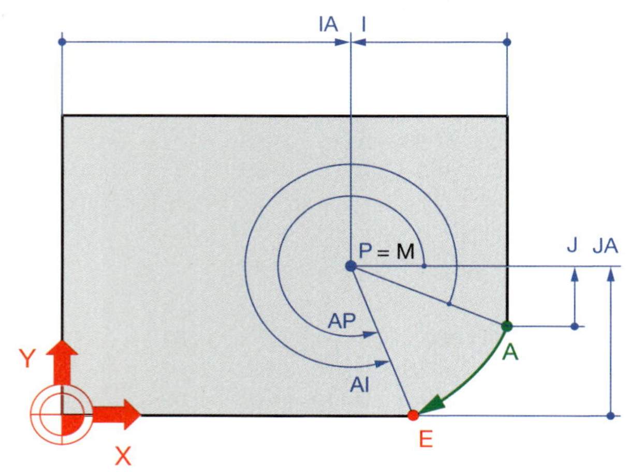

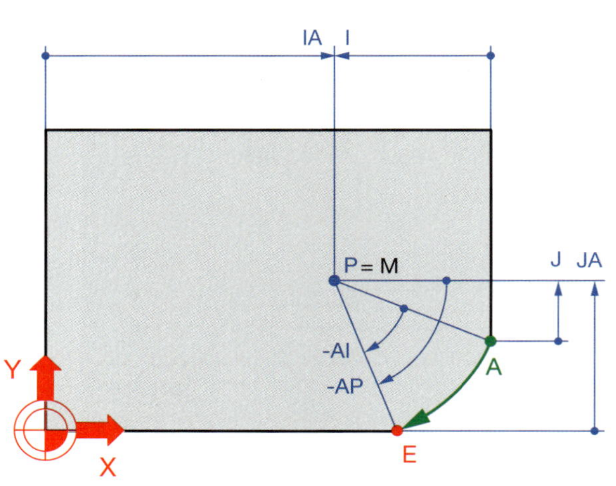

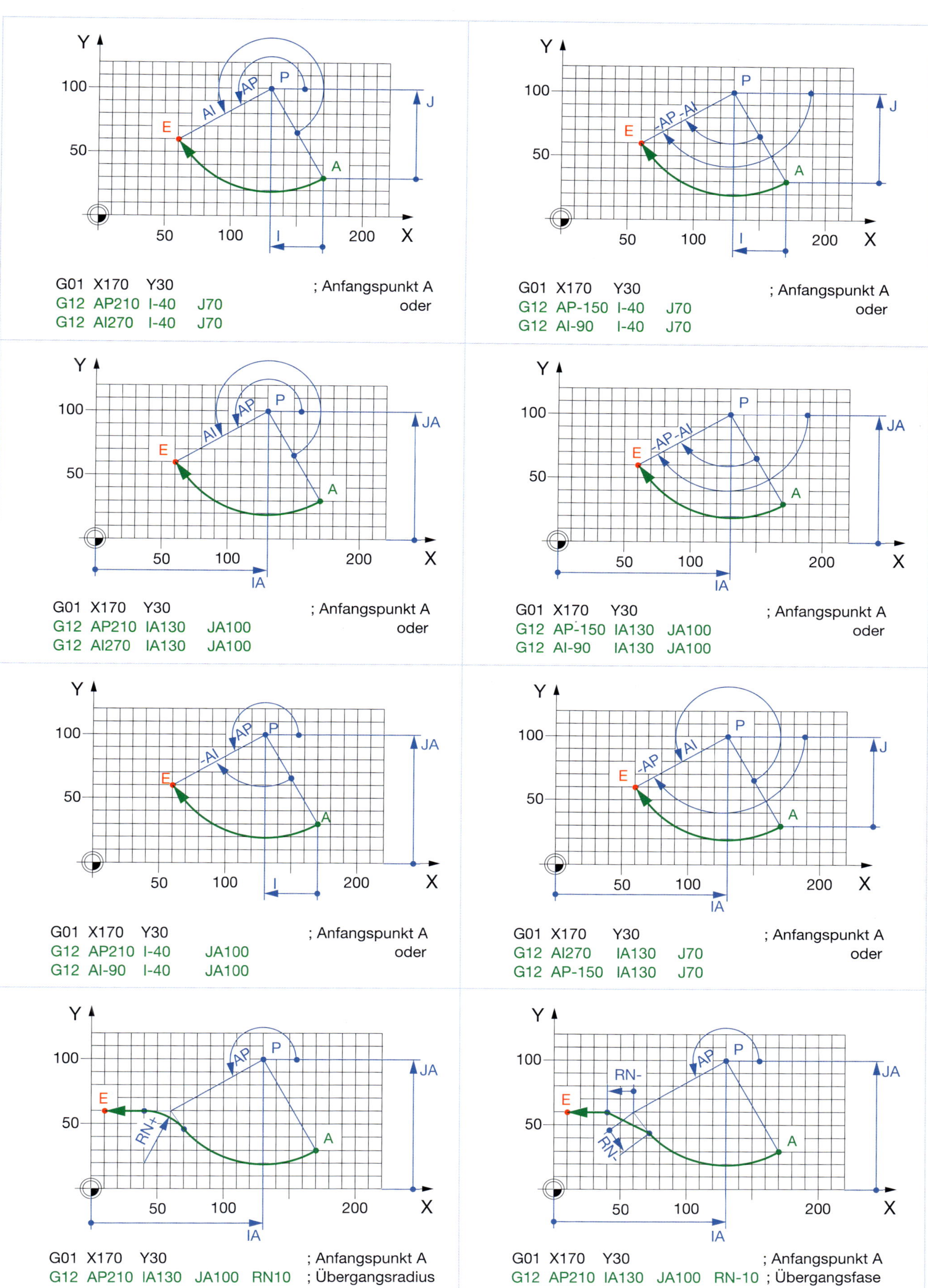
Y
100
50
50
100
200
X
P
E
A
AP
AI
I
J
G01 X170 Y30 ; Anfangspunkt A
G12 AP210 I-40 J70 oder
G12 AI270 I-40 J70
Y
100
50
50
100
200
X
P
E
A
-AP -AI
I
J
G01 X170 Y30 ; Anfangspunkt A
G12 AP-150 I-40 J70 oder
G12 AI-90 I-40 J70
Y
100
50
50
100
200
X
P
E
A
AP
AI
IA
JA
G01 X170 Y30 ; Anfangspunkt A
G12 AP210 IA130 JA100 oder
G12 AI270 IA130 JA100
Y
100
50
50
100
200
X
P
E
A
-AP -AI
IA
JA
G01 X170 Y30 ; Anfangspunkt A
G12 AP-150 IA130 JA100 oder
G12 AI-90 IA130 JA100
Y
100
50
50
100
200
X
P
E
A
AP
-AI
I
JA
G01 X170 Y30 ; Anfangspunkt A
G12 AP210 I-40 JA100 oder
G12 AI-90 I-40 JA100
Y
100
50
50
100
200
X
P
E
A
-AP
AI
IA
J
G01 X170 Y30 ; Anfangspunkt A
G12 AI270 IA130 J70 oder
G12 AP-150 IA130 J70
Y
100
50
50
100
200
X
P
E
A
AP
RN+
IA
JA
G01 X170 Y30 ; Anfangspunkt A
G12 AP210 IA130 JA100 RN10 ; Übergangsradius
G01 X10 Y60
Y
100
50
50
100
200
X
P
E
A
AP
RN-
RN-
IA
JA
G01 X170 Y30 ; Anfangspunkt A
G12 AP210 IA130 JA100 RN-10 ; Übergangsfase
G01 X10 Y60

G13: Kreisinterpolation gegen den Uhrzeigersinn mit Polarkoordinaten — Wirksamkeit: satzweise

Funktion

Das Werkzeug verfährt in der Bearbeitungsebene kreisbogenförmig im Gegenuhrzeigersinn vom Anfangspunkt **A** mit programmierter Vorschubgeschwindigkeit zum programmierten Endpunkt **E**, der über Polarkoordinaten angegeben wird. Das Polarzentrum **P** ist mit dem Kreismittelpunkt identisch. Der Polarradius ist damit gleich dem Abstand des Anfangspunktes A zum Kreismittelpunkt **M** (= Polarzentrum).

Adressen: **AP/AI** Pflichtadressen — ***I/IA J/JA Z/ZA/ZI RN E F S M*** *optionale Adressen*

AP	Polarwinkel bezogen auf die positive 1. Geometrieachse (G17: X-Achse)
AI	inkrementaler Polarwinkel bezogen auf die aktuelle Werkzeugposition
I	X-Koordinatendifferenz zwischen Anfangspunkt A und Polarzentrum P[1]
IA	X-Koordinate des Polarzentrums P absolut in Werkstückkordinaten
J	Y-Koordinatendifferenz zwischen Anfangspunkt A und Polarzentrum P[1]
JA	Y-Koordinate des Polarzentrums P absolut in Werkstückkordinaten
Z	absolute Z-Koordinate bei G90;[1] inkrementale Z-Koordinate bei G91
ZA	absolute Z-Koordinate bei G91
ZI	inkrementale Z-Koordinate bei G90

RN	Übergangselement zum nächsten Konturelement[1] RN+ Verrundungsradius zum nächsten Konturelement RN- Fasenbreite zum nächsten Konturelement
E	Feinkonturvorschub auf Übergangselementen[1]
F	Vorschub[1]
S	Spindeldrehzahl/Schnittgeschwindigkeit[1]
M	Zusatzfunktionen

[1] Voreinstellungen:
Z: aktuelle Werkzeugposition
E, F, S: aktuelle Werte
I0 J0 RN0

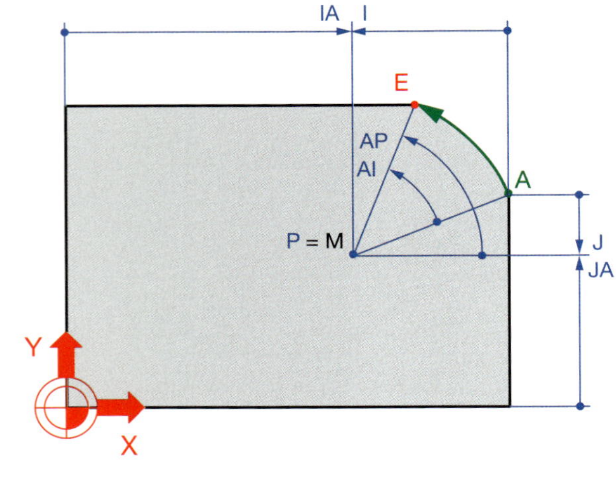

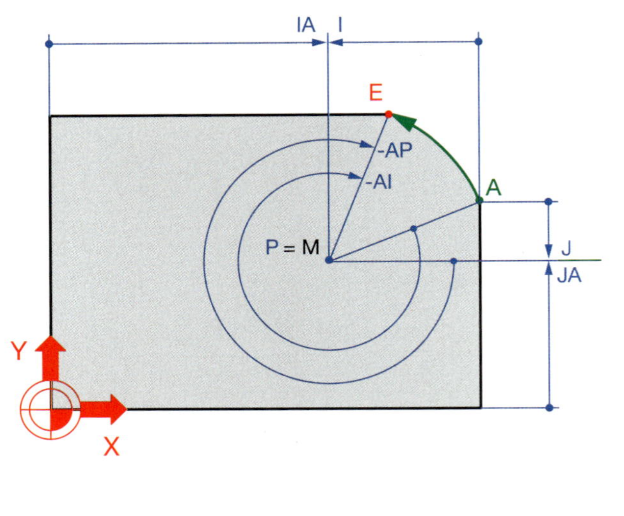

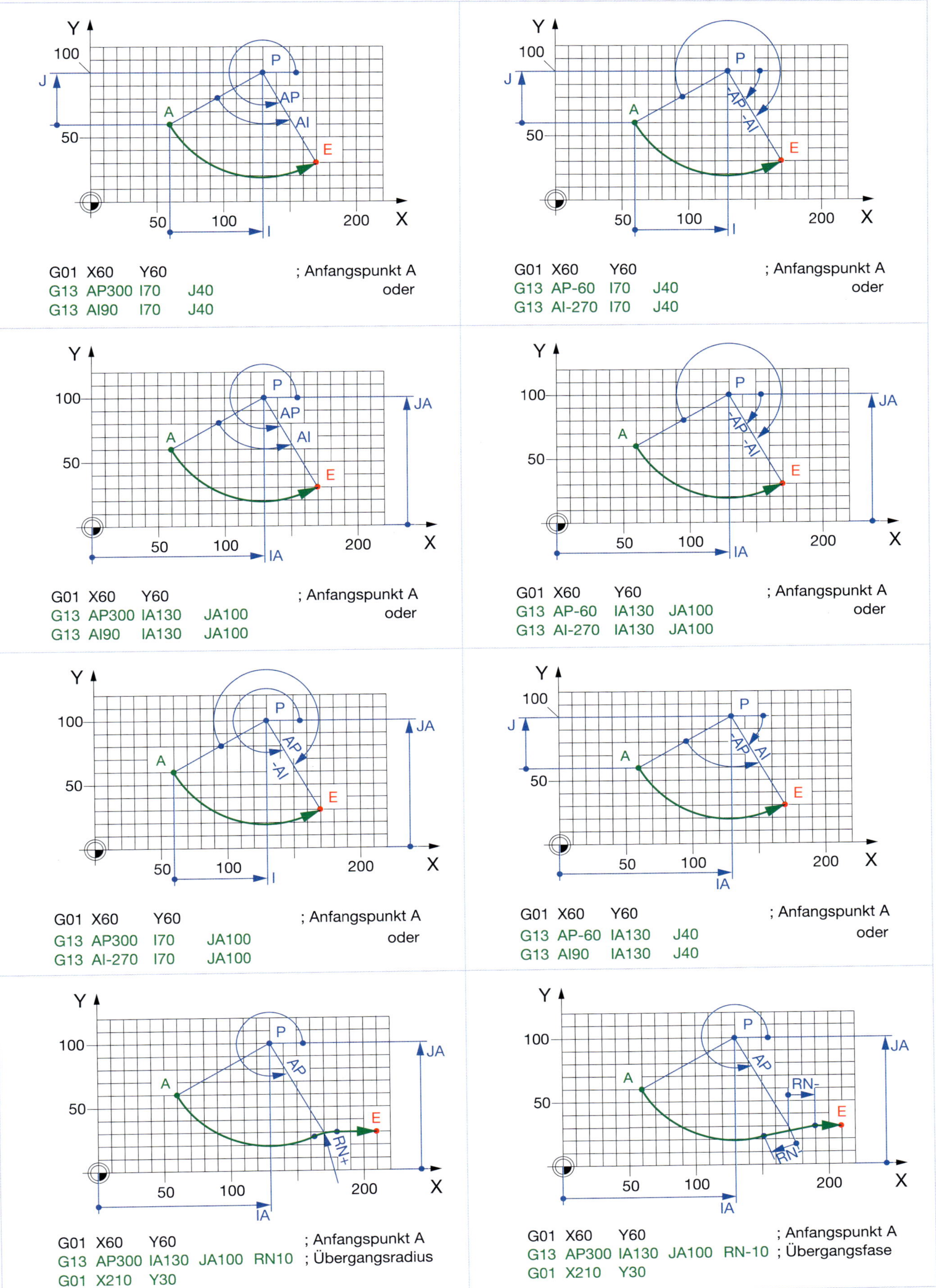

```
G01  X60     Y60                      ; Anfangspunkt A
G13  AP300  I70     J40                             oder
G13  AI90    I70     J40
```

```
G01  X60     Y60                      ; Anfangspunkt A
G13  AP-60   I70     J40                            oder
G13  AI-270  I70     J40
```

```
G01  X60     Y60                      ; Anfangspunkt A
G13  AP300  IA130   JA100                           oder
G13  AI90    IA130   JA100
```

```
G01  X60     Y60                      ; Anfangspunkt A
G13  AP-60   IA130   JA100                          oder
G13  AI-270  IA130   JA100
```

```
G01  X60     Y60                      ; Anfangspunkt A
G13  AP300  I70     JA100                           oder
G13  AI-270  I70     JA100
```

```
G01  X60     Y60                      ; Anfangspunkt A
G13  AP-60   IA130   J40                            oder
G13  AI90    IA130   J40
```

```
G01  X60     Y60                      ; Anfangspunkt A
G13  AP300  IA130  JA100  RN10  ; Übergangsradius
G01  X210   Y30
```

```
G01  X60     Y60                      ; Anfangspunkt A
G13  AP300  IA130  JA100  RN-10  ; Übergangsfase
G01  X210   Y30
```

G 17: Ebenenanwahl 2½D-Bearbeitung — Wirksamkeit: selbsthaltend

Funktion

In einem XYZ-Koordinatensystem wird die XY-Ebene als Bearbeitungsebene mit der 1. Geometrieachse X und der 2. Geometrieachse Y festgelegt. Die 3. Geometrieachse Z ist die Zustellachse.

Durch die Auswahl der Bearbeitungsebene ist festgelegt:

- die Ebene für die Kreisinterpolation,
- die Ebene für die Werkzeugradiuskorrektur,
- die Zustellrichtung für die Werkzeuglängenkorrektur

G 17 ist **Einschaltzustand** der Maschine.

YZ-Ebene
XY-Ebene
XZ-Ebene

Adressen: **keine**

Senkrecht-Fräsmaschine

Die **Z-Achse** verläuft senkrecht.

Die **X-Achse** verläuft waagerecht und parallel zur Werkstück-Aufspannfläche.

Die **Y-Achse** verläuft so rechtwinklig zur X- und Z-Achse, dass ein rechtshändiges Koordinatensystem entsteht.

Waagerecht-Fräsmaschine

Die **Z-Achse** verläuft waagerecht.

Die **X-Achse** verläuft waagerecht und parallel zur Werkstück-Aufspannfläche.

Die **Y-Achse** verläuft so rechtwinklig zur X- und Z-Achse, dass ein rechtshändiges Koordinatensystem entsteht.

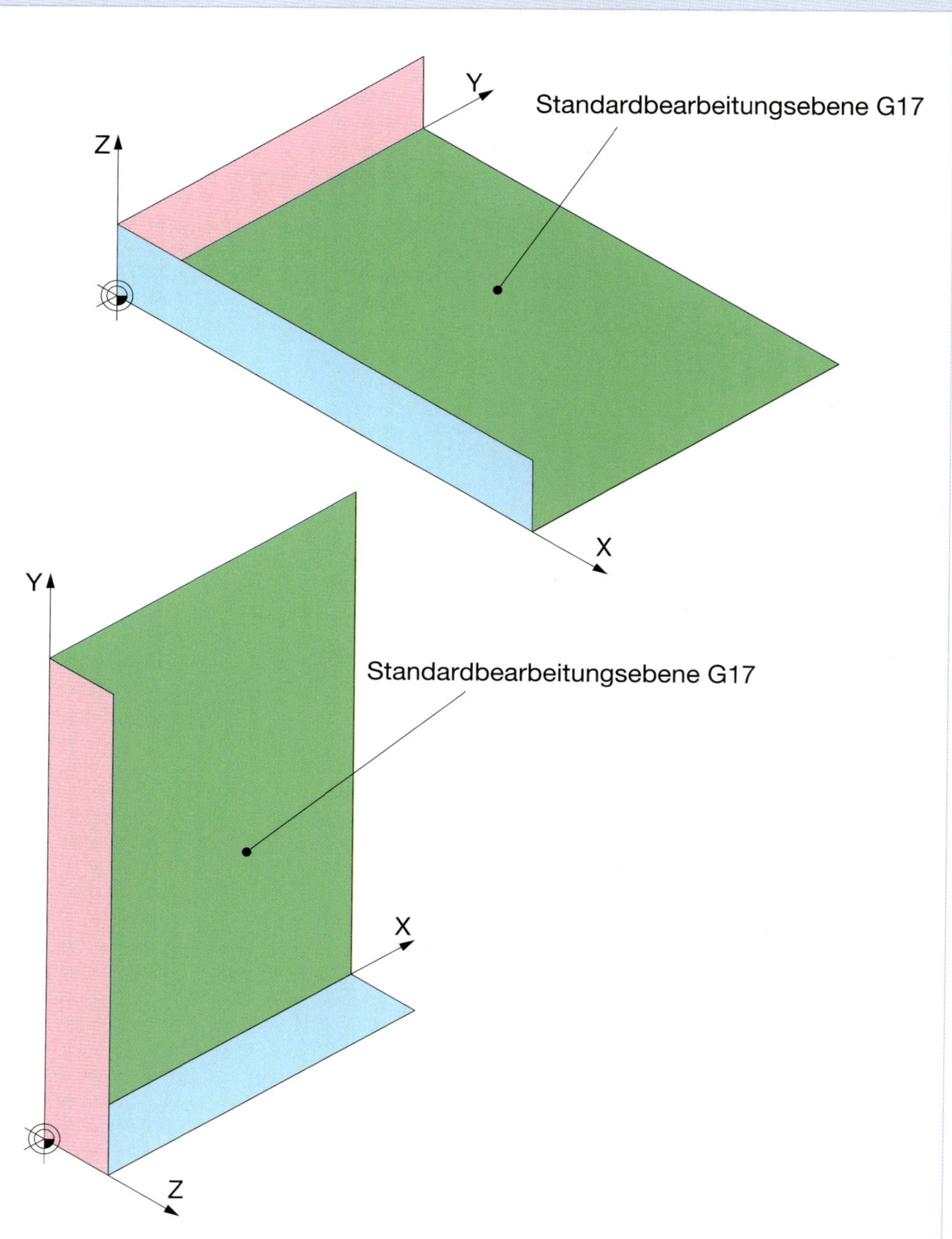

G17: 2½D-Bearbeitungsebenen — Wirksamkeit: selbsthaltend

Funktion

Bearbeitung von beliebig im Raum geneigten Werkstückebenen und Mehrseitenbearbeitung in einer Aufspannung: Durch zwei Dreh-Schwenkachsen als Ergänzung zu den Geometrieachsen X, Y, Z wird die Bearbeitungsebene bzw. das Werkzeug so ausgerichtet, dass bei der anschließenden Bearbeitung die Zustellachse senkrecht zu der Bearbeitungsebene steht. Während der Bearbeitung liegt die Bearbeitungsebene fest.
Je nach vorhandener Maschinenkinematik können die beiden Dreh-Schwenkachsen entweder beide im Maschinentisch oder beide im Spindelkopf oder aufgeteilt auf Maschinentisch/Spindelkopf liegen. Für die Programmierung ist die Maschinenkinematik nicht von Bedeutung.

YZ-Ebene
XY-Ebene
XZ-Ebene

Adressen: *AM BM CM AR BR CR H DS O Q*
optionale Adressen

AM	Drehwinkel um die X-Achse des Maschinen-Koordinatensystems[1)]
BM	Drehwinkel um die Y-Achse des Maschinen-Koordinatensystems[1)]
ZM	Drehwinkel um die Z-Achse des Maschinen-Koordinatensystems[1)]
AR	inkrementaler Drehwinkel um die X-Achse des aktuellen Werkstück-Koordinatensystems[1)]
BR	inkrementaler Drehwinkel um die Y-Achse des aktuellen Werkstück-Koordinatensystems[1)]
ZR	inkrementaler Drehwinkel um die Z-Achse des aktuellen Werkstück-Koordinatensystems[1)]
H	Ebenen-Einschwenkverhalten[1)] H1 Einschwenken der Drehachsen H2 Einschwenken der Drehachsen mit Werkzeugausgleichsbewegung H3 kein Einschwenken der Drehachse
DS	Verschiebung der virtuellen Schwenkposition[1)] nur bei H2: Die virtuelle Schwenkposition auf der im Werkzeug liegenden Zustellachse wird durch Verschieben des Werkzeugschneidenpunktes um DS bestimmt.
O	Zustellrichtungauswahl[1)] O1 Zustellung in negativer Z-Achsrichtung der G17-Ebene (Standard) O2 Zustellung in positiver Z-Achsrichtung der G17-Ebene
Q	Lösungsauswahl[1)] Q1 voreingestellte Ebenen-Einschwenklösung O2 zweite Ebenen-Einschwenklösung

[1)] Voreinstellungen:
Nicht programmierte Drehwinkel sind mit Null vorbelegt (keine Drehung).
H1 DS0 O1 Q1

G17

G17 BM-30

G17 BM-90

G17 BM-180
G17 BM180

Maschinenkinematik: Dreh-Schwenkachsen im Maschinentisch (Werkstückträger)

Maschinenkinematik: Dreh-Schwenkachsen im Spindelkopf (Werkzeugträger)

Maschinenkinematik: Dreh-Schwenkachsen im Maschinentisch und Spindelkopf

a) Werkstück mit zwei schräg liegenden Ebenen fertigen
Einschaltzstand: G17; Nullpunktverschiebung: G54

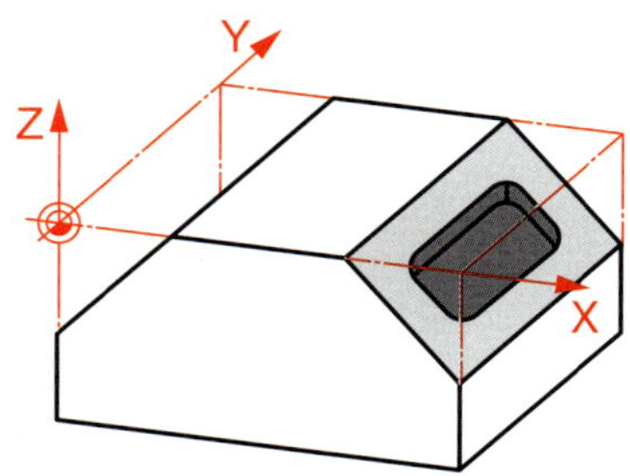

b) Dreh-Schwenktisch um Y-Achse schwenken: G17 BM-45

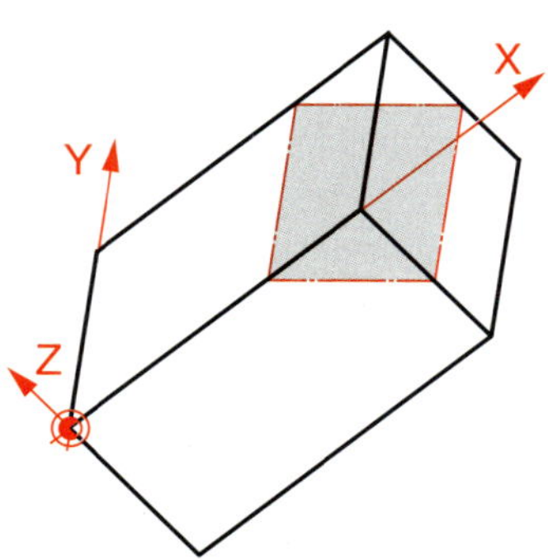

c) Einschwenken der Drehachsen: Voreinstellung H1

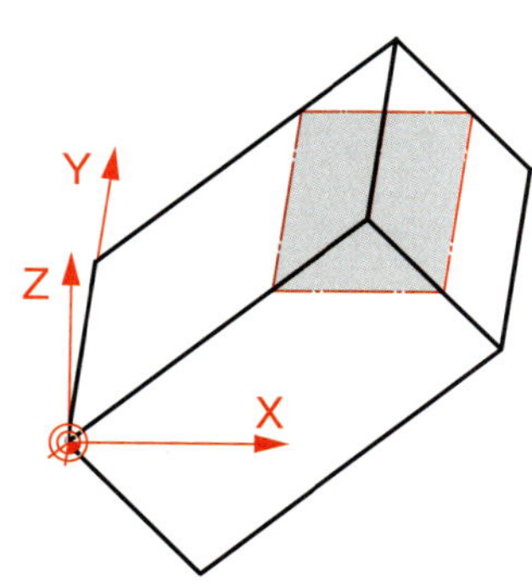

d) Nullpunktverschiebung: G55

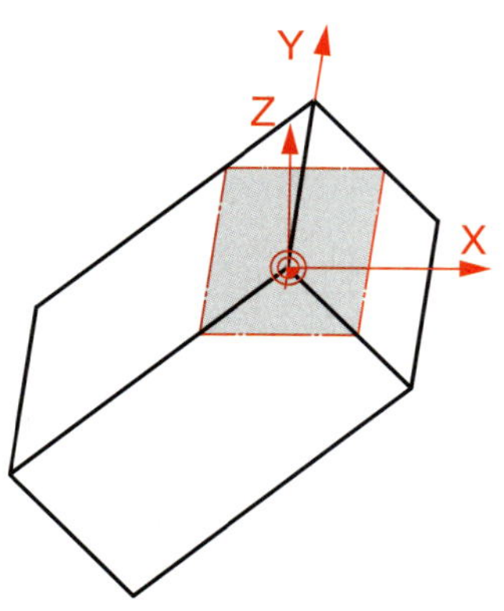

e) Planfläche fräsen: G72

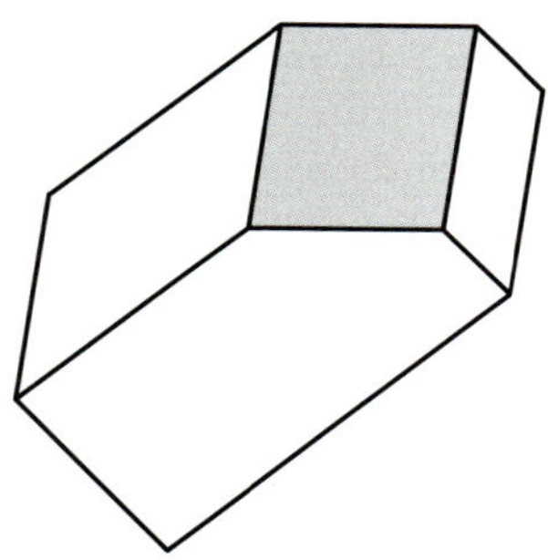

f) Nullpunktverschiebung: G56

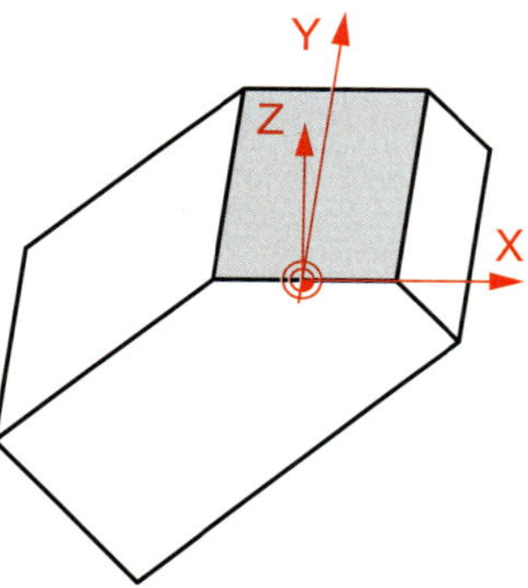

g) Rechtecktasche fräsen: G72

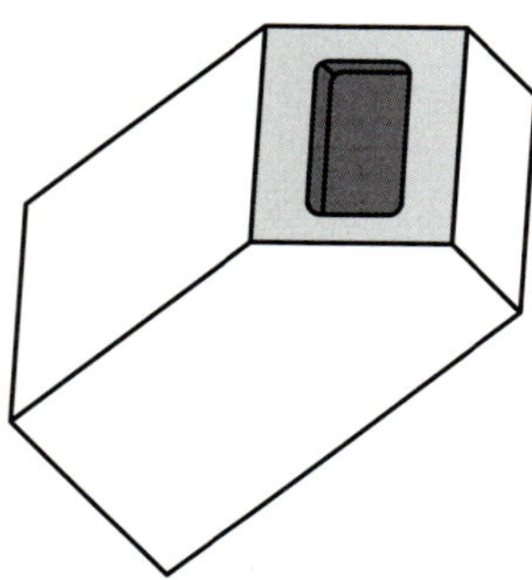

h) Vorbereitung für Fräsen der linken schräg liegenden Ebene
Standardbearbeitungsebene wählen: G17; Nullpunkt-verschiebung: G54
Dreh-Schwenktisch um Y-Achse schwenken: G17 BM45

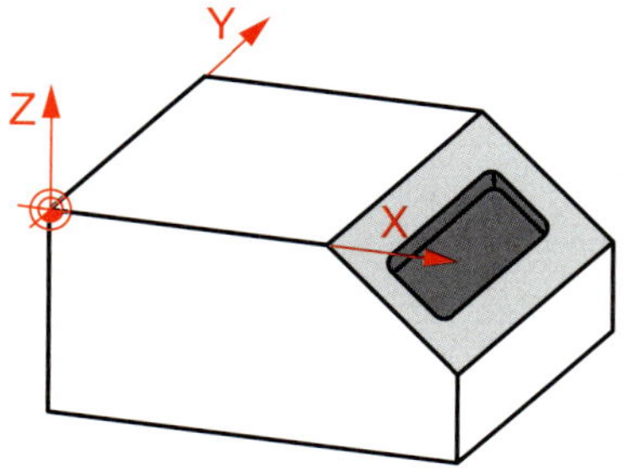

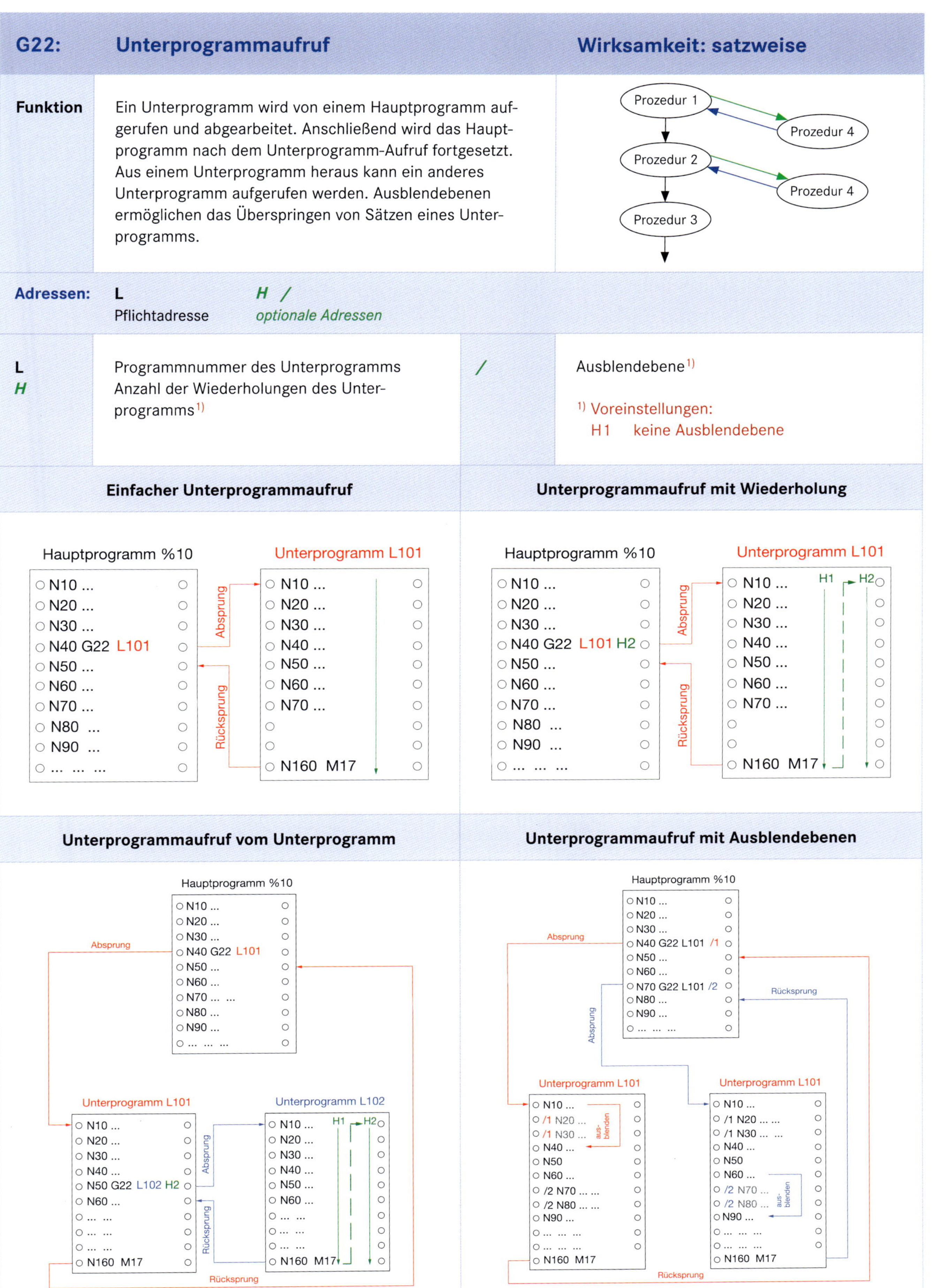

G22: Unterprogrammaufruf — Wirksamkeit: satzweise

Funktion

Ein Unterprogramm wird von einem Hauptprogramm aufgerufen und abgearbeitet. Anschließend wird das Hauptprogramm nach dem Unterprogramm-Aufruf fortgesetzt. Aus einem Unterprogramm heraus kann ein anderes Unterprogramm aufgerufen werden. Ausblendebenen ermöglichen das Überspringen von Sätzen eines Unterprogramms.

Adressen: L — Pflichtadresse; *H /* — *optionale Adressen*

L	Programmnummer des Unterprogramms	*/*	Ausblendebene[1]
H	Anzahl der Wiederholungen des Unterprogramms[1]		

[1] Voreinstellungen:
H1 keine Ausblendebene

Einfacher Unterprogrammaufruf

Unterprogrammaufruf mit Wiederholung

Unterprogrammaufruf vom Unterprogramm

Unterprogrammaufruf mit Ausblendebenen

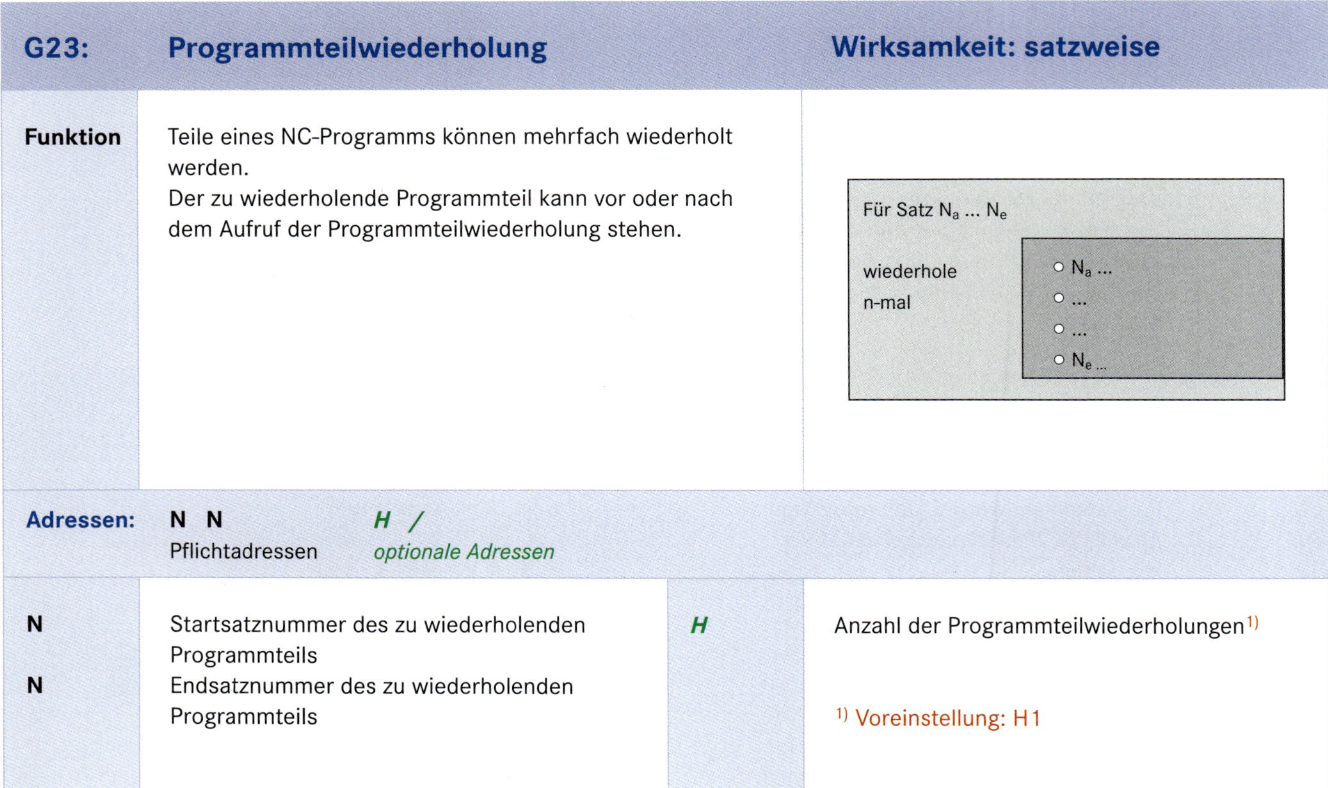

G23:	Programmteilwiederholung		Wirksamkeit: satzweise
Funktion	Teile eines NC-Programms können mehrfach wiederholt werden. Der zu wiederholende Programmteil kann vor oder nach dem Aufruf der Programmteilwiederholung stehen.		Für Satz N_a ... N_e wiederhole n-mal ○ N_a ... ○ ... ○ ... ○ N_e ...
Adressen:	**N N** Pflichtadressen	*H /* *optionale Adressen*	
N **N**	Startsatznummer des zu wiederholenden Programmteils Endsatznummer des zu wiederholenden Programmteils	***H***	Anzahl der Programmteilwiederholungen[1)] [1)] Voreinstellung: H1

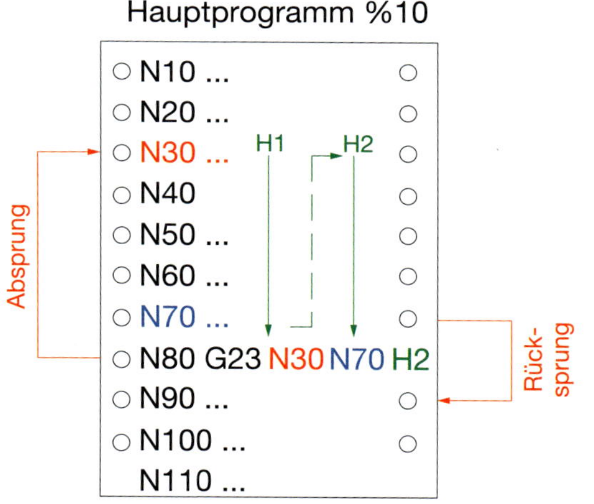

G29: Bedingte Programmsprünge — Wirksamkeit: satzweise

Funktion

Programmteile können in Abhängigkeit von einer Bedingung ohne Unterprogramme so lange wiederholt werden, bis die Bedingung erfüllt (= wahr) ist. Hierzu werden zwei Adresswerte einem logischen Vergleich unterzogen.

a > b ?
nein
ja

Adressen: **N** Pflichtadresse — *V O W* *optionale Adressen*

N	Satznummer, zu der gesprungen werden soll, wenn die Bedingung erfüllt (= wahr) ist	*O*	Vergleichsrelation O1 Sprung bei = (ist gleich) O2 Sprung bei ≠ (ist ungleich) O3 Sprung bei > (ist größer als) O4 Sprung bei < (ist kleiner als)
V	Vergleichsadresse		
W	Vergleichsadresse		

Es müssen entweder alle optionalen Adressen oder keine programmiert werden. Wenn die optionalen Adressen nicht programmiert werden, erfolgt der Sprung bedingungslos zur Satznummer **N**.

```
N10 ...
N20 ...
N30 V = 0 W = 2.5
N40 V = V + 1   ;V = 1
N50 ...
N60 ...
N70 G29 V O3 W N40*
N80 ...
N90 ...
```

* Gehe so lange zurück nach N40, bis der Wert von V größer ist als der Wert von W.

V>W? nein →

```
N40 V = V + 1   ;V = 2
N50 ...
N60 ...
N70 G29 V O3 W N40
```

V>W? nein →

```
N40 V = V + 1   ;V = 3
N50 ...
N60 ...
N70 G29 V O3 W N40
```

V>W? ja → N80

G40: Abwahl Fräserradiuskorrektur — Wirksamkeit: selbsthaltend

Funktion

Eine mit G41 oder G42 aufgerufene Fräserradiuskorrektur wird aufgehoben. In dem NC-Satz kann gleichzeitig bestimmt werden, wie und auf welcher Bahn das Werkzeug von der Kontur wegfährt.

Nach der Abwahl der Fräserradiuskorrektur werden programmierte Punkte mit dem Frässermittelpunkt angefahren.

G40 ist **Einschaltzustand** der Maschine.

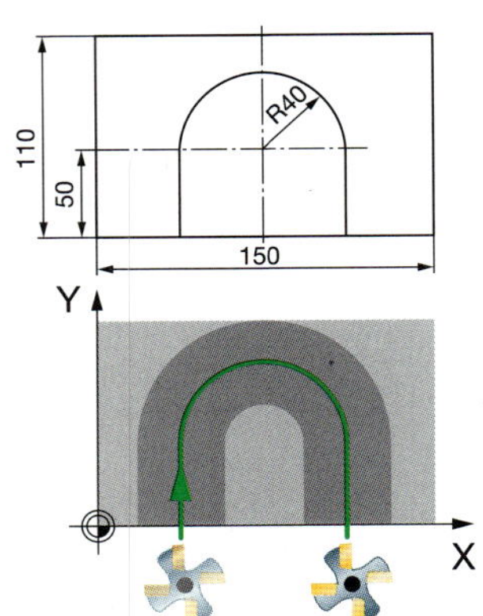

Adressen: keine

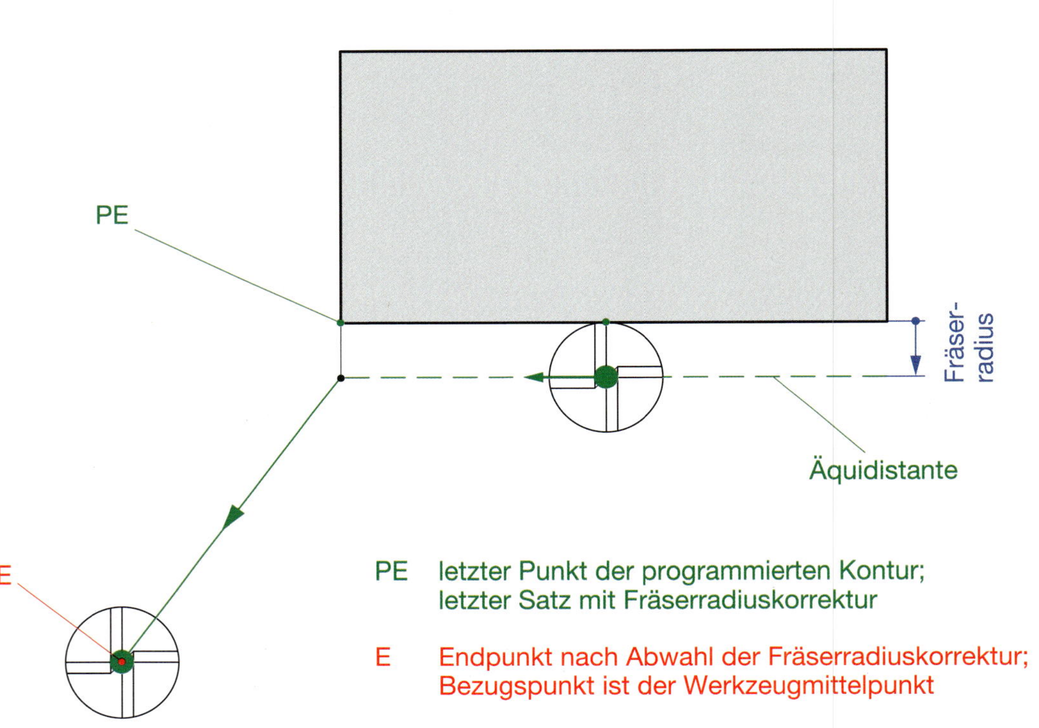

G41: Fräserradiuskorrektur links
G42: Fräserradiuskorrektur rechts

Wirksamkeit: selbsthaltend

Funktion

Durch die Fräserradiuskorrektur können Werkstückkonturpunkte direkt programmiert werden. Die Fräsermittelpunktbahn (Äquidistante) muss nicht berücksichtigt werden. Aufgrund der im Werkzeugspeicher abgelegten Werkzeugdaten versetzt die Steuerung das Werkzeug so, dass es die Kontur immer im gleichbleibenden Abstand (= Fräserradius) abfährt. Der Versatz kann in Vorschubrichtung links von der Kontur (G41) oder in Vorschubrichtung rechts von der Kontur (G42) liegen. Nach Anwahl der Fräserradiuskorrektur dürfen Werkzeugkorrekturwerte (TC, TR, TL) nicht verändert und Bearbeitungszyklen nicht aufgerufen werden.

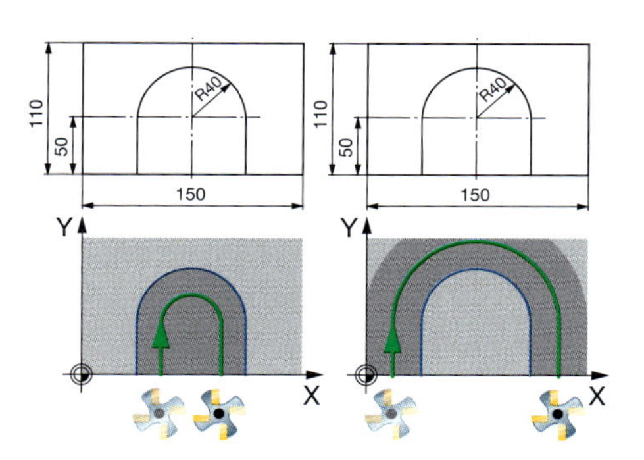

Adressen: **keine**

G41 – Außenkontur

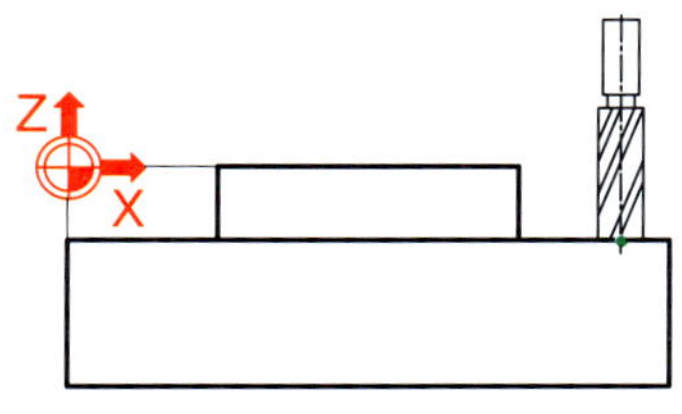

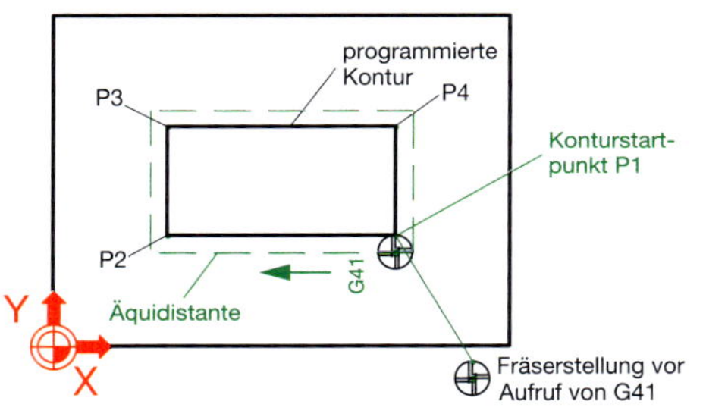

G42 – Außenkontur

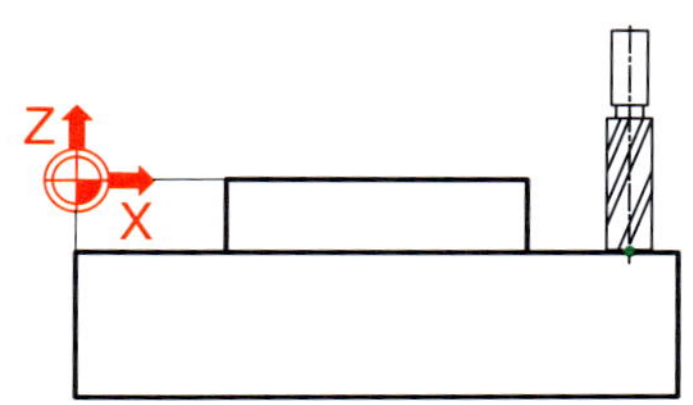

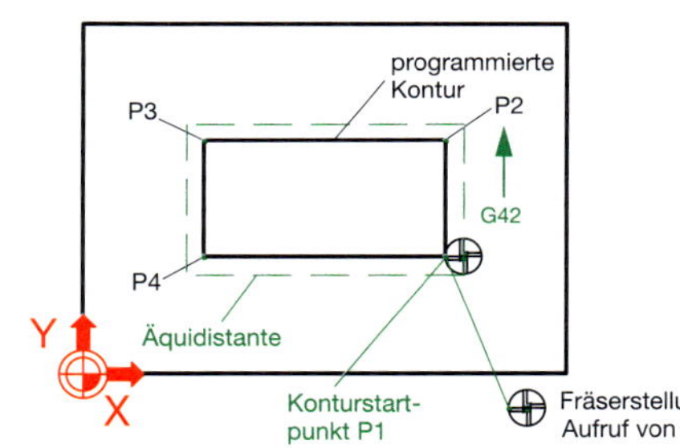

G41 – Innenkontur

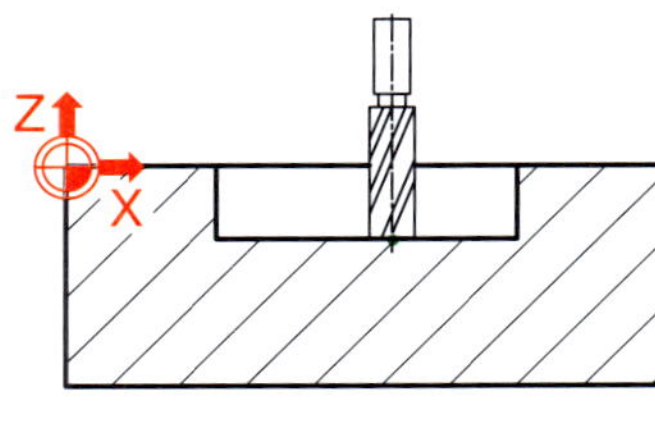

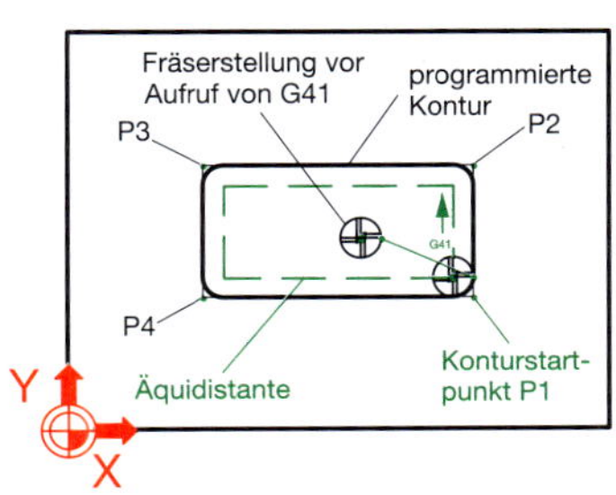

G42 – Innenkontur

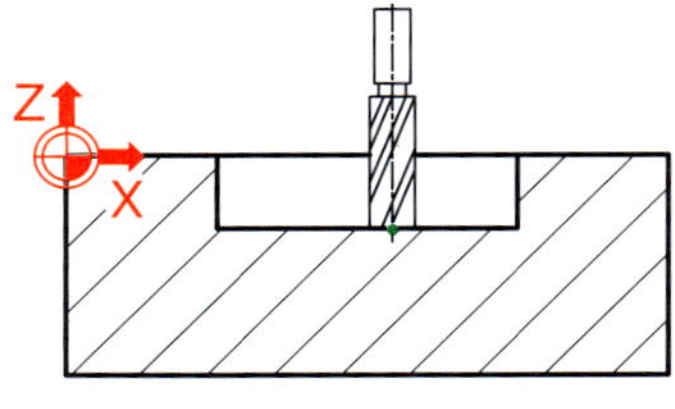

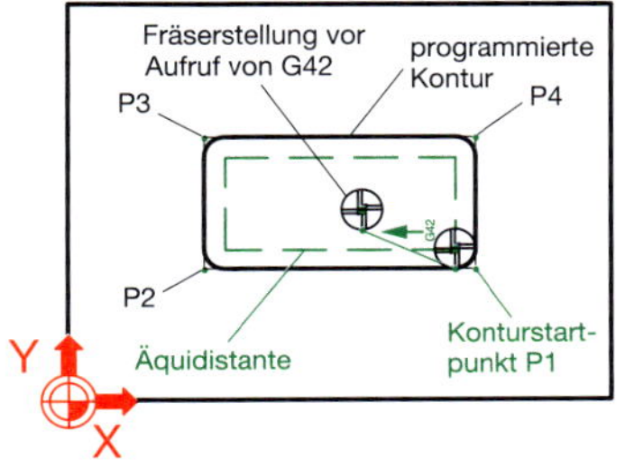

G45: Lineares tangentiales Anfahren an eine Kontur — Wirksamkeit: satzweise

Funktion

Das Werkzeug verfährt in der XY-Ebene im Eilgang oder im Arbeitsgang vom Anfangspunkt **A** auf den Zustellpunkt **Z1**. Von Z1 kann optional im Eilgang auf Zustellpunkt **Z2** und danach im Arbeitsgang mit Vorschub E auf Zustellpunkt **Z3** zugestellt werden. Anschließend wird Konturstartpunkt **P1** im Arbeitsgang mit Vorschub F und Fräserradiuskorrektur auf einer Geraden der Länge D tangential angefahren. Die Bewegung endet im Punkt **E**, bezogen auf den Fräsermittelpunkt. Zusammen mit G45 **muss** im gleichen Satz G41 oder G42 programmiert werden.

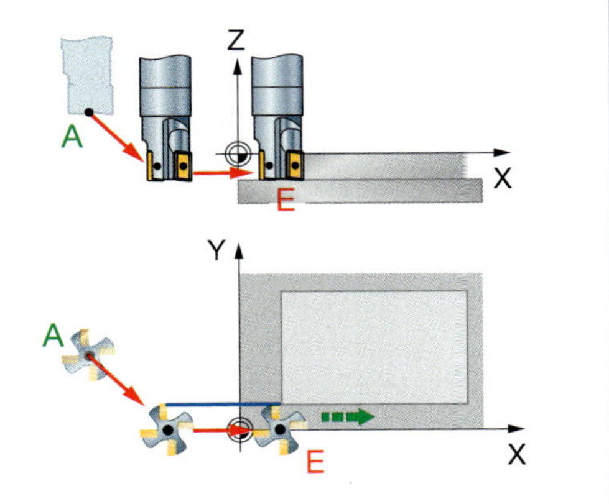

Adressen: G41/G42 D (Pflichtadressen) — *X/XA/XI Y/YA/YI Z/ZA/ZI W E F S M* (*optionale Adressen*)

G41/42	Fräserradiuskorrektur links/rechts
D	Länge der linearen Anfahrbewegung
X	absolute X-Koordinate bei G90;[1)
	inkrementale X-Koordinate bei G91
XA	absolute X-Koordinate bei G91
XI	inkrementale X-Koordinate bei G90
Y	absolute Y-Koordinate bei G90;[1)
	inkrementale Y-Koordinate bei G91
YA	absolute Y-Koordinate bei G91
YI	inkrementale Y-Koordinate bei G90
Z	absolute Z-Koordinate bei G90;[1)
	inkrementale Z-Koordinate bei G91
ZA	absolute Z-Koordinate bei G91
ZI	inkrementale Y-Koordinate bei G90

W	absolute Position in der Zustellachse, auf die im Eilgang zugestellt werden soll[1)
E	Vorschub beim Eintauchen/Zustellung[1)
F	Vorschub beim Fräsen in der XY-Ebene[1)
S	Drehzahl/Schnittgeschwindigkeit[1)
M	Zusatzfunktionen

[1) Voreinstellungen:
X, Y, Z, W: aktuelle Werkzeugposition
F, S: aktuelle Werte
E: E = F

G90 aktiv

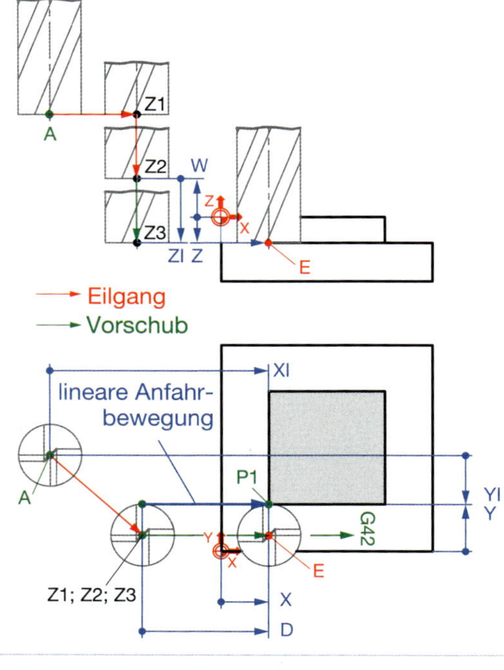

G91 aktiv

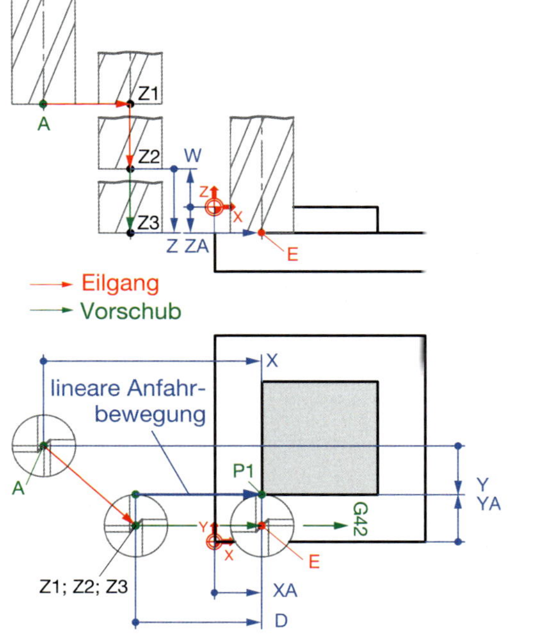

G46:	**Lineares tangentiales Abfahren von der Kontur**	**Wirksamkeit: satzweise**

Funktion

Das Werkzeug verfährt vom Konturendpunkt **PE** aus mit Fräserradiuskorrektur auf einer tangential abgehenden Geraden der Länge D weiter bis zum Abfahrpunkt **Z1**. Von **Z1** aus kann optional im Arbeitsgang auf die Zustellposition **Z2** und danach im Eilgang auf den Endpunkt **E** zugestellt werden.

Zusammen mit G46 **muss** im gleichen Satz G40 programmiert werden. Nach G46 G40 werden programmierte Punkte mit dem Fräsermittelpunkt angefahren.

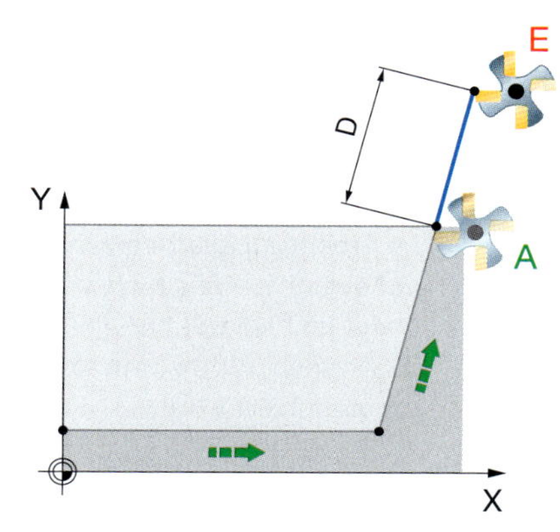

Adressen:	**G40 D**	***Z/ZA/ZI W F S M***
	Pflichtadressen	*optionale Adressen*

G40	Abwahl der Fräserradiuskorrektur	***F***	Vorschub beim Fräsen in der XY-Ebene[1)]
D	Länge der tangentialen Abfahrt	***S***	Drehzahl/Schnittgeschwindigkeit[1)]
Z	absolute Z-Koordinate bei G90;[1)] inkrementale Z-Koordinate bei G91	***M***	Zusatzfunktionen
ZA	absolute Z-Koordinate bei G91		
ZI	inkrementale Y-Koordinate bei G90		
W	absolute Position in der Zustellachse, die im Eilgang als Rückzugsebene angefahren wird[1)]		

[1)] Voreinstellungen:
Z, W: aktuelle Werkzeugposition
F, S: aktuelle Werte

G90 aktiv	**G91 aktiv**

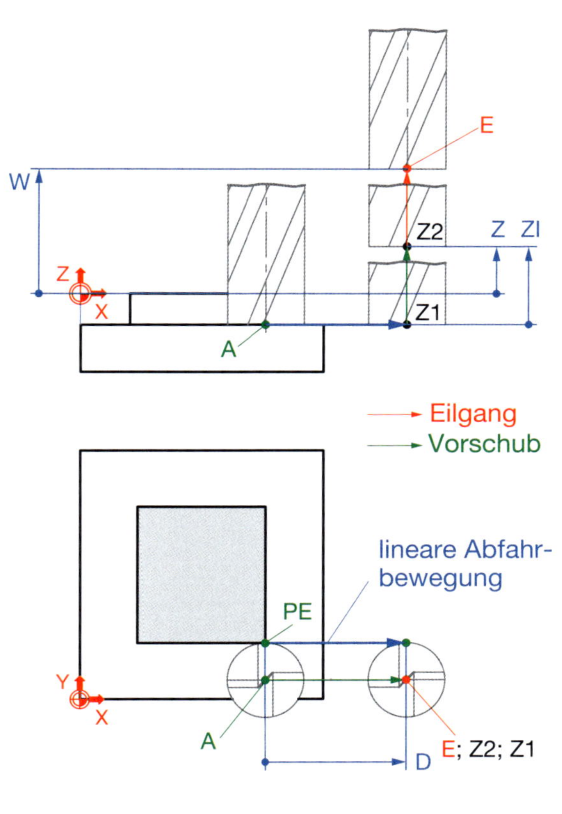

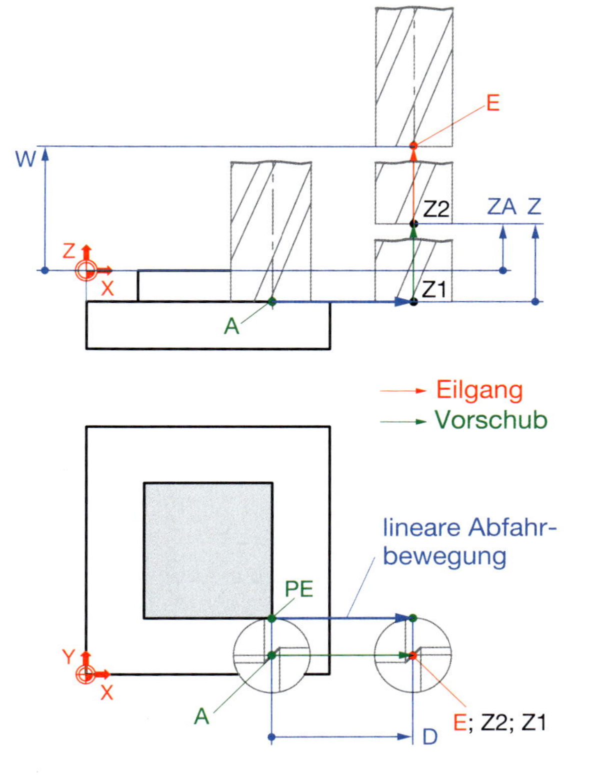

G47: Tangentiales Anfahren an eine Kontur im ¼-Kreis

Wirksamkeit: satzweise

Funktion

Das Werkzeug verfährt in der XY-Ebene im Eilgang oder im Arbeitsgang vom Anfangspunkt **A** auf den Zustellpunkt **Z1**. Von Z1 kann optional im Eilgang auf Zustellpunkt **Z2** und danach im Arbeitsgang mit Vorschub E auf Zustellpunkt **Z3** zugestellt werden. Anschließend wird Konturstartpunkt **P1** im Arbeitsgang mit Vorschub F und Fräserradiuskorrektur auf einem ¼-Kreis tangential angefahren. Die Bewegung endet im Punkt **E**, bezogen auf den Frässermittelpunkt.
Zusammen mit G47 **muss** im gleichen Satz G41 oder G42 programmiert werden.

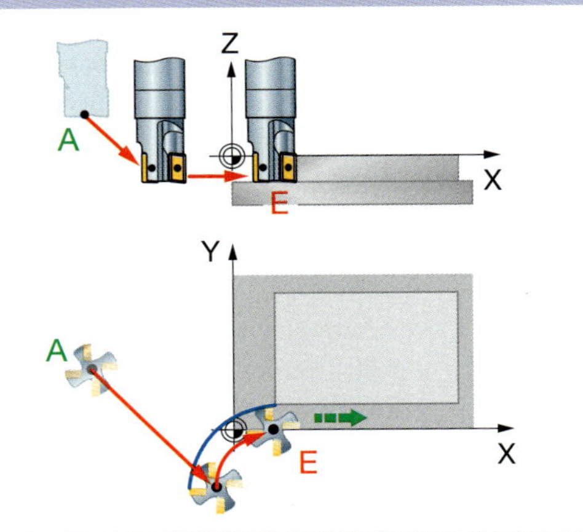

Adressen: **G41/G42 R** (Pflichtadressen) *X/XA/XI Y/YA/YI Z/ZA/ZI W E F S M* (*optionale Adressen*)

G41/42	Fräserradiuskorrektur links/rechts
R	Radius der Anfahrbewegung; bezogen auf den Fräsermittelpunkt
X	absolute X-Koordinate bei G90;[1)] inkrementale X-Koordinate bei G91
XA	absolute X-Koordinate bei G91
XI	inkrementale X-Koordinate bei G90
Y	absolute Y-Koordinate bei G90;[1)] inkrementale Y-Koordinate bei G91
YA	absolute Y-Koordinate bei G91
YI	inkrementale Y-Koordinate bei G90
Z	absolute Z-Koordinate bei G90;[1)] inkrementale Z-Koordinate bei G91
ZA	absolute Z-Koordinate bei G91
ZI	inkrementale Y-Koordinate bei G90
W	absolute Position in der Zustellachse, auf die im Eilgang zugestellt werden soll[1)]
E	Vorschub beim Eintauchen/Zustellung[1)]
F	Vorschub beim Fräsen in der XY-Ebene[1)]
S	Drehzahl/Schnittgeschwindigkeit[1)]
M	Zusatzfunktionen

[1)] Voreinstellungen:
X, Y, Z, W: aktuelle Werkzeugposition
F, S: aktuelle Werte
E: E = F

G90 aktiv

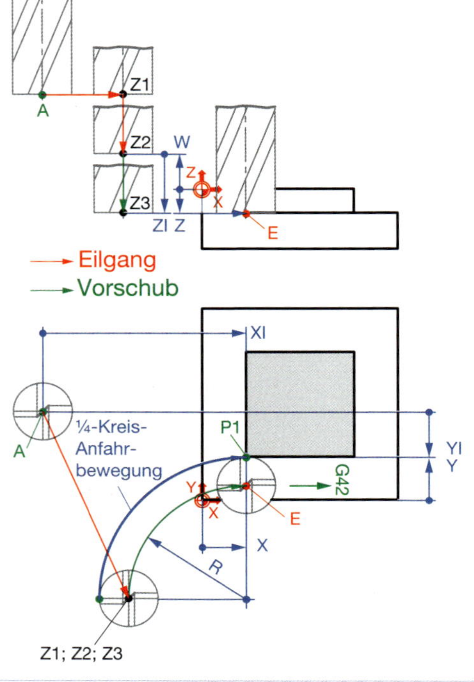

G91 aktiv

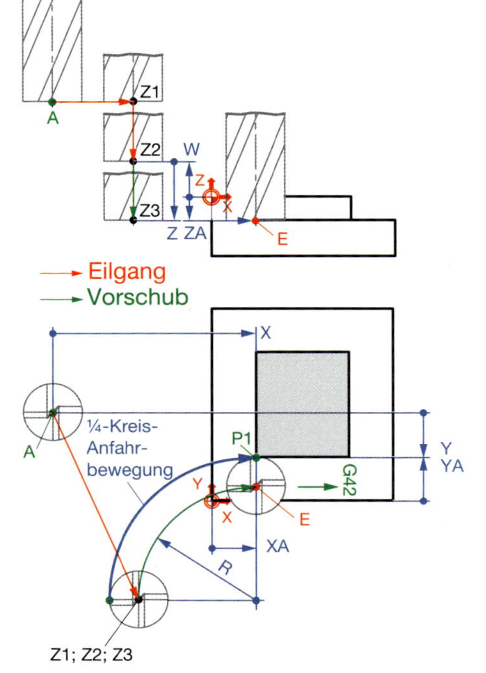

G48: Tangentiales Abfahren von einer Kontur im ¼-Kreis — Wirksamkeit: satzweise

Funktion

Das Werkzeug verfährt vom Konturendpunkt **PE** aus mit Fräserradiuskorrektur auf einem ¼-Kreis bis zum Abfahrpunkt **Z1**. Von Z1 aus kann optional im Arbeitsgang auf die Zustellposition **Z2** und danach im Eilgang auf den Endpunkt **E** zugestellt werden.

Zusammen mit G48 **muss** im gleichen Satz G40 programmiert werden. Nach G48 G40 werden programmierte Punkte mit dem Frässermittelpunkt angefahren.

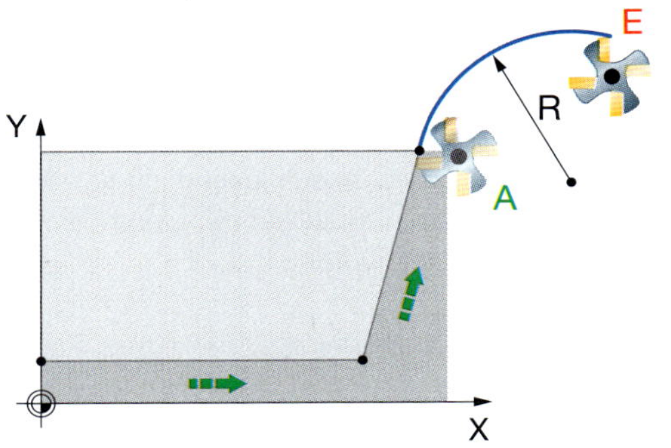

Adressen: G40 R (Pflichtadressen) — *Z/ZA/ZI W F S M* (*optionale Adressen*)

G40	Abwahl der Fräserradiuskorrektur
R	Radius der Abfahrbewegung; bezogen auf den Fräsermittelpunkt
Z	absolute Z-Koordinate bei G90;[1] inkrementale Z-Koordinate bei G91
ZA	absolute Z-Koordinate bei G91
ZI	inkrementale Y-Koordinate bei G90
W	absolute Position in der Zustellachse, die im Eilgang als Rückzugsebene angefahren wird[1]
F	Vorschub beim Fräsen in der XY-Ebene[1]
S	Drehzahl/Schnittgeschwindigkeit[1]
M	Zusatzfunktionen

[1] Voreinstellungen:
Z, W: aktuelle Werkzeugposition
F, S: aktuelle Werte

G90 aktiv

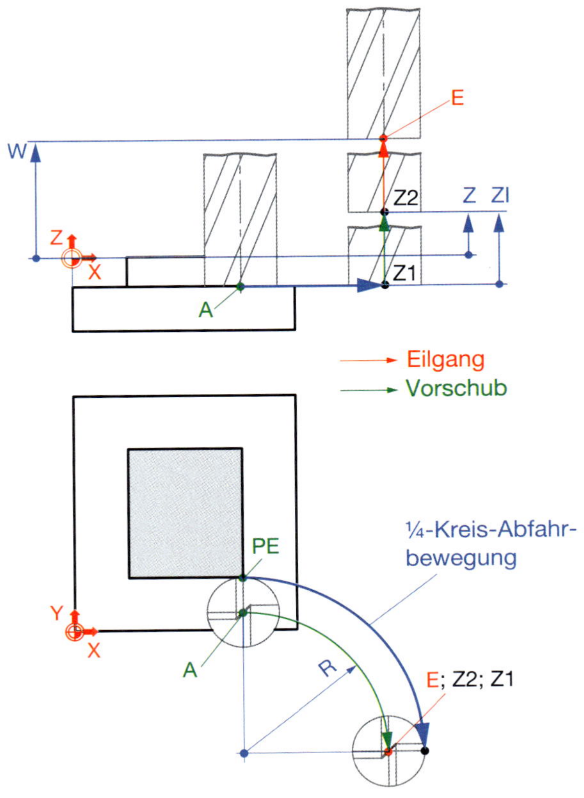

G91 aktiv

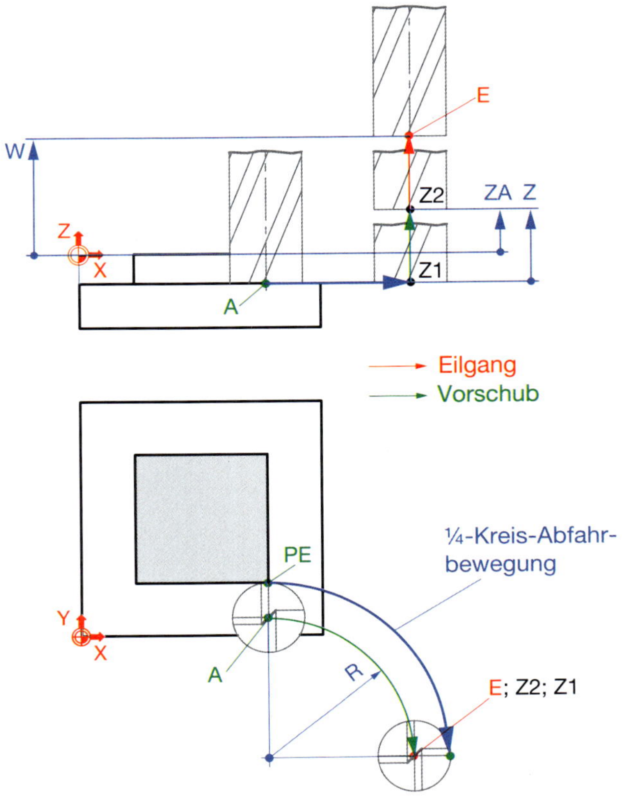

G50:	Aufheben von inkrementellen Nullpunkt-Verschiebungen und Drehungen	Wirksamkeit: selbsthaltend
Funktion	Alle inkrementellen Nullpunktverschiebungen und Drehungen, die mit G58/G59 gesetzt wurden, werden wieder aufgehoben. Spiegelungen (G66) werden ebenfalls aufgehoben. Anschließend gilt das Werkstückkoordinatensystem, das zuletzt mit einem der Befehle G54 ... G57 aufgerufen wurde. G50 **muss** alleine in einem Satz stehen.	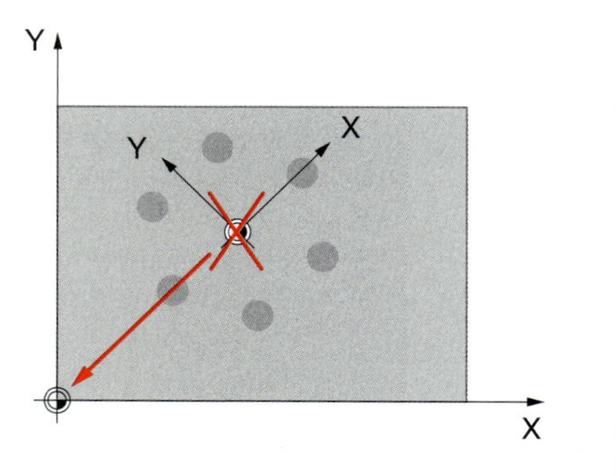
Adressen:	**keine**	

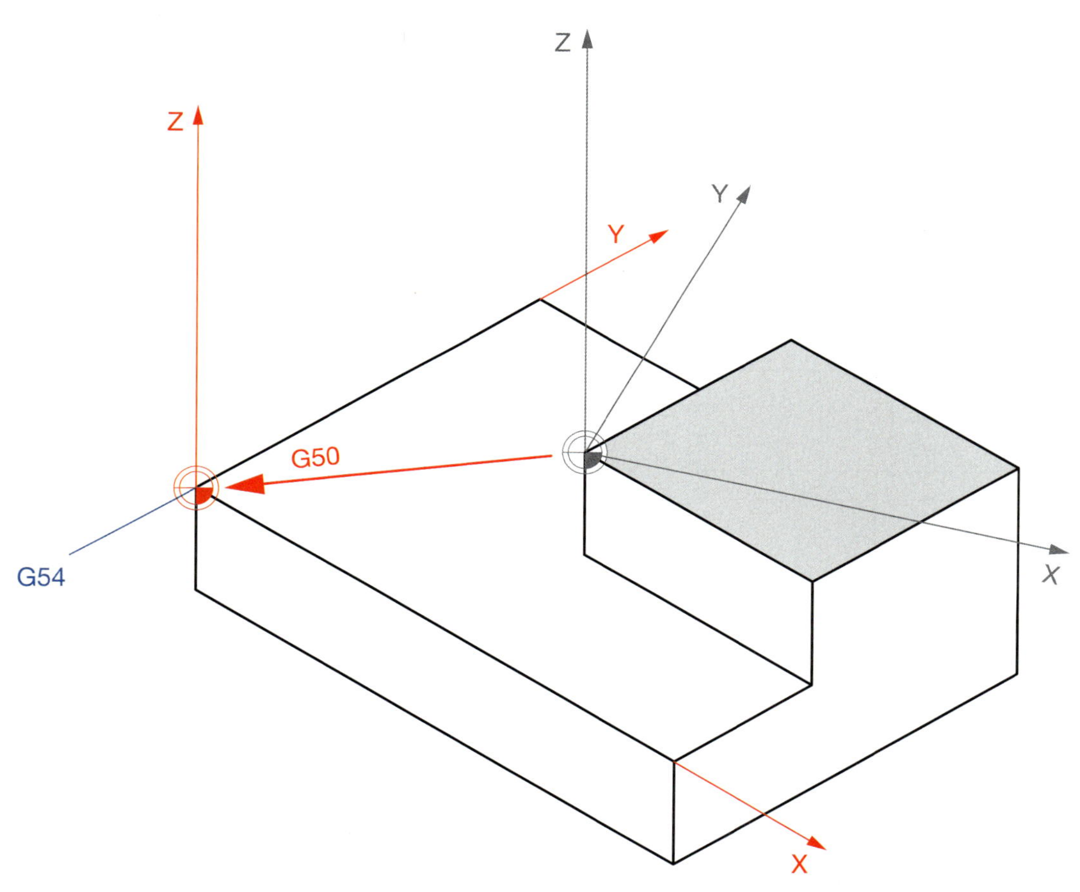

G53:	Alle Nullpunktverschiebungen und Drehungen aufheben	Wirksamkeit: selbsthaltend
Funktion	Alle einstellbaren absoluten Nullpunkte (G54 ... G57) und alle inkrementellen Nullpunktverschiebungen und Drehungen, die mit G58/G59 gesetzt wurden, werden aufgehoben. Spiegelungen (G66) und Skalierungen (G67) werden ebenfalls aufgehoben. Anschließend ist das Maschinenkoordinatensystem aktiviert. Für die Weiterarbeit muss erneut eine Nullpunktverschiebung G54 ... G57 programmiert werden. G53 **muss** allein in einem Satz stehen. G53 ist **Einschaltzustand** der Maschine.	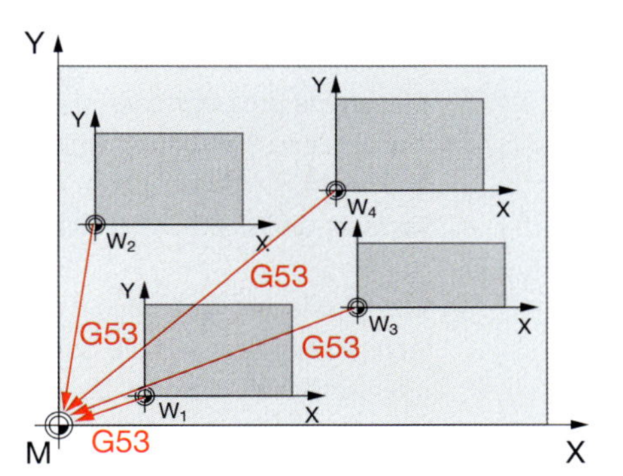
Adressen:	**keine**	

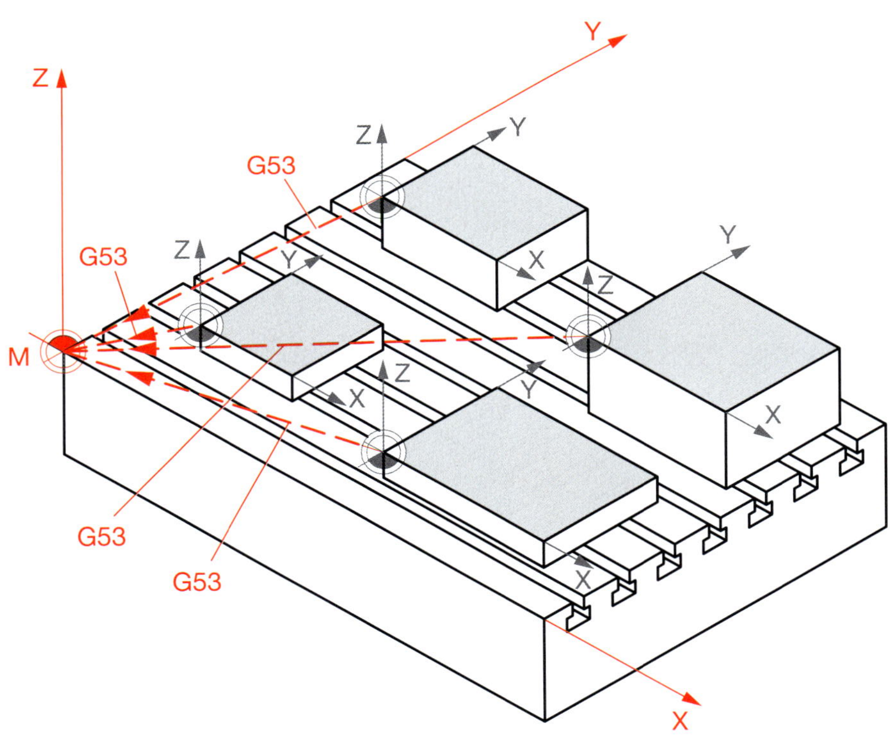

G54–G57: Einstellbare absolute Nullpunkte

Wirksamkeit: selbsthaltend

Funktion

Mit den Befehlen G54 bis G57 können bis zu vier verschiedene Werkstücknullpunkte in Bezug auf den Maschinennullpunkt definiert werden. Diese müssen vor dem Programmstart im Nullpunktregister der Steuerung gespeichert werden. Ohne Anwahl eines dieser Nullpunkte verfährt die Maschine im Maschinenkoordinatensystem.

Die definierten Nullpunkte bleiben in den Nullpunktregistern gespeichert, bis sie durch neue Koordinatenangaben überschrieben werden. Ein Programmwechsel verändert die einstellbaren Nullpunkte nicht.

G54–G57 **muss** alleine in einem Satz stehen.

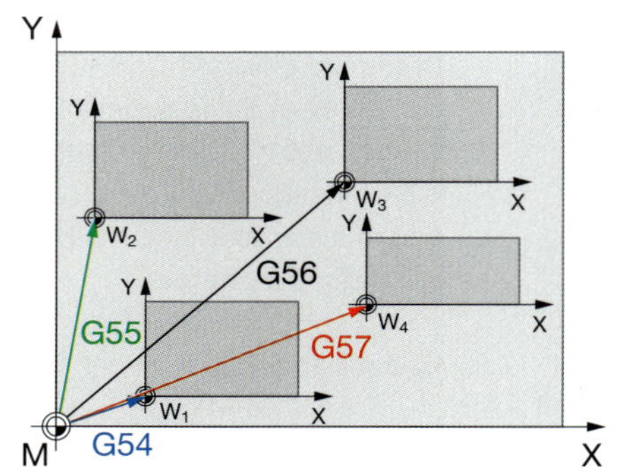

Adressen: **keine**

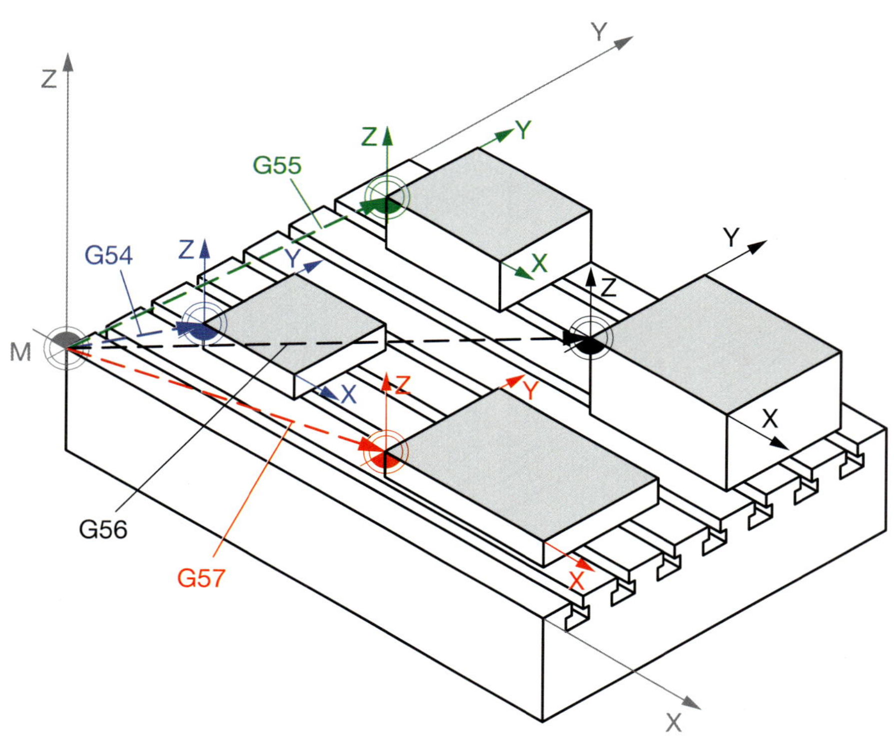

G58: Inkrementelle Nullpunkt-Verschiebung polar und Drehung

Wirksamkeit: selbsthaltend

Funktion

Das aktuelle Werkstück-Koordinatensystem wird inkrementell zu G54–G57 verschoben. Der neue Werkstück-Nullpunkt wird mittels Polarkoordinaten programmiert. Zusätzlich kann das neue Werkstück-Koordinatensystem um den Winkel AR um die Zustellachse Z gedreht werden.

Adressen: **RP AP** Pflichtadressen — ***ZA AR*** *optionale Adressen*

RP **AP**	Polarradius Polarwinkel bezogen auf die positive 1. Geometrieachse (G 17: X-Achse) Polarzentrum = aktueller Werkstücknullpunkt	***ZA*** ***AR***	Absolute Z-Koordinate des neuen Nullpunktes Drehwinkel des neuen Koordinatensystems um die Zustellachse

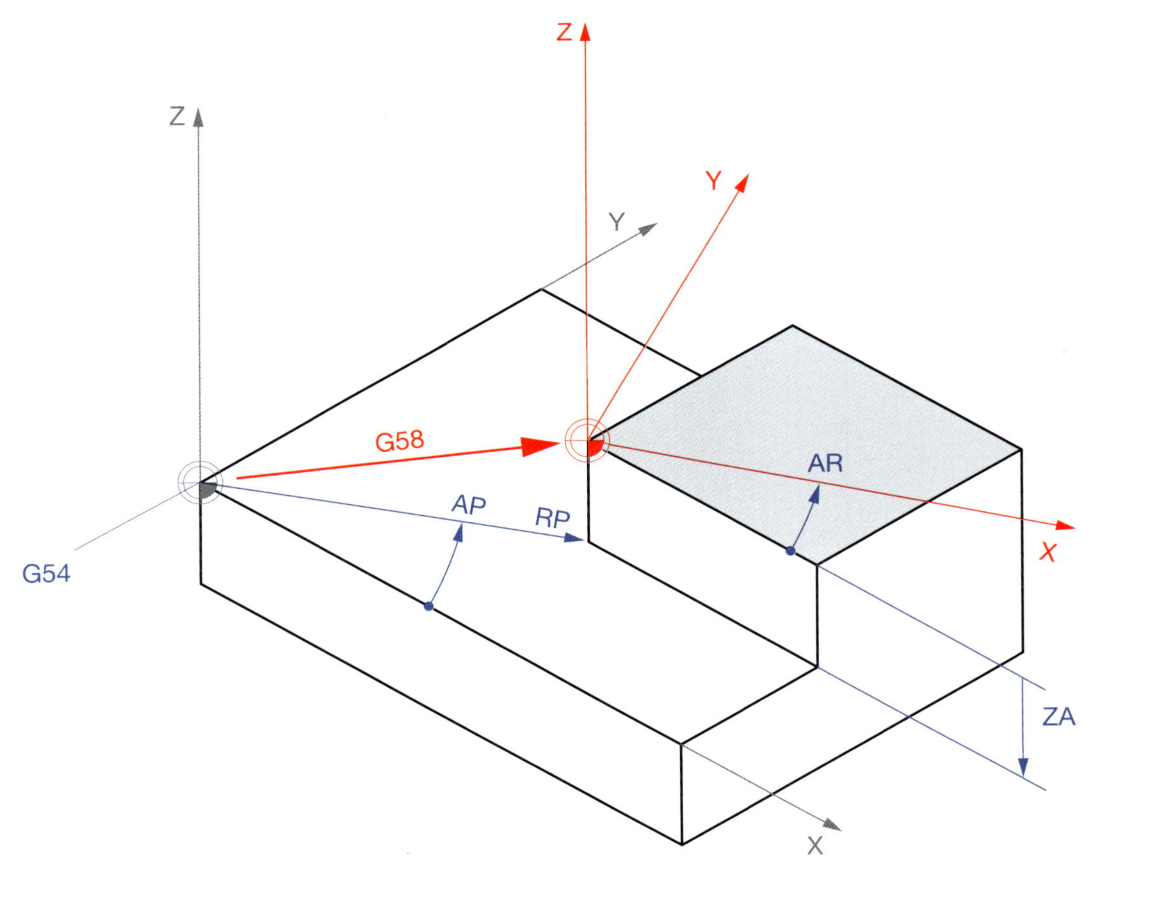

G59:	**Inkrementelle Nullpunkt-Verschiebung kartesisch und Drehung**		**Wirksamkeit: selbsthaltend**
Funktion	Das aktuelle Werkstück-Koordinatensystem wird inkrementell zu G54–G57 verschoben. Der neue Werkstück-Nullpunkt wird mittels kartesischer Koordinaten programmiert. Zusätzlich kann das neue Werkstück-Koordinatensystem um den Winkel AR um die Zustellachse Z gedreht werden.		
Adressen:	***XA YA ZA AR*** *optionale Adressen*		
XA ***YA***	Absolute X-Koordinate des neuen Nullpunktes Absolute Y-Koordinate des neuen Nullpunktes	***ZA*** ***AR***	Absolute Z-Koordinate des neuen Nullpunktes Drehwinkel des neuen Koordinatensystems um die Zustellachse

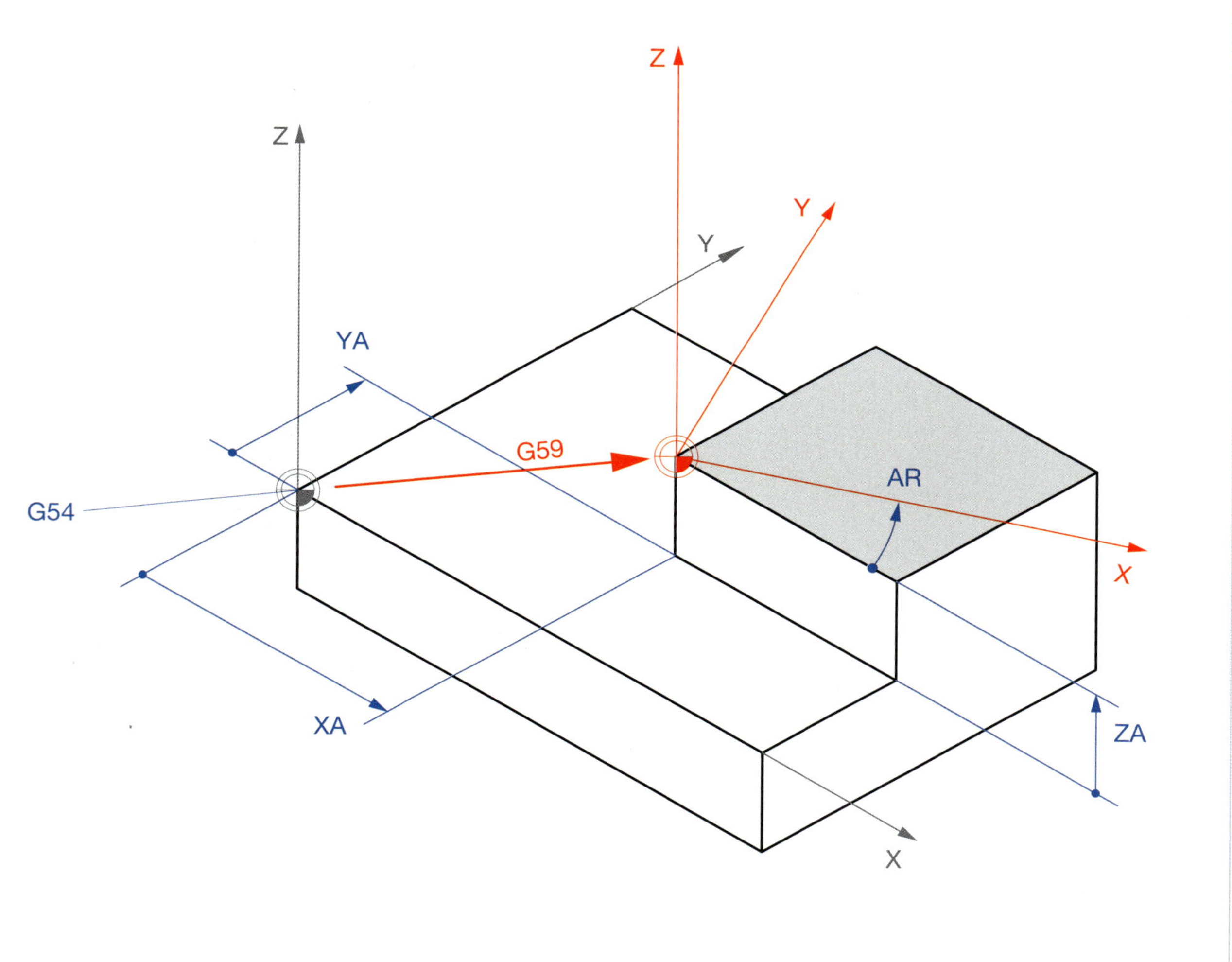

G61: Linearinterpolation für Konturzüge — Wirksamkeit: satzweise

Funktion

Programmierung einer Strecke als offenes (noch unbestimmtes) Konturelement einer einfachen oder komplexen Werkstückkontur. Das Werkzeug verfährt linear mit programmierter Vorschubgeschwindigkeit zum programmierten Endpunkt. Dabei können Start- und/oder Endpunkt noch unbestimmt sein. Die fehlenden Angaben werden durch Rückwärtsrechnung von den nachfolgenden Konturelementen steuerungsintern bestimmt.
Die inkrementalen Adressen XI und YI können nur verwendet werden, wenn das vorhergehende Konturelement abgeschlossen ist.
G61 **muss** allein in einem Satz stehen.

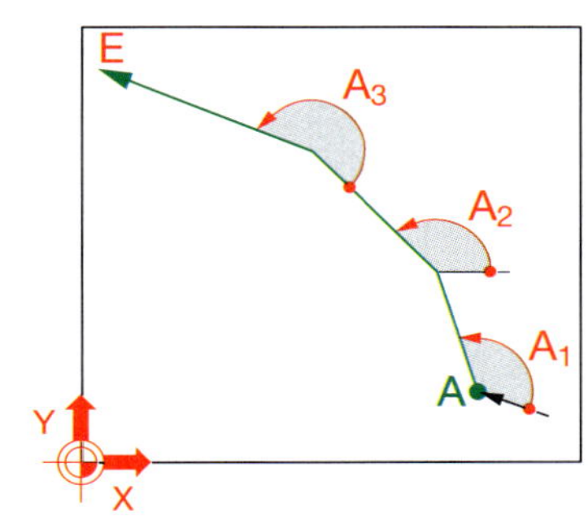

Adressen: ***XA/XI YA/YI Z/ZA/ZI D AT AS RN H O E F S M***
optionale Adressen

XA	absolute X-Koordinate
XI	inkrementale X-Koordinate
YA	absolute Y-Koordinate
YI	inkrementale Y-Koordinate
Z	absolute Z-Koordinate bei G90; inkrementale Z-Koordinate bei G91
ZA	absolute Z-Koordinate bei G91
ZI	inkrementale Z-Koordinate bei G90
D	Länge der Verfahrstrecke in der Bearbeitungsebene
AT	Übergangswinkel im Startpunkt zur vorhergehenden Verfahrbewegung ohne Übergangselement, gemessen von der Endrichtung der vorhergehenden Bewegung
AS	Anstiegswinkel der Verfahrstrecke in der Bearbeitungsebene bezogen auf die positive 1. Geometrieachse (G17: X-Achse)
RN	Übergangselement zum nächsten Konturelement[1)] RN+ Verrundungsradius zum nächsten Konturelement RN- Fasenbreite zum nächsten Konturelement
H	Lösungsauswahl Winkelkriterium[1)] H1 kleinerer Starttangentenwinkel zur positiven 1. Geometrieachse (G17: X-Achse) H2 größerer Starttangentenwinkel zur positiven 1. Geometrieachse (G17: X-Achse)
O	Lösungsauswahl Längenkriterium[1)] O1 kleinere Streckenlänge O2 größere Streckenlänge
E	Feinkonturvorschub auf Übergangselementen[1)]
F	Vorschub[1)]
S	Spindeldrehzahl/Schnittgeschwindigkeit[1)]
M	Zusatzfunktionen

[1)] Voreinstellungen:
E, F, S: aktuelle Werte
RN0 H1 O1

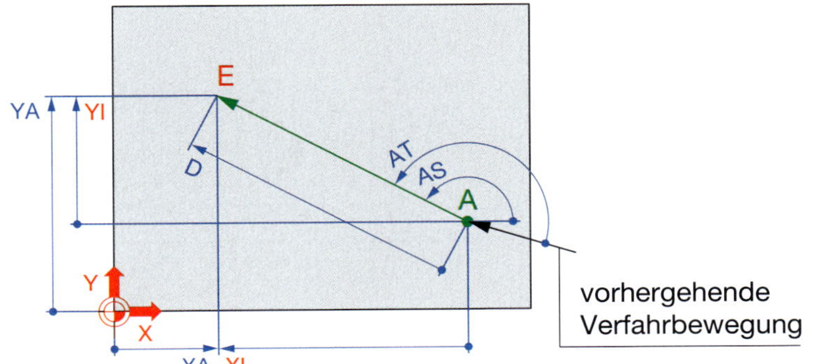

Übergangselement Radius

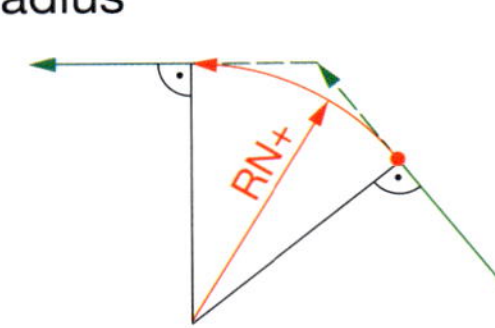

Übergangselement Fase

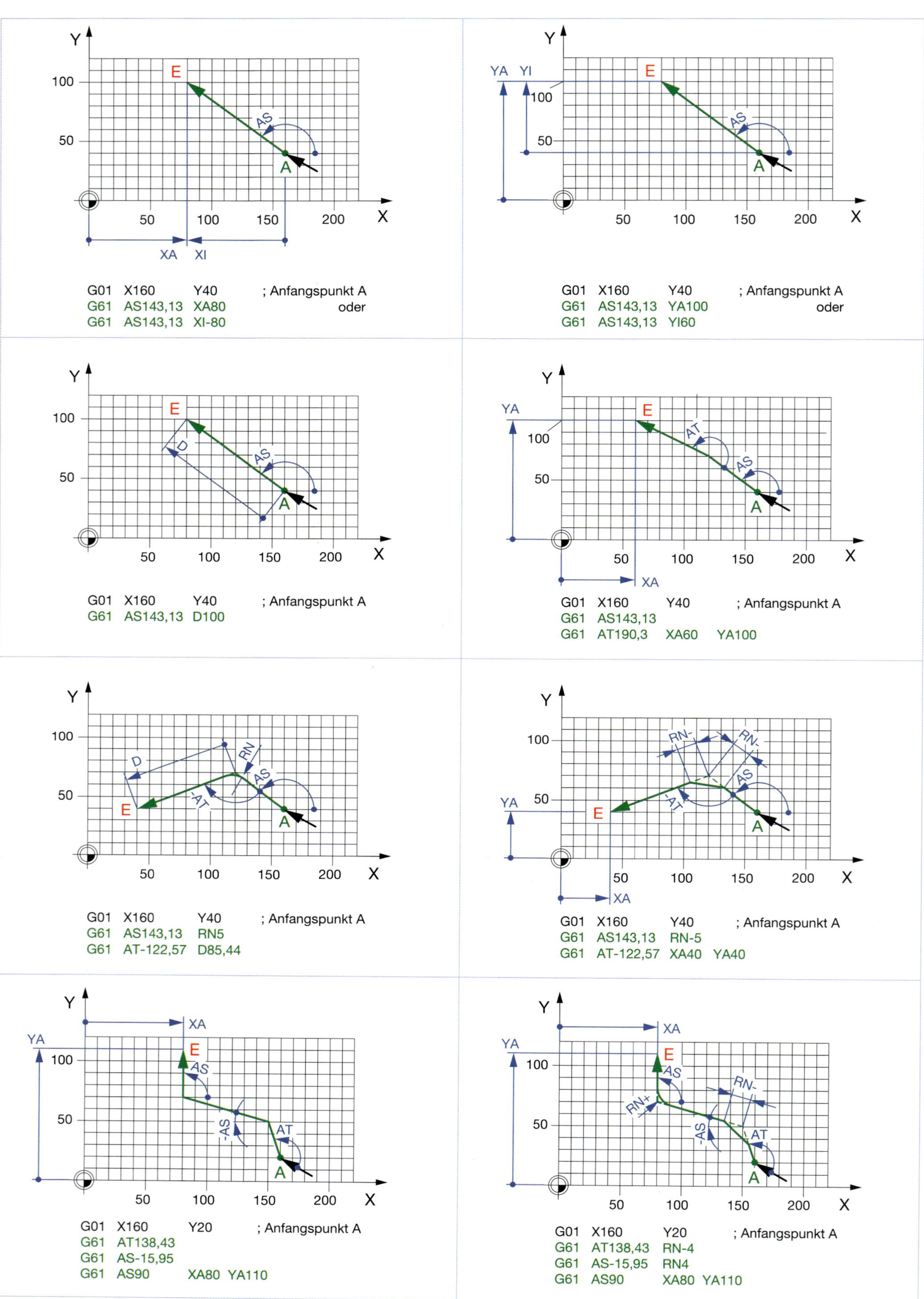
G01 X160 Y40 ; Anfangspunkt A
G61 AS143,13 XA80 oder
G61 AS143,13 XI-80
G01 X160 Y40 ; Anfangspunkt A
G61 AS143,13 YA100 oder
G61 AS143,13 YI60
G01 X160 Y40 ; Anfangspunkt A
G61 AS143,13 D100
G01 X160 Y40 ; Anfangspunkt A
G61 AS143,13
G61 AT190,3 XA60 YA100
G01 X160 Y40 ; Anfangspunkt A
G61 AS143,13 RN5
G61 AT-122,57 D85,44
G01 X160 Y40 ; Anfangspunkt A
G61 AS143,13 RN-5
G61 AT-122,57 XA40 YA40
G01 X160 Y20 ; Anfangspunkt A
G61 AT138,43
G61 AS-15,95
G61 AS90 XA80 YA110
G01 X160 Y20 ; Anfangspunkt A
G61 AT138,43 RN-4
G61 AS-15,95 RN4
G61 AS90 XA80 YA110

G62: Kreisinterpolation im Uhrzeigersinn für Konturzüge
G63: Kreisinterpolation im Gegenuhrzeigersinn für Konturzüge

Wirksamkeit: satzweise

Funktion

Programmierung einer Strecke als offenes (noch unbestimmtes) Konturelement einer einfachen oder komplexen Werkstückkontur. Das Werkzeug verfährt kreisbogenförmig im Uhrzeigersinn (G62)/Gegenuhrzeigersinn (G63) mit programmierter Vorschubgeschwindigkeit zum programmierten Endpunkt. Dabei können Start- und/oder Endpunkt noch unbestimmt sein. Die fehlenden Angaben werden durch Rückwärtsrechnung von den nachfolgenden Konturelementen steuerungsintern bestimmt. Die inkrementalen Adressen XI, YI, I, J können nur verwendet werden, wenn das vorhergehende Konturelement abgeschlossen ist.
G62/G63 **muss** allein in einem Satz stehen.

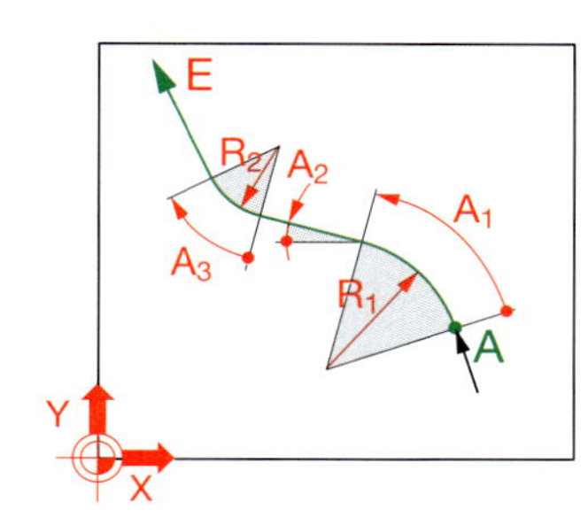

Adressen: ***XA/XI YA/YI Z/ZA/ZI I/IA J/JA R AT AS AO AE/AP RN H O E F S M***
optionale Adressen

XA	absolute X-Koordinate
XI	inkrementale X-Koordinate
YA	absolute Y-Koordinate
YI	inkrementale Y-Koordinate
Z	absolute Z-Koordinate bei G90; inkrementale Z-Koordinate bei G91
ZA	absolute Z-Koordinate bei G91
ZI	inkrementale Z-Koordinate bei G90
I	X-Koordinatendifferenz zwischen Anfangspunkt und Kreismittelpunkt
IA	X-Mittelpunktkoordinate absolut in Werkstückkoordinaten
J	Y-Koordinatendifferenz zwischen Anfangspunkt und Kreismittelpunkt
JA	Y-Mittelpunktkoordinate absolut in Werkstückkoordinaten
R	Radius des Kreisbogens und Bogenlängenkriterium R+ kürzerer Bogen R- längerer Bogen
AT	Übergangswinkel im Startpunkt zur vorhergehenden Verfahrbewegung ohne Übergangselement, gemessen von der Endrichtung der vorhergehenden Bewegung
AS	Tangentenwinkel im Startpunkt bezogen auf die positive 1. Geometrieachse (G17: X-Achse)
AO	Öffnungswinkel (immer positiv, da Kreisorientierung durch G62/G63 bestimmt ist)
AE	Tangentenwinkel im Endpunkt bezogen auf die positive 1. Geometrieachse (G17: X-Achse)
AP	Polarwinkel des Endpunktes bezogen auf die positive 1. Geometrieachse (G17: X-Achse)
RN	Übergangselement zum nächsten Konturelement[1)] RN+ Verrundungsradius zum nächsten Konturelement RN- Fasenbreite zum nächsten Konturelement
H	Lösungsauswahl Winkelkriterium[1)] H1 kleinerer Starttangentenwinkel zur positiven 1. Geometrieachse (G17: X-Achse) H2 größerer Starttangentenwinkel zur positiven 1. Geometrieachse (G17: X-Achse)
O	Lösungsauswahl Bogenlängenkriterium[1)] O1 kürzerer Kreisbogen O2 längerer Kreisbogen Lösungsauswahl R geht vor Auswahl O.
E	Feinkonturvorschub auf Übergangselementen[1)]
F	Vorschub[1)]
S	Spindeldrehzahl/Schnittgeschwindigkeit[1)]
M	Zusatzfunktionen

[1)] Voreinstellungen:
E, F, S: aktuelle Werte
RN0 H1 O1

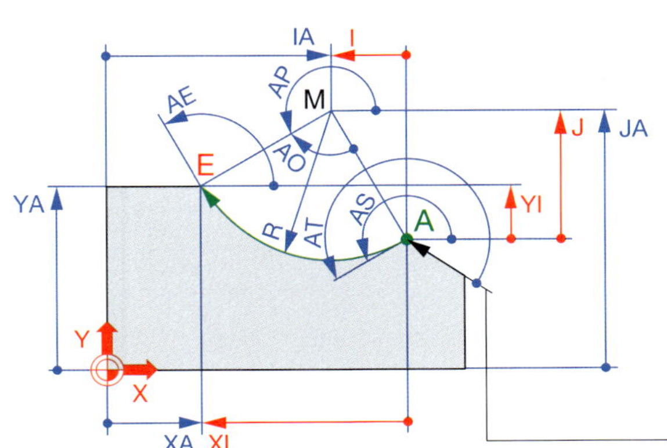

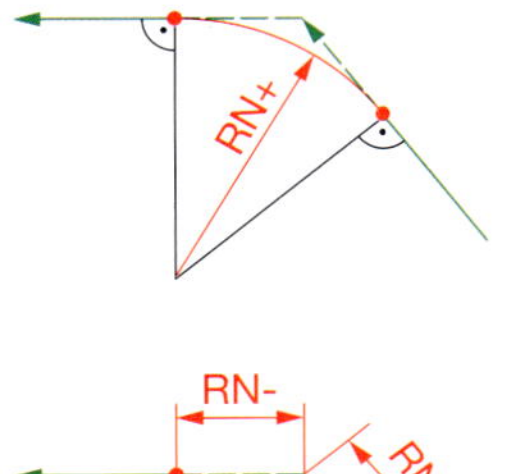

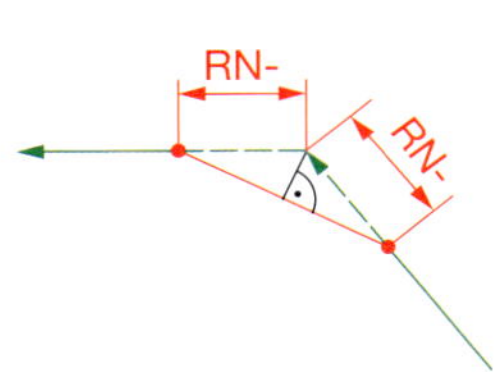

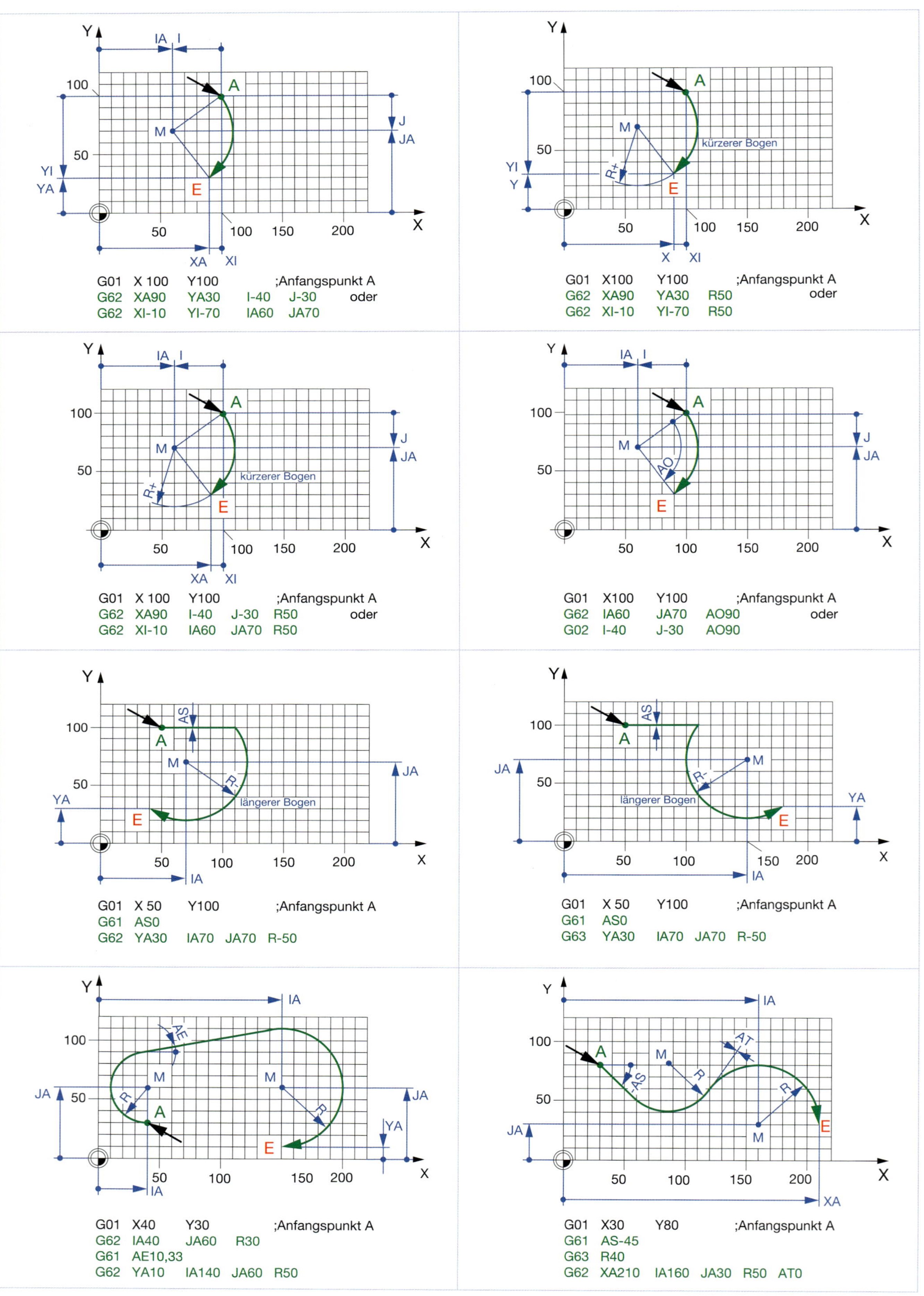
G01 X 100 Y100 ;Anfangspunkt A
G62 XA90 YA30 I-40 J-30 oder
G62 XI-10 YI-70 IA60 JA70
kürzerer Bogen
G01 X100 Y100 ;Anfangspunkt A
G62 XA90 YA30 R50 oder
G62 XI-10 YI-70 R50
kürzerer Bogen
G01 X 100 Y100 ;Anfangspunkt A
G62 XA90 I-40 J-30 R50 oder
G62 XI-10 IA60 JA70 R50
G01 X100 Y100 ;Anfangspunkt A
G62 IA60 JA70 AO90 oder
G02 I-40 J-30 AO90
längerer Bogen
G01 X 50 Y100 ;Anfangspunkt A
G61 AS0
G62 YA30 IA70 JA70 R-50
längerer Bogen
G01 X 50 Y100 ;Anfangspunkt A
G61 AS0
G63 YA30 IA70 JA70 R-50
G01 X40 Y30 ;Anfangspunkt A
G62 IA40 JA60 R30
G61 AE10,33
G62 YA10 IA140 JA60 R50
G01 X30 Y80 ;Anfangspunkt A
G61 AS-45
G63 R40
G62 XA210 IA160 JA30 R50 AT0

G66: Spiegeln an der X- und/oder Y-Achse; Spiegelung aufheben

Wirksamkeit: satzweise

Funktion

Das Werkstück-Koordinatensystem wird zusammen mit programmierten Konturpunkten an der X-Achse und/oder der Y-Achse gespiegelt. Werden die Adressen X und Y gemeinsam programmiert, so erfolgt die Spiegelung auch gemeinsam an beiden Achsen. Es wird somit eine Drehung der Kontur um 180° ausgeführt.

Wird nur an einer Achse gespiegelt, müssen die Wegbedingungen G2/G3 und G41/G42 angepasst werden.

Die Eingabe von G66 ohne Adresse hebt die Funktion Spiegeln auf.

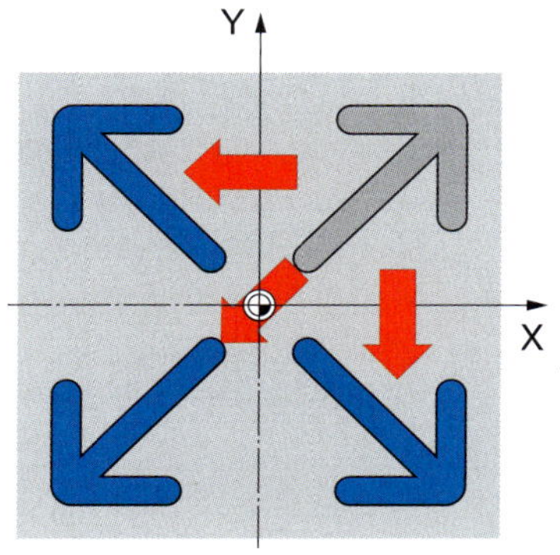

Y
X

Adressen: ***X Y keine Adresse***
optionale Adressen

X	Spiegelung an der X-Achse; ohne Adresswert	***keine Adresse***	Spiegelungen aufheben
Y	Spiegelung an der Y-Achse; ohne Adresswert		

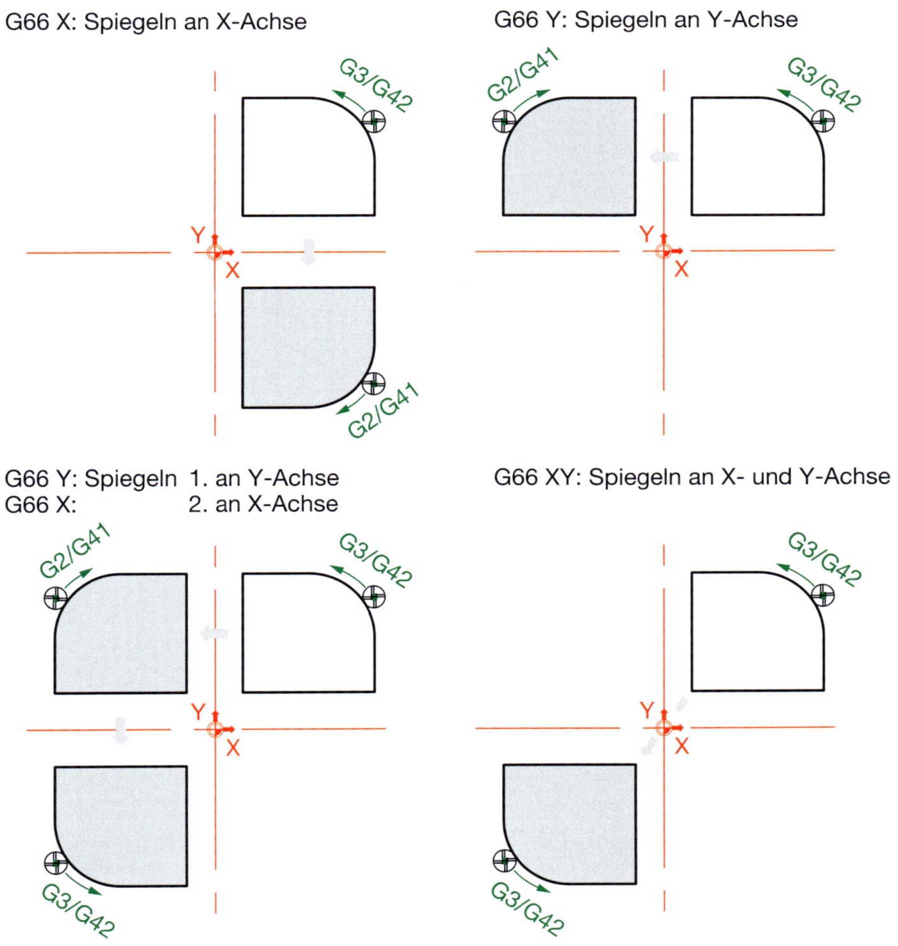

G66 X: Spiegeln an X-Achse

G3/G42
Y
X
G2/G41

G66 Y: Spiegeln an Y-Achse

G2/G41
G3/G42
Y
X

G66 Y: Spiegeln 1. an Y-Achse
G66 X: 2. an X-Achse

G2/G41
G3/G42
Y
X
G3/G42

G66 XY: Spiegeln an X- und Y-Achse

G3/G42
Y
X
G3/G42

G67: Skalieren – Vergrößern; Verkleinern; Aufheben

Wirksamkeit: satzweise

Funktion

Das aktuelle Werkstück-Koordinatensystem wird um den Faktor SK verkleinert oder vergrößert.

Inkrementelle Nullpunktverschiebungen mit G58/G59 sind bei einer aktiven Skalierung SK ≠ 1 nicht möglich. Die Anfahr- und Abfahrbewegungen der Fräserradiuskorrektur werden nicht skaliert.

G67 **muss** alleine in einem Satz stehen.

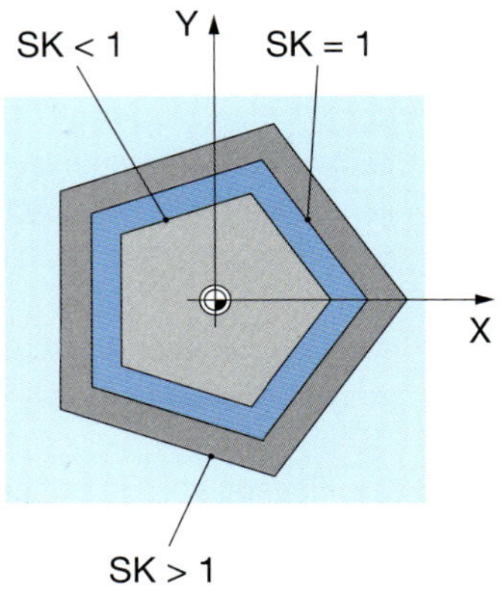

SK < 1 Y SK = 1 X SK > 1

Adressen: *SK Q*

optionale Adressen

SK	Skalierungsfaktor[1)] SK = 1 Verkleinerung/Vergrößerung aufheben SK > 1 Vergrößerung um den Faktor SK SK < 1 Verkleinerung um den Faktor SK 1) Voreinstellungen: SK1 Q1	*Q*	Achsauswahl[1)] Q1 Skalierung aller drei Geometrieachsen X, Y, Z Q2 Skalierung der ersten beiden Geometrieachsen X, Y Q3 Skalierung der Zustellachse Z

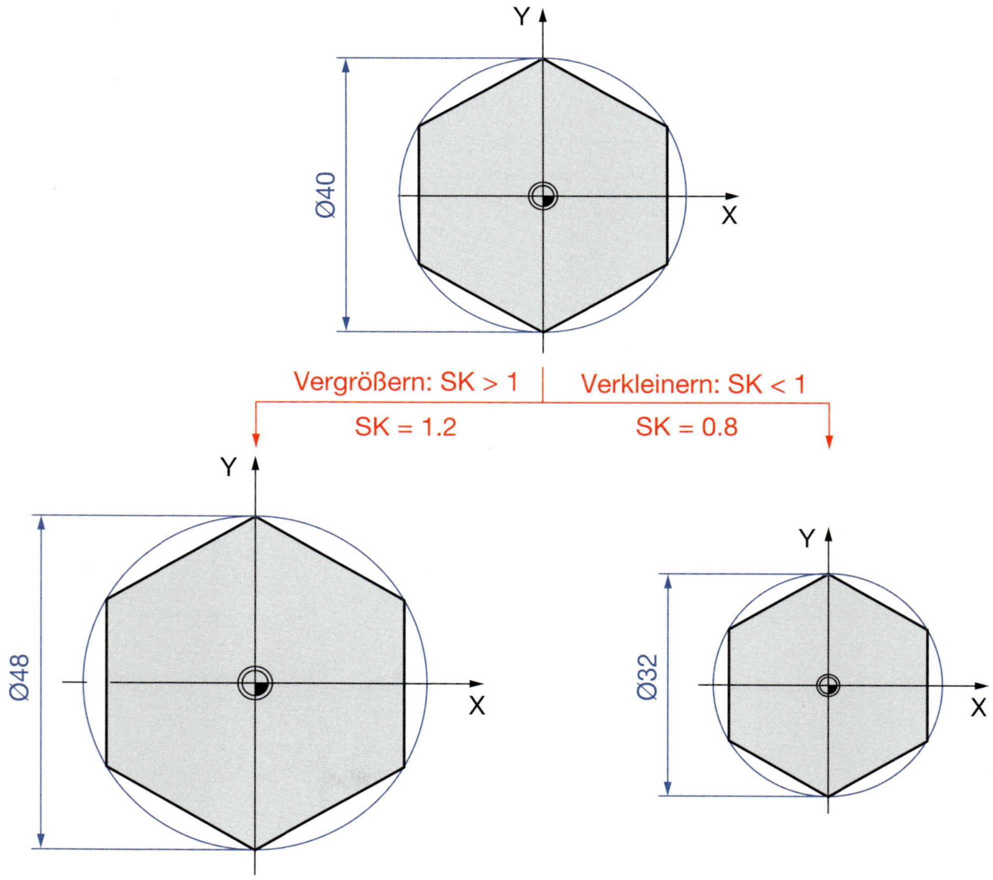

Y X Ø40

Vergrößern: SK > 1 | Verkleinern: SK < 1

SK = 1.2 SK = 0.8

Y X Ø48

Y X Ø32

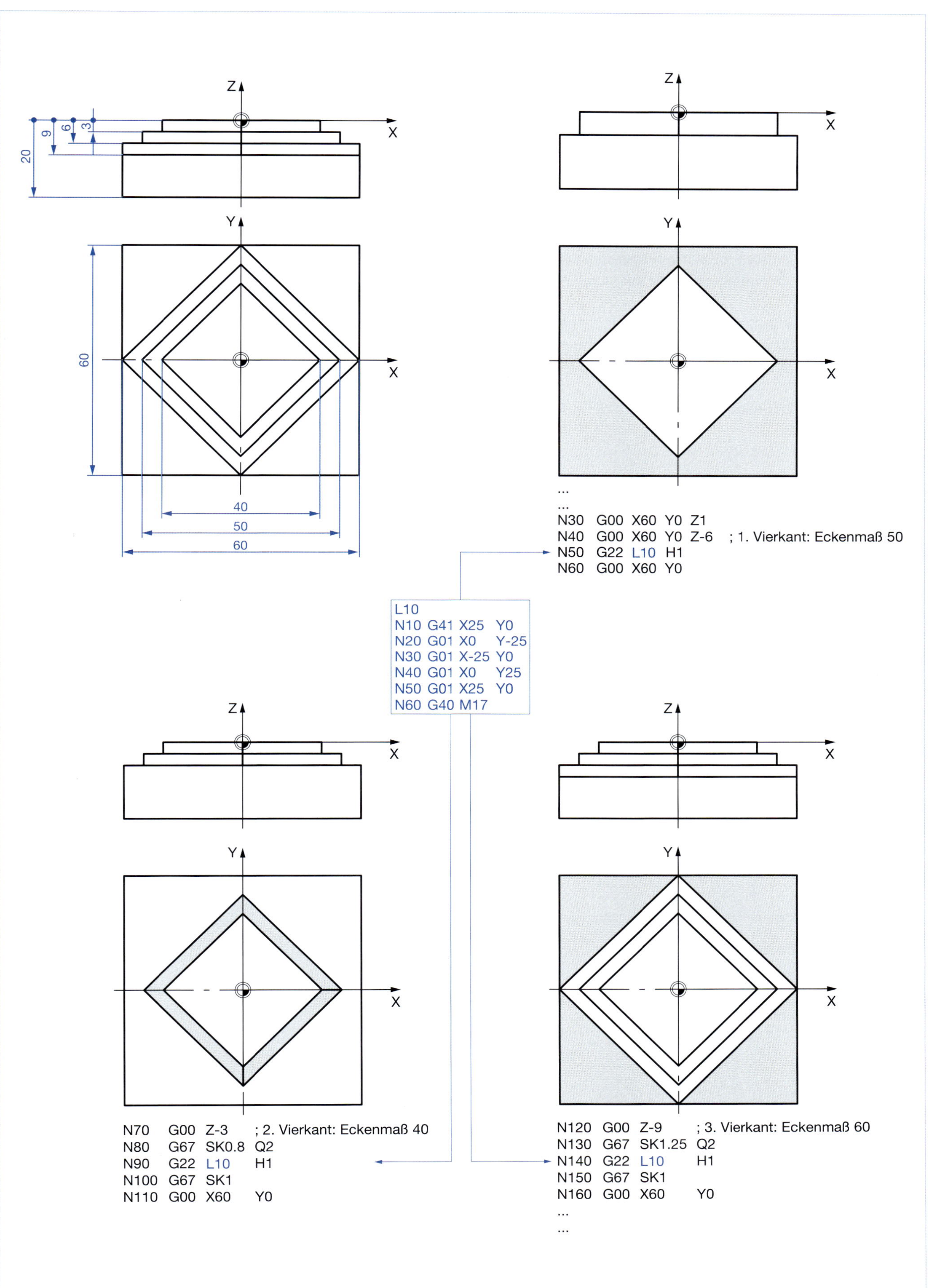
Z
X
Y
X
3
6
9
20
60
40
50
60
Z
X
Y
X
...
...
N30 G00 X60 Y0 Z1
N40 G00 X60 Y0 Z-6 ; 1. Vierkant: Eckenmaß 50
N50 G22 L10 H1
N60 G00 X60 Y0
L10
N10 G41 X25 Y0
N20 G01 X0 Y-25
N30 G01 X-25 Y0
N40 G01 X0 Y25
N50 G01 X25 Y0
N60 G40 M17
Z
X
Y
X
Z
X
Y
X
N70 G00 Z-3 ; 2. Vierkant: Eckenmaß 40
N80 G67 SK0.8 Q2
N90 G22 L10 H1
N100 G67 SK1
N110 G00 X60 Y0
N120 G00 Z-9 ; 3. Vierkant: Eckenmaß 60
N130 G67 SK1.25 Q2
N140 G22 L10 H1
N150 G67 SK1
N160 G00 X60 Y0
...
...

G70: Umschalten auf Maßeinheit Inch (Zoll) — Wirksamkeit: selbsthaltend

Funktion

Die Koordinatensysteme werden auf die Maßeinheit Inch (umgangssprachlich: Zoll) umgeschaltet.

1 in = 1" = 1/12 ft = 25,4 mm

Für Technologiedaten gilt:

- Vorschub in Inch/Umdrehung (in/U)
- Vorschubgeschwindigkeit in inch/Minute (in/min)
- Schnittgeschwindigkeit in Fuß/Minute (ft/min)

Durch den Befehl M30 (Ende eines NC-Programms) wird wieder auf Millimeter-Maßangabe (G71) als Einschaltzustand der Maschine umgeschaltet.

G70 **muss** allein in einem Satz stehen.

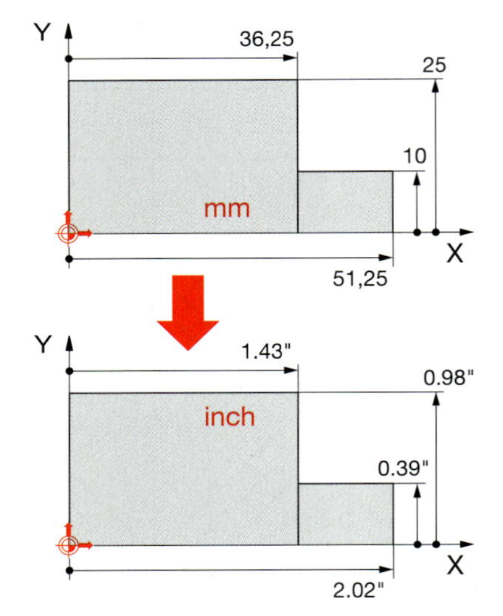

Adressen: **keine**

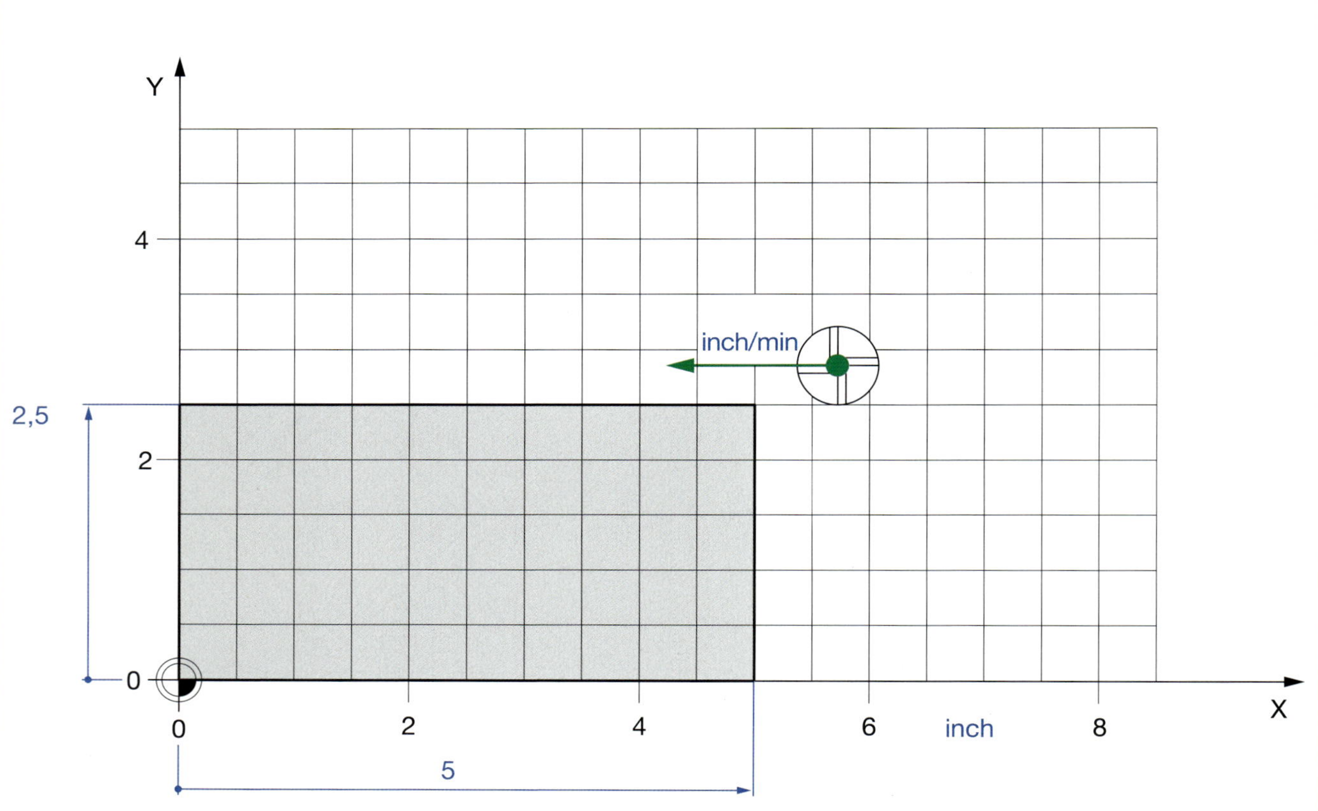

G71: Umschalten auf Maßeinheit Millimeter — Wirksamkeit: selbsthaltend

Funktion

Die Koordinatensysteme werden auf die Maßeinheit Millimeter umgeschaltet.

Für Technologiedaten gilt:

- Vorschub in Millimeter/Umdrehung (mm/U)
- Vorschubgeschwindigkeit in Millimeter/Minute (mm/min)
- Schnittgeschwindigkeit in Meter/Minute (m/min)

G71 **muss** allein in einem Satz stehen.
G71 bleibt wirksam, bis mit G70 auf Inch-Maßangabe umgeschaltet wird.

Durch den Befehl M30 (Ende eines NC-Programms) wird automatisch auf Millimeter-Maßangabe (G71) als Einschaltzustand umgeschaltet.

G71 ist **Einschaltzustand** der Maschine.

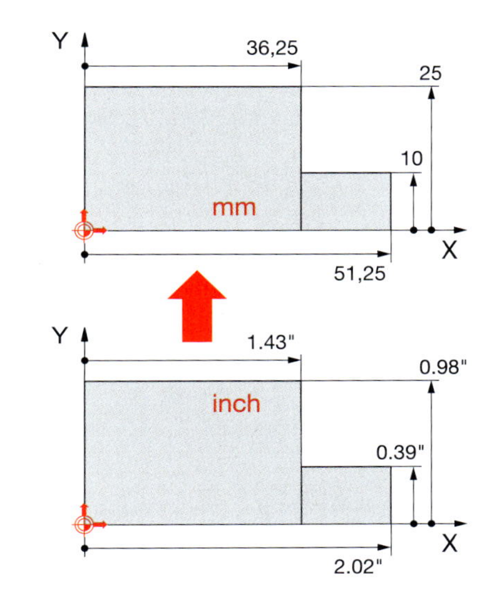

Adressen: **keine**

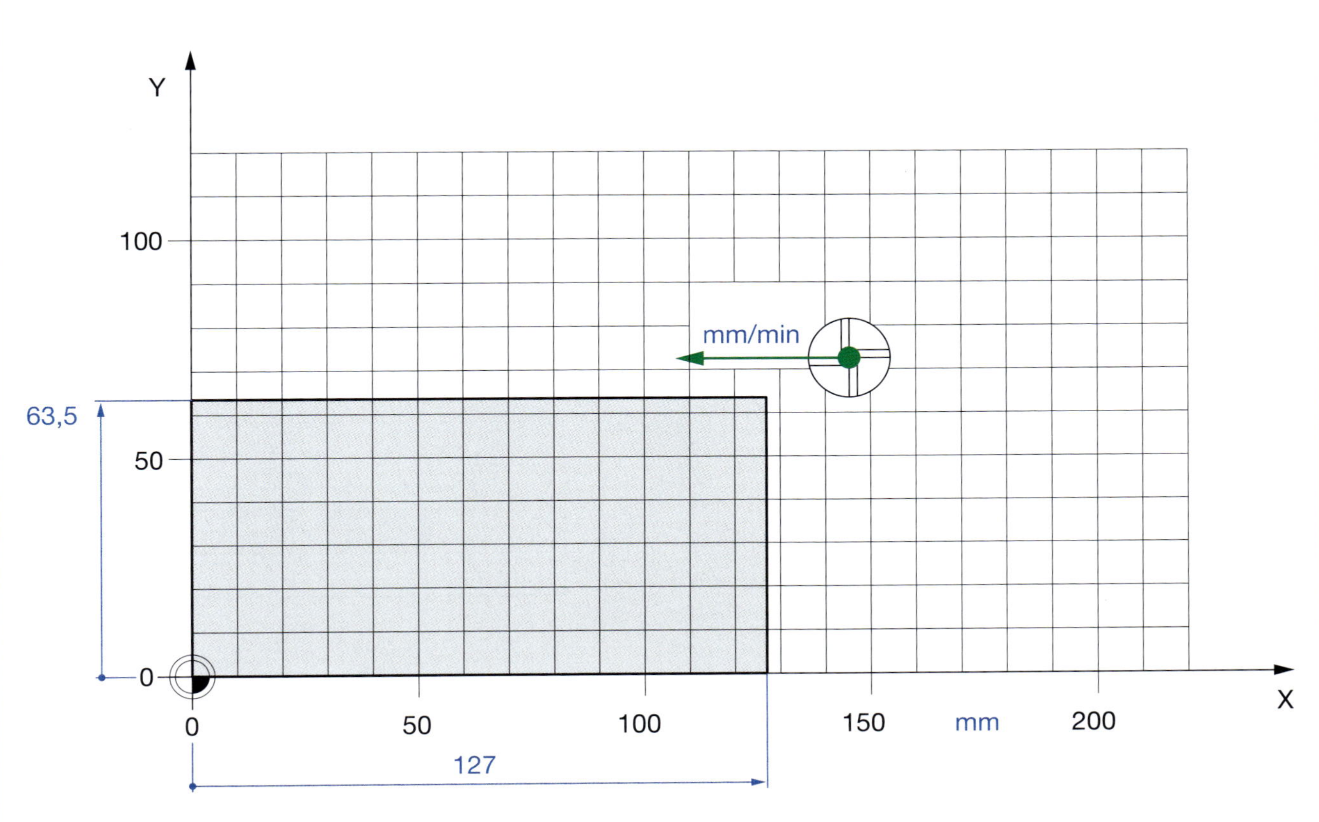

G72: Rechtecktaschenfräszyklus — Wirksamkeit: selbsthaltend

Funktion

Fräsen von Rechtecktaschen unter Berücksichtigung von Aufmaßen und Planfräsen. Der Setzpunkt wird unter der Adresse EP programmiert. Die Position wird in einem Zyklusaufruf (G76 ... G79) programmiert.

Adressen: ZI/ZA LP BP D V — Pflichtadressen
RN W AK AL EP DB RH AE O Q H BS E F S M — *optionale Adressen*

ZI Tiefe der Rechtecktasche inkremental ab Materialoberfläche
ZA Tiefe der Rechtecktasche absolut in Werkstückkoordinaten
LP Länge der Tasche (1. Geometrieachse)
BP Breite der Tasche (2. Geometrieachse)
D maximale Zustelltiefe
V Abstand der Sicherheitsebene von der Materialoberfläche
RN Eckenradius der Tasche[1)]
W Rückzugebene in Werkstückkoordinaten[1)]
AK Aufmaß auf den Taschenrand[1)]
AL Aufmaß auf den Taschenboden[1)]
EP Festlegung des Setzpunktes[1)]
- EP0 Taschenmittelpunkt
- EP1 rechte obere Ecke
- EP2 linke obere Ecke
- EP3 linke untere Ecke
- EP4 rechte untere Ecke

DB Fräserbahnüberdeckung in Prozent[1)]
RH Helixradius[1)]
AE Werkzeug-Eintauchwinkel[1)]
O Zustellbewegung[1)]
- O1 senkrechtes Eintauchen des Werkzeugs
- O2 Eintauchen in Helixbewegung
- O3 pendelndes Eintauchen

Q Bearbeitungsrichtung[1)]
- Q1 Gleichlauffräsen
- Q2 Gegenlauffräsen
- Q3 Planen im Schruppbetrieb bidirektional oder Gegenlauffräsen beim Taschenfräsen oder Schlichten

H Bearbeitungsart[1)]
- H1 Schruppen
- H2 Planschruppen der Rechteckfläche mit Überfahren des Randes durch Abzeilen parallel zur 1. Geometrieachse der Tasche über die Rechteckfläche hinaus und ansteigenden Abzeilbahnkoordinaten in der 2. Geometrieachse
- H4 Schlichten (tangentiales Anfahren der Kontur) 1. Rand, 2. Boden
- H8 Planschlichten der Tasche; analog zu H2
- H14 Schruppen und anschließend Schlichten (gleiches Werkzeug)
- H28 Planschruppen und Planschlichten (gleiches Werkzeug)

BS Berandungsfestlegung für Planschruppen H2[1)]
- BS0 Planschruppen ohne Berandung
- BS1 Berandung rechts in Richtung X+
- BS2 Berandung links in Richtung X-
- BS4 Berandung oben in Richtung Y+
- BS8 Berandung unten in Richtung Y-

E Vorschub beim Eintauchen[1)]

1) Voreinstellungen:
RN0 W = V AK0 AL0 EP0 DB80 O1
Q1 H1 BS0 E = F
RH: ¾ Werkzeugradius
AE: aus Korrekturwertspeicher
F, S: aktuelle Werte

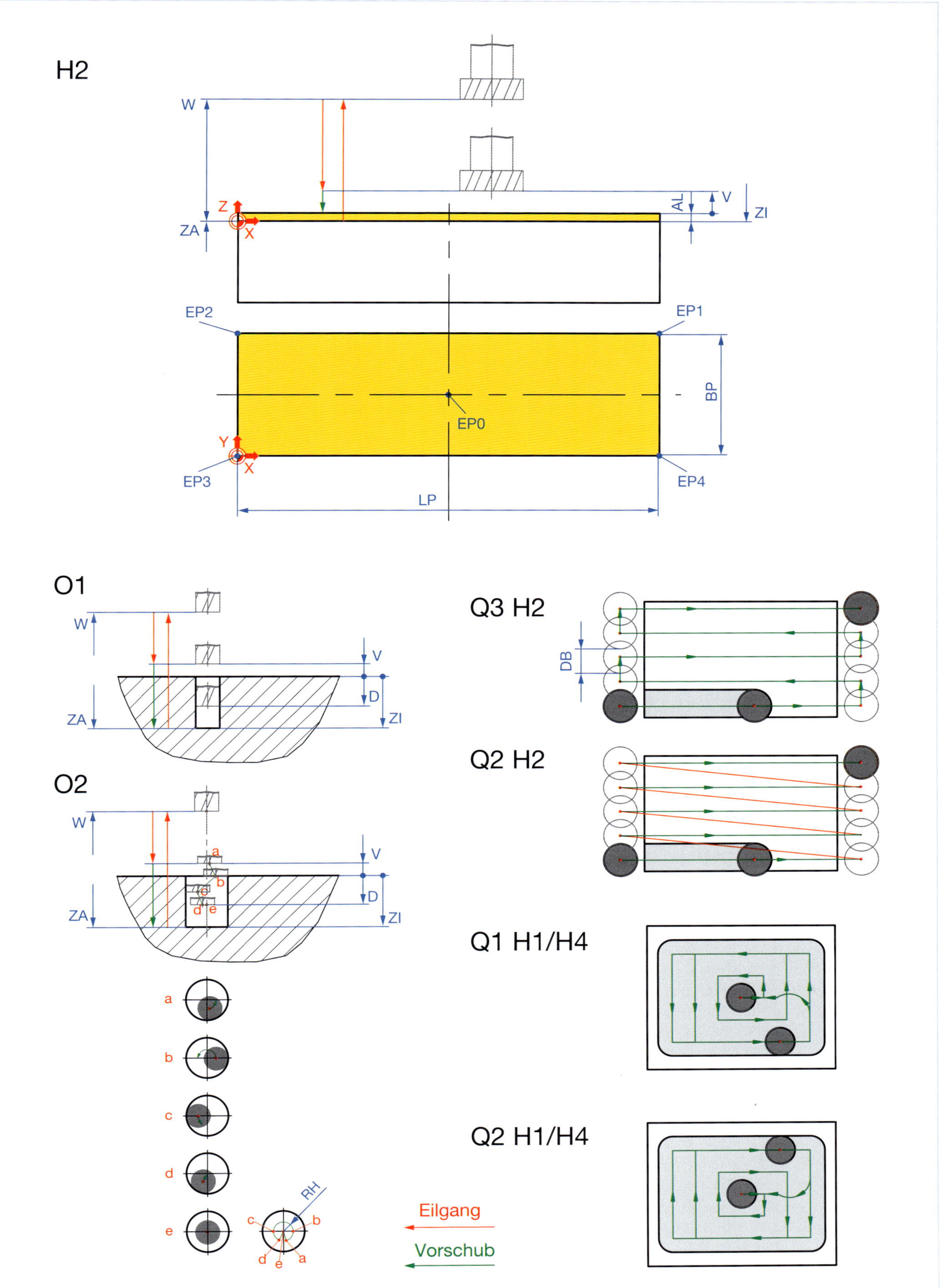
H2
W
Z
ZA
X
AL
V
ZI
EP2
EP1
BP
EP0
Y
EP3
EP4
LP
O1
W
V
D
ZA
ZI
O2
W
a
b
c
d
e
V
D
ZA
ZI
a
b
c
d
e
RH
c
b
d
e
a
Q3 H2
DB
Q2 H2
Q1 H1/H4
Q2 H1/H4
Eilgang
Vorschub

G73: Kreistaschen- und Zapfenfräszyklus — Wirksamkeit: selbsthaltend

Funktion

Fräsen von Kreistaschen oder Zapfen unter Berücksichtigung von Aufmaßen. Der Setzpunkt ist der Taschenmittelpunkt. Die Position wird in einem Zyklusaufruf (G76 ... G79) programmiert.

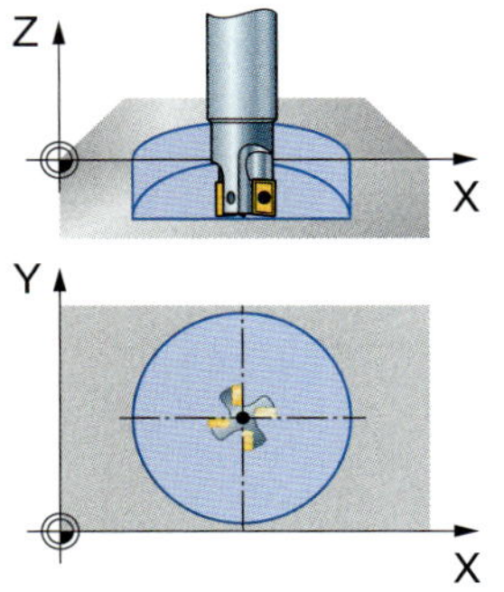

Adressen: **ZI/ZA R D V** (Pflichtadressen) — *W RZ AK AL DB RH AE O Q H E F S M* (optionale Adressen)

ZI	Tiefe der Kreistasche inkremental ab Materialoberfläche
ZA	Tiefe der Kreistasche absolut in Werkstückkoordinaten
R	Radius der Kreistasche
D	maximale Zustelltiefe D+ zirkulares Ausräumen D- spiralförmiges Ausräumen
V	Abstand der Sicherheitsebene von der Materialoberfläche
W	Rückzugsebene absolut in Werkstückkoordinaten[1]
RZ	Radius des optionalen Zapfens[1]
AK	Aufmaß auf den Taschenrand[1]
AL	Aufmaß auf den Taschenboden[1]
DB	Fräserbahnüberdeckung in Prozent[1]
RH	Helixradius[1]
AE	Werkzeug-Eintauchwinkel[1]
O	Zustellbewegung[1] O1 senkrechtes Eintauchen des Werkzeugs O2 Eintauchen in Helixbewegung
Q	Bearbeitungsrichtung[1] Q1 Gleichlauffräsen Q2 Gegenlauffräsen
H	Bearbeitungsart[1] H1 Schruppen H2 Planschruppen zirkular von außen nach innen mit der unter DB bestimmten Zustellung unter Überlappung des Randes oder entsprechendes Freistellen des Zapfens H4 Schlichten (tangentiales Anfahren der Kontur) 1. Rand, 2. Boden H8 Planschlichten der Tasche; analog zu H2 H14 Schruppen und anschließend Schlichten (gleiches Werkzeug) H28 Planschruppen und Planschlichten (gleiches Werkzeug)
E	Vorschub beim Eintauchen[1]
F	Vorschub beim Fräsen in der XY-Ebene[1]
S	Drehzahl/Schnittgeschwindigkeit[1]
M	Zusatzfunktionen

[1] Voreinstellungen:
W = V RZ0 AK0 AL0 DB80 O1 Q1 H1
RH: ¾ Werkzeugradius E = F
AE: aus Korrekturwertspeicher
F, S: aktuelle Werte

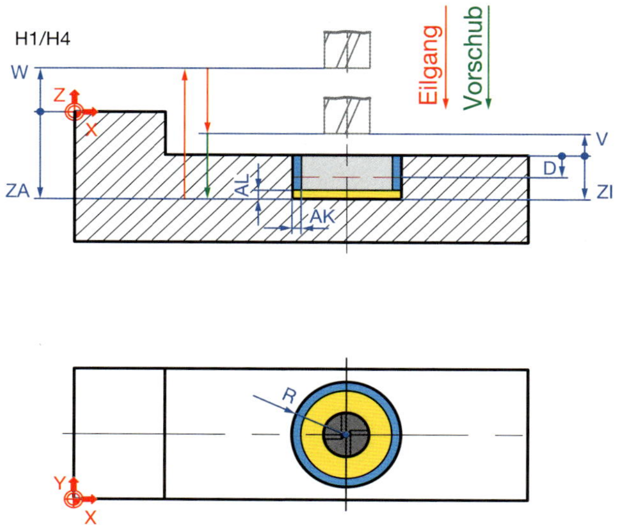

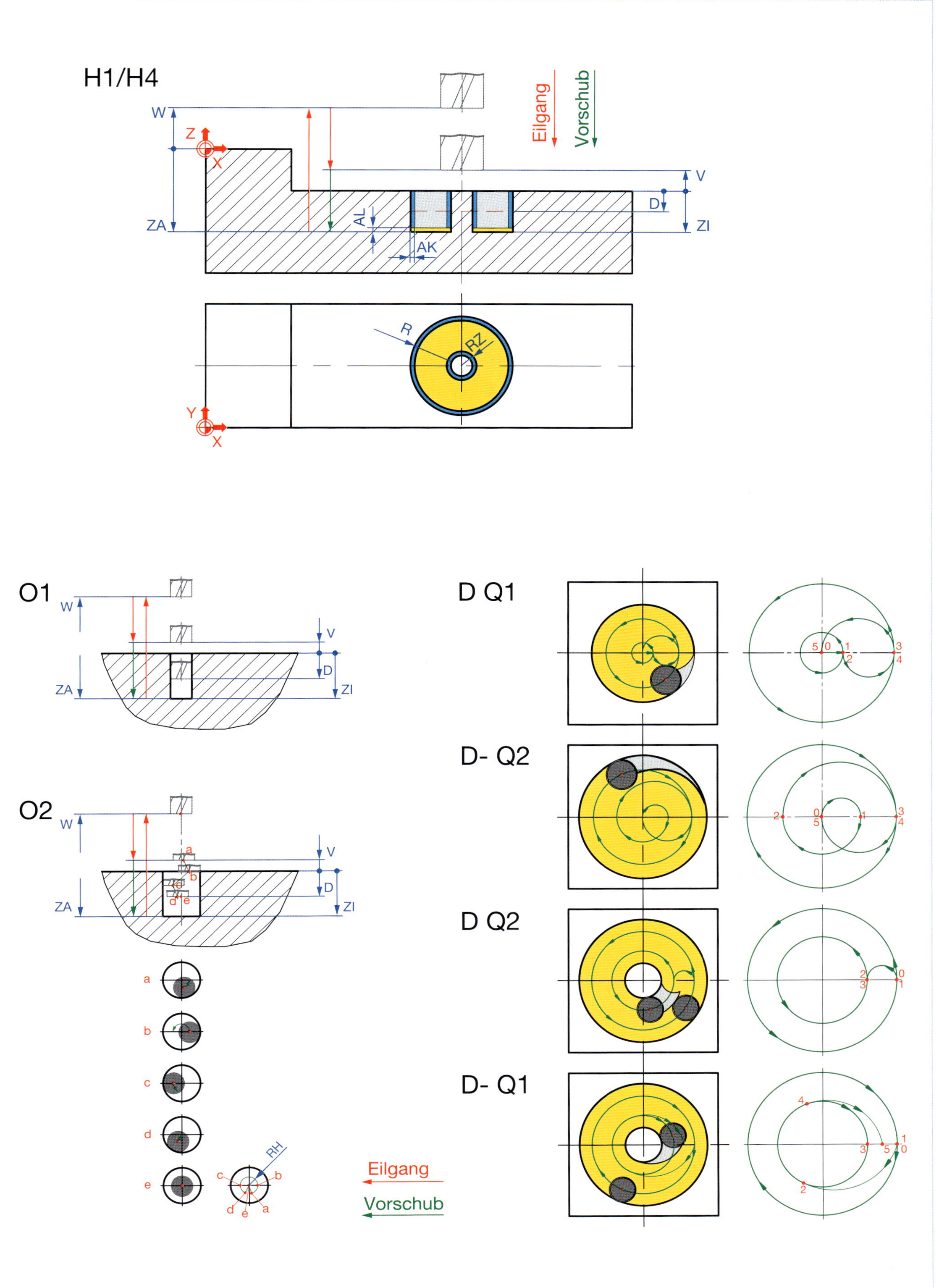
H1/H4
W
Z
X
ZA
AL
AK
V
D
ZI
Eilgang
Vorschub
R
RZ
Y
X
O1
W
V
D
ZA
ZI
O2
W
V
D
ZA
ZI
a
b
c
d
e
RH
Eilgang
Vorschub
D Q1
D- Q2
D Q2
D- Q1

G74: Nutenfräszyklus — Wirksamkeit: selbsthaltend

Funktion

Fräsen einer Nut unter Berücksichtigung von Aufmaßen. Nach dem Fräsen der Nut auf Endtiefe wird beim Schruppen und Schlichten das Aufmaß auf die Berandung in einem Schnitt abgespant. Der Setzpunkt wird unter der Adresse EP programmiert. Die Position wird in einem Zyklusaufruf (G76 ... G79) programmiert. Für den Fräserdurchmesser d gilt: 0,55 · BP ≤ d ≤ 0,9 · BP

Adressen: ZI/ZA LP BP D V — Pflichtadressen; *W AK AL EP AE O Q H E F S M* — *optionale Adressen*

ZI	Tiefe der Nut inkremental ab Materialoberfläche
ZA	Tiefe der Nut absolut in Werkstückkoordinaten
LP	Länge der Nut (1. Geometrieachse)
BP	Breite der Nut (2. Geometrieachse)
D	maximale Zustelltiefe für stufenweises Ausräumen der Nut D+ stufenweises Ausräumen bis zum Nutrand D- Vorfräsen bis auf Nuttiefe und Ausräumen bis zum Nutrand in **einem** abschließenden Arbeitsgang
V	Abstand der Sicherheitsebene von der Materialoberfläche
W	Rückzugebene in Werkstückkoordinaten [1)]
AK	Aufmaß auf den Taschenrand [1)]
AL	Aufmaß auf den Taschenboden [1)]
EP	Festlegung des Setzpunktes [1)] EP0 Nutmittelpunkt EP1 Mittelpunkt des rechten oder oberen Abschlusshalbkreises EP3 Mittelpunkt des linken oder unteren Abschlusshalbkreises
AE	Werkzeug-Eintauchwinkel zur Bearbeitungsebene beim Pendeln [1)]
O	Zustellbewegung [1)] O1 senkrechtes Eintauchen des Werkzeugs O2 pendelndes Eintauchen des Werkzeugs
Q	Bearbeitungsrichtung [1)] Q1 Gleichlauffräsen Q2 Gegenlauffräsen
H	Bearbeitungsart [1)] H1 Schruppen H4 Schlichten mit tangentialem Anfahren, wenn Aufmaße programmiert sind; Abfräsen der Aufmaße in einem Arbeitsgang H14 Schruppen und anschließend Schlichten (gleiches Werkzeug)
E	Vorschub beim Eintauchen [1)]
F	Vorschub beim Fräsen in der XY-Ebene [1)]
S	Drehzahl/Schnittgeschwindigkeit [1)]
M	Zusatzfunktionen

[1)] Voreinstellungen:
W = V AK0 AL0 EP3 O1 Q1 H1
AE: aus Korrekturwertspeicher
E = F
F, S: aktuelle Werte

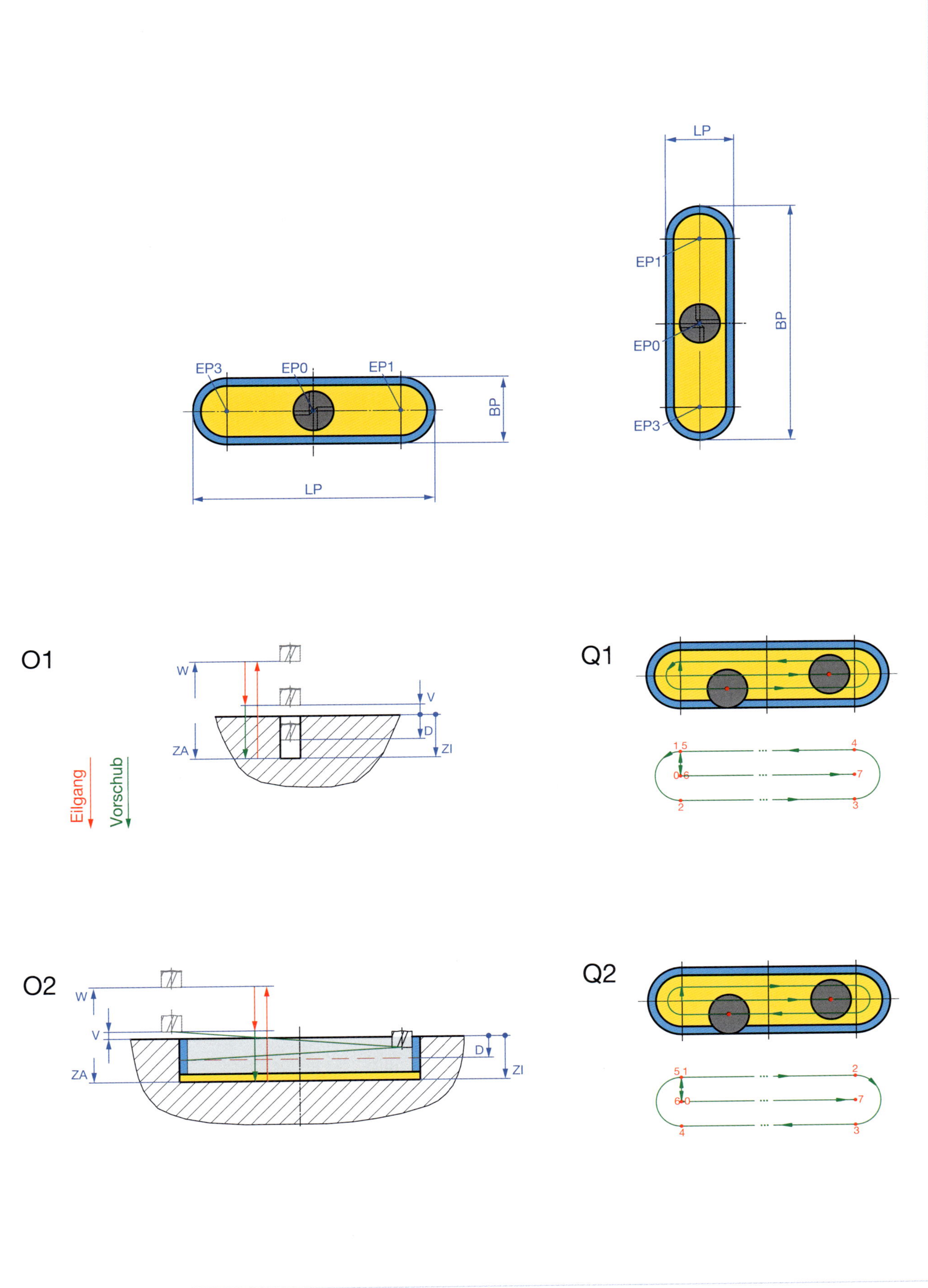

EP3
EP0
EP1
BP
LP
EP1
EP0
EP3
O1
W
V
D
ZA
ZI
Eilgang
Vorschub
Q1
O2
Q2

G75: Kreisbogennut-Fräszyklus — Wirksamkeit: selbsthaltend

Funktion

Fräsen einer Kreisbogennut unter Berücksichtigung von Aufmaßen. Nach dem Fräsen des inneren Kreisbogens auf Endtiefe wird beim Schruppen und Schlichten das Aufmaß auf den Rand in einem Schnitt abgespant. Der Setzpunkt wird unter der Adresse EP programmiert. Es müssen zwei der drei Winkel AN/AO/AP programmiert werden.
Die Position wird in einem Zyklusaufruf (G76 ... G79) programmiert. Für den Fräserdurchmesser d gilt: $0{,}55 \cdot BP \leq d \leq 0{,}9 \cdot BP$

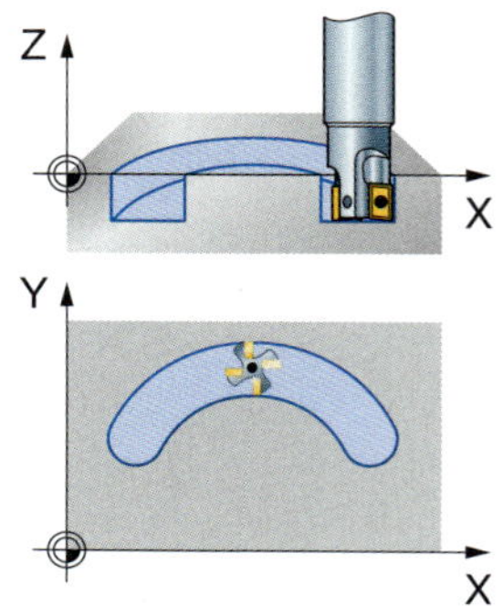

Adressen: **ZI/ZA BP RP AN/AO AO/AP D V** Pflichtadressen — ***W AK AL EP AE O Q H E F S M*** *optionale Adressen*

Adresse	Bedeutung
ZI	Tiefe der Nut inkremental ab Materialoberfläche
ZA	Tiefe der Nut absolut in Werkstückkoordinaten
BP	Breite der Nut
RP	Radius der Nut
AN	polarer Startwinkel des Mittelpunkts des Nutanfangshalbkreises
AO	polarer Öffnungswinkel zwischen den Mittelpunkten von Nutanfangs- und Nutabschlusshalbkreis
AP	polarer Endwinkel des Mittelpunkts des Nutabschlusshalbkreises
D	maximale Zustelltiefe für stufenweises Ausräumen der Nut D+ stufenweises Ausräumen bis zum Nutrand D- Vorfräsen bis auf Nuttiefe und Ausräumen bis zum Nutrand in einem abschließenden Arbeitsgang
V	Abstand der Sicherheitsebene von der Materialoberfläche
W	Rückzugebene in Werkstückkoordinaten[1]
AK	Aufmaß auf den Taschenrand[1]
AL	Aufmaß auf den Taschenboden[1]
EP	Festlegung des Setzpunktes[1] EP0 Mittelpunkt der Kreisbogennut EP1 Mittelpunkt des Nutanfangshalbkreises EP3 Mittelpunkt des Nutabschlusshalbkreises
AE	Werkzeug-Eintauchwinkel zur Bearbeitungsebene beim Pendeln[1]
O	Zustellbewegung[1] O1 senkrechtes Eintauchen des Werkzeugs O2 pendelndes Eintauchen des Werkzeugs
Q	Bearbeitungsrichtung[1] Q1 Gleichlauffräsen Q2 Gegenlauffräsen
H	Bearbeitungsart[1] H1 Schruppen H4 Schlichten mit tangentialem Anfahren, wenn Aufmaße programmiert sind; Abfräsen der Aufmaße in einem Arbeitsgang H14 Schruppen und anschließend Schlichten (gleiches Werkzeug)
E	Vorschub beim Eintauchen[1]
F	Vorschub beim Fräsen in der XY-Ebene[1]
S	Drehzahl/Schnittgeschwindigkeit[1]
M	Zusatzfunktionen

[1] Voreinstellungen:
W = V AK0 AL0 O1 Q1 H1
AE: aus Korrekturwertspeicher
E = F
F, S: aktuelle Werte

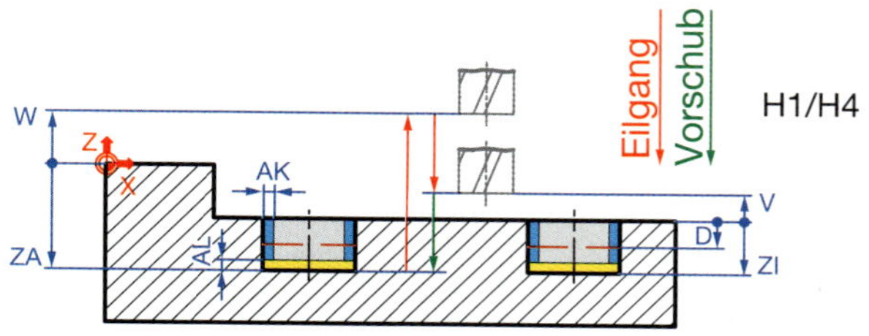

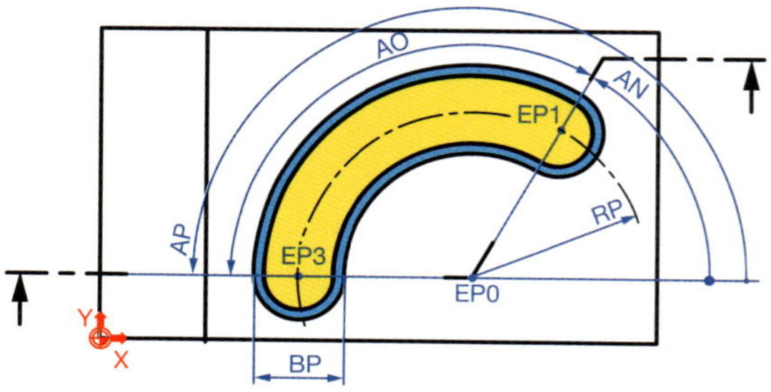

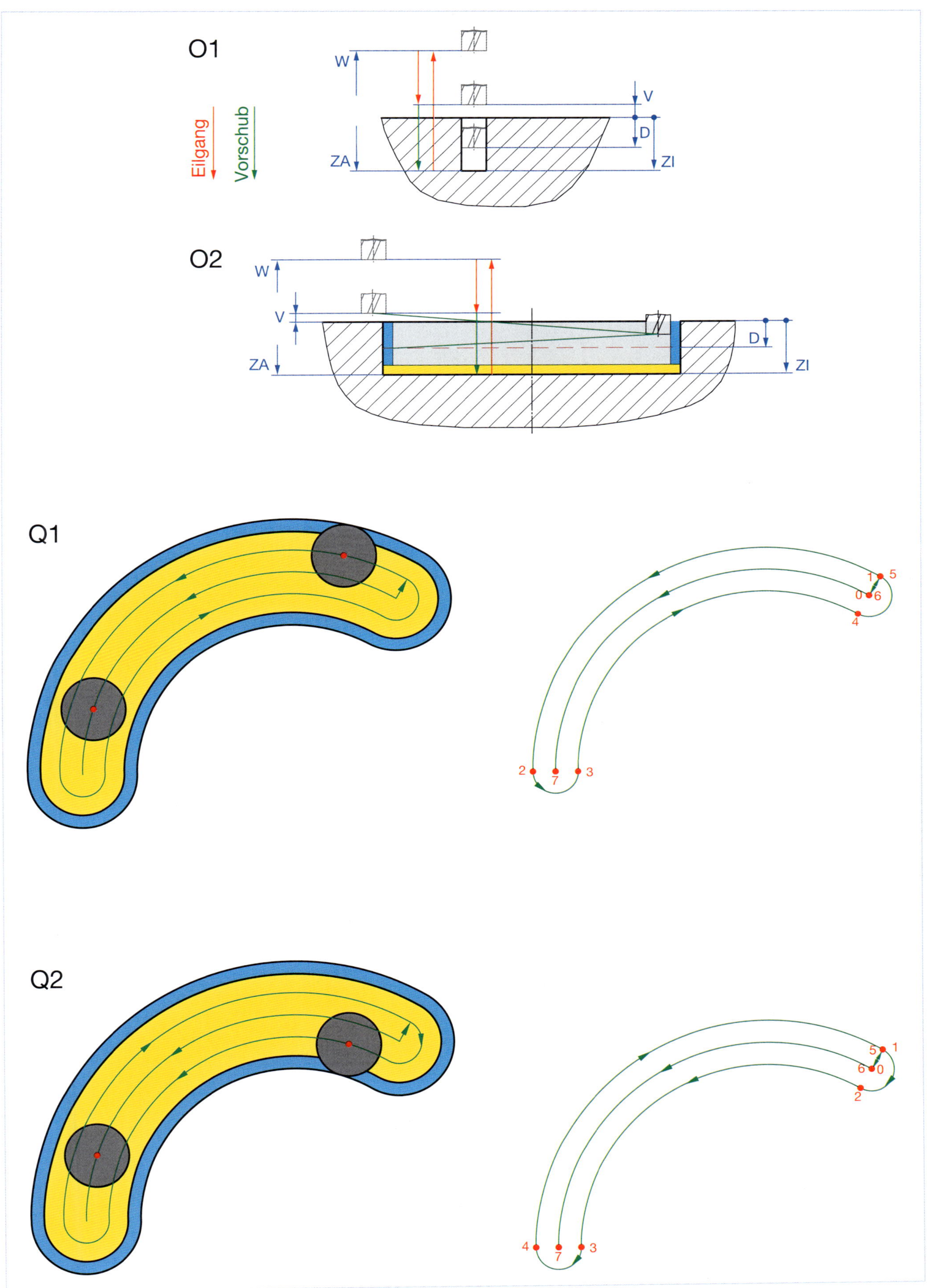
O1
Eilgang
Vorschub
W
V
D
ZA
ZI
O2
W
V
D
ZA
ZI
Q1
1
5
0
6
4
2
7
3
Q2
5
1
6
0
2
4
7
3

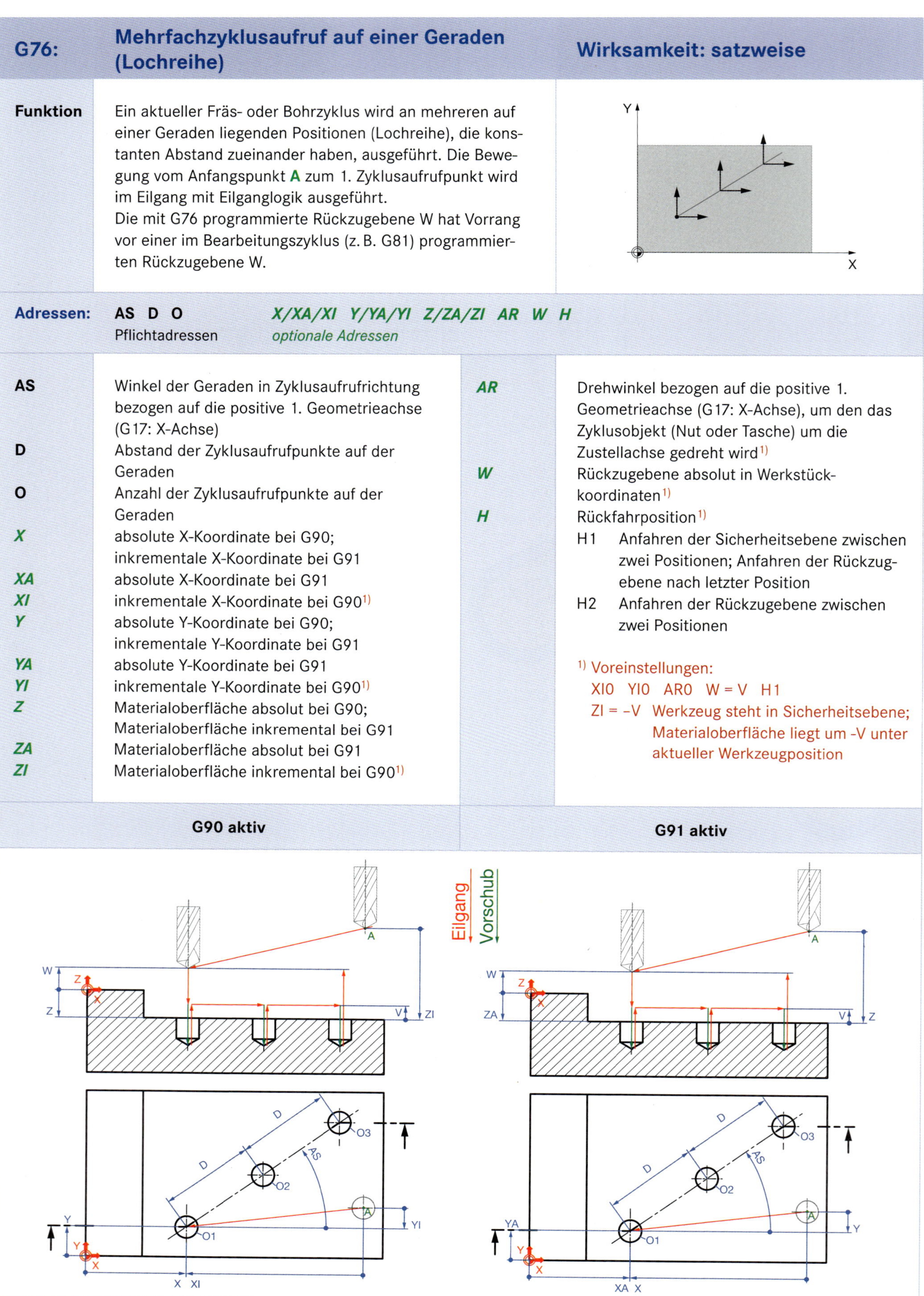

G76: Mehrfachzyklusaufruf auf einer Geraden (Lochreihe)

Wirksamkeit: satzweise

Funktion

Ein aktueller Fräs- oder Bohrzyklus wird an mehreren auf einer Geraden liegenden Positionen (Lochreihe), die konstanten Abstand zueinander haben, ausgeführt. Die Bewegung vom Anfangspunkt **A** zum 1. Zyklusaufrufpunkt wird im Eilgang mit Eilganglogik ausgeführt.
Die mit G76 programmierte Rückzugebene W hat Vorrang vor einer im Bearbeitungszyklus (z. B. G81) programmierten Rückzugebene W.

Adressen: **AS D O** Pflichtadressen — ***X/XA/XI Y/YA/YI Z/ZA/ZI AR W H*** *optionale Adressen*

Adresse	Bedeutung
AS	Winkel der Geraden in Zyklusaufrufrichtung bezogen auf die positive 1. Geometrieachse (G17: X-Achse)
D	Abstand der Zyklusaufrufpunkte auf der Geraden
O	Anzahl der Zyklusaufrufpunkte auf der Geraden
X	absolute X-Koordinate bei G90; inkrementale X-Koordinate bei G91
XA	absolute X-Koordinate bei G91
XI	inkrementale X-Koordinate bei G90[1]
Y	absolute Y-Koordinate bei G90; inkrementale Y-Koordinate bei G91
YA	absolute Y-Koordinate bei G91
YI	inkrementale Y-Koordinate bei G90[1]
Z	Materialoberfläche absolut bei G90; Materialoberfläche inkremental bei G91
ZA	Materialoberfläche absolut bei G91
ZI	Materialoberfläche inkremental bei G90[1]
AR	Drehwinkel bezogen auf die positive 1. Geometrieachse (G17: X-Achse), um den das Zyklusobjekt (Nut oder Tasche) um die Zustellachse gedreht wird[1]
W	Rückzugebene absolut in Werkstückkoordinaten[1]
H	Rückfahrposition[1] H1 Anfahren der Sicherheitsebene zwischen zwei Positionen; Anfahren der Rückzugebene nach letzter Position H2 Anfahren der Rückzugebene zwischen zwei Positionen

[1] Voreinstellungen:
XI0 YI0 AR0 W = V H1
ZI = -V Werkzeug steht in Sicherheitsebene; Materialoberfläche liegt um -V unter aktueller Werkzeugposition

G90 aktiv	G91 aktiv

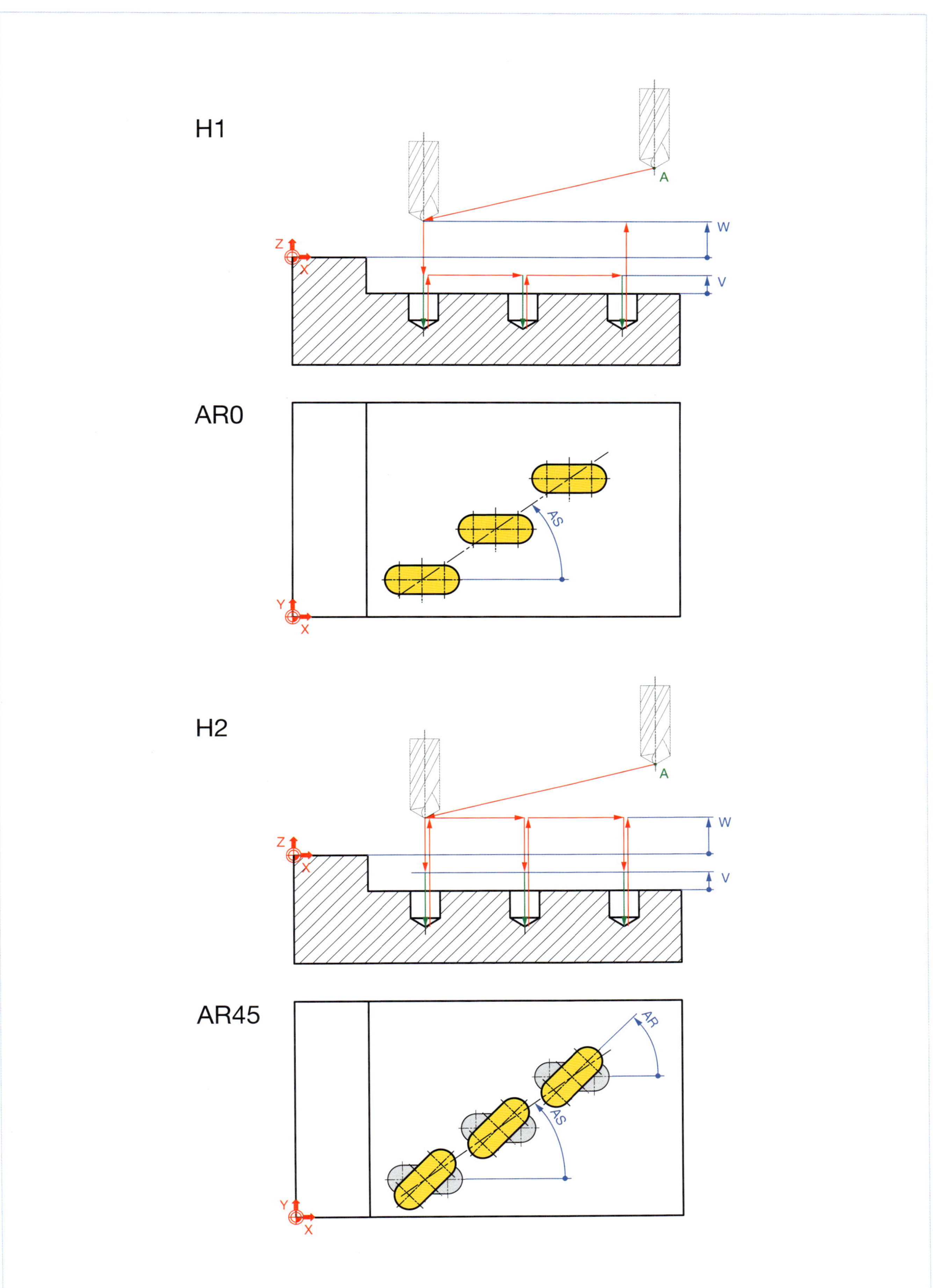
H1
A
W
V
Z
X
AR0
AS
Y
X
H2
A
W
V
Z
X
AR45
AR
AS
Y
X

G76: Mehrfachzyklusaufruf auf einem Teilkreis (Lochkreis) — Wirksamkeit: satzweise

Funktion

Ein aktueller Fräs- oder Bohrzyklus wird an mehreren auf einem Teilkreis liegenden Positionen (Lochkreis) ausgeführt. Die Bewegung vom Anfangspunkt **A** zum 1. Zyklusaufrufpunkt wird im Eilgang mit Eilganglogik ausgeführt.
Die mit G77 programmierte Rückzugebene W hat Vorrang vor einer im Bearbeitungszyklus (z. B. G81) programmierten Rückzugebene W.

Adressen: **R AN/AI AI/AP O** Pflichtadressen — ***I/IA J/JA Z/ZA/ZI AR Q W H FP*** *optionale Adressen*

R	Radius des Teilkreises
AN	polarer Winkel des 1. Zyklusaufrufpunktes bezogen auf die positive 1. Geometrieachse (G17: X-Achse)
AI	Inkrementalwinkel zwischen zwei benachbarten Zyklusaufrufpunkten
AP	polarer Winkel des letzen Zyklusaufrufpunktes bezogen auf die positive 1. Geometrieachse (G17: X-Achse)
O	Anzahl der Zyklusaufrufpunkte auf dem Teilkreis
I	X-Koordinatendifferenz zwischen Startpunkt und Kreismittelpunkt[1)]
IA	X-Mittelpunktkoordinate absolut in Werkstückkordinaten
J	Y-Koordinatendifferenz zwischen Startpunkt und Kreismittelpunkt[1)]
JA	Y-Mittelpunktkoordinate absolut in Werkstückkordinaten
Z	Materialoberfläche absolut bei G90; Materialoberfläche inkremental bei G91
ZA	Materialoberfläche absolut bei G91
ZI	Materialoberfläche inkremental bei G90[1)]
AR	Drehwinkel bezogen auf die positive 1. Geometrieachse, um den das Zyklusobjekt (Tasche oder Nut) um die Zustellachse gedreht wird[1)]
Q	Orientierung des zu bearbeitenden Objekts[1)] Q1 Objekt wird an jeder Position um den Winkel gedreht, den diese Position auf dem Teilkreisbezogen auf die positive 1. Geometrieachse (G17: X-Achse) hat Q2 feste Orientierung des Objekts
W	Rückzugebene absolut in Werkstückkoordinaten[1)]
H	Rückfahrposition[1)] H1 Anfahren der Sicherheitsebene zwischen zwei Positionen; Anfahren der Rückzugebene nach letzter Position H2 Anfahren der Rückzugebene zwischen zwei Positionen H3 wie H1; jedoch Anfahren des nächsten Zyklusaufrufpunktes auf dem Teilkreis
FP	Positioniervorschub in mm/min (G94) auf dem Teilkreis bei H3[1)]

1) Voreinstellungen:
I0 J0 AR0 W = V H1 Q1
ZI = -V Werkzeug steht in Sicherheitsebene; Materialoberfläche liegt um -V unter aktueller Werkzeugposition
FP: entsprechend aktuellem Vorschub, umgerechnet in G94

G90 aktiv	G91 aktiv

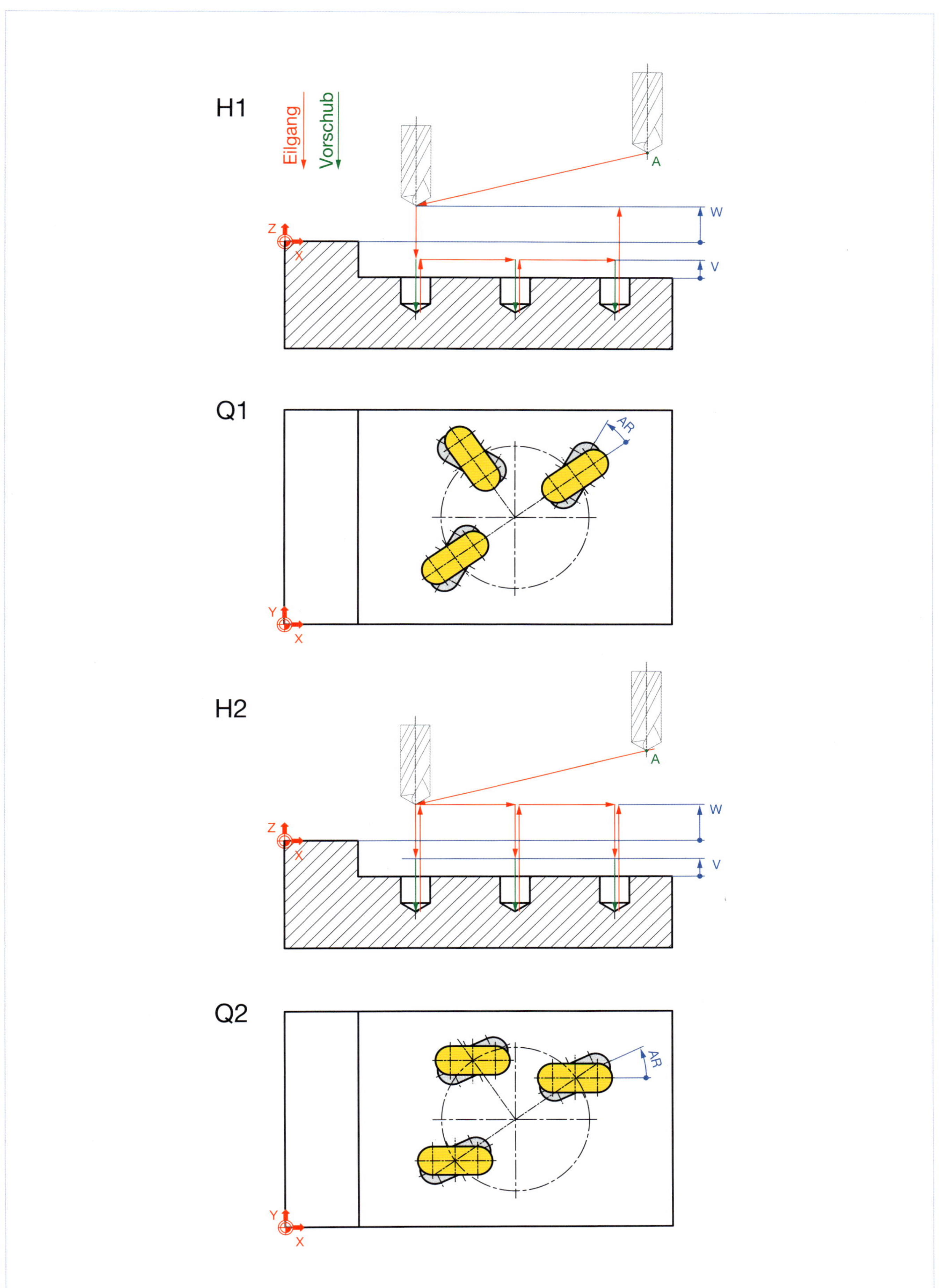
H1
Eilgang
Vorschub
A
W
Z
X
V
Q1
AR
Y
X
H2
A
W
Z
X
V
Q2
AR
Y
X

G78: Zyklusaufruf an einem Punkt (Polarkoordinaten) — Wirksamkeit: satzweise

Funktion

Ein aktueller Fräs- oder Bohrzyklus wird an der programmierten Position ausgeführt. Die Bewegung vom Anfangspunkt **A** zum Zyklusaufrufpunkt, der mit Polarkoordinaten programmiert wird, wird im Eilgang mit Eilganglogik ausgeführt.

Die mit G78 programmierte Rückzugebene W hat Vorrang vor einer im Bearbeitungszyklus (z. B. G81) programmierten Rückzugebene W.

Adressen:

I/IA J/JA RP AP – Pflichtadressen

Z/ZA/ZI AR W – *optionale Adressen*

Adresse	Bedeutung
I	X-Koordinatendifferenz zwischen Anfangspunkt A und Polarzentrum P
IA	X-Koordinatendifferenz des Polarzentrums P absolut in Werkstückkordinaten
J	Y-Koordinatendifferenz zwischen Anfangspunkt A und Polarzentrum P
JA	Y-Koordinatendifferenz des Polarzentrums P absolut in Werkstückkordinaten
RP	Polarradius
AP	Polarwinkel bezogen auf die positive 1. Geometrieachse (G17: X-Achse)
Z	Materialoberfläche absolut bei G90; Materialoberfläche inkremental bei G91
ZA	Materialoberfläche absolut bei G91
ZI	Materialoberfläche inkremental bei G90[1]
AR	Drehwinkel bezogen auf die positive 1. Geometrieachse (G17: X-Achse), um den das Zyklusobjekt (Nut oder Tasche) um die Zustellachse gedreht wird[1]
W	Rückzugebene absolut in Werkstückkoordinaten[1]

[1] Voreinstellungen:

ZI = -V Werkzeug steht in Sicherheitsebene; Materialoberfläche liegt um -V unter aktueller Werkzeugposition

AR0 W = V

G90 aktiv — **G91 aktiv**

G79: Zyklusaufruf an einem Punkt (kartesische Koordinaten)

Wirksamkeit: satzweise

Funktion

Ein aktueller Fräs- oder Bohrzyklus wird an der programmierten Position ausgeführt. Die Bewegung vom Anfangspunkt **A** zum Zyklusaufrufpunkt, der mit kartesischen Koordinaten programmiert wird, wird im Eilgang mit Eilganglogik ausgeführt.
Die mit G79 programmierte Rückzugebene W hat Vorrang vor einer im Bearbeitungszyklus (z. B. G81) programmierten Rückzugebene W.

Adressen: ***X/XA/XI Y/YA/YI Z/ZA/ZI AR W***
optionale Adressen

X	absolute X-Koordinate bei G90; inkrementale X-Koordinate bei G91
XA	absolute X-Koordinate bei G91
XI	inkrementale X-Koordinate bei G90[1)]
Y	absolute Y-Koordinate bei G90; inkrementale Y-Koordinate bei G91
YA	absolute Y-Koordinate bei G91
YI	inkrementale Y-Koordinate bei G90[1)]
Z	Materialoberfläche absolut bei G90; Materialoberfläche inkremental bei G91
ZA	Materialoberfläche absolut bei G91
ZI	Materialoberfläche inkremental bei G90[1)]
AR	Drehwinkel bezogen auf die positive 1. Geometrieachse (G17: X-Achse), um den das Zyklusobjekt (Nut oder Tasche) um die Zustellachse gedreht wird[1)]
W	Rückzugebene absolut in Werkstückkoordinaten[1)]

[1)] Voreinstellungen:

XI0	YI0
ZI = -V	Werkzeug steht in Sicherheitsebene; Materialoberfläche liegt um -V unter aktueller Werkzeugposition.
AR0	W = V

G90 aktiv | **G91 aktiv**

G81: Bohrzyklus — Wirksamkeit: selbsthaltend

Funktion	Anbohren, Zentrieren großer Bohrungen und Herstellen kleinerer Bohrungen ohne Spanbruch und Entspänen mit nur einer Zustellung. Die Position wird in einem Zyklusaufruf (G76 ... G79) programmiert. Die Bewegung vom Anfangspunkt **A** zum Zyklusaufrufpunkt wird im Eilgang mit Eilganglogik ausgeführt.	
Adressen:	**ZA/ZI V** Pflichtadressen	***W F S M*** *optionale Adressen*

ZA	Bohrungstiefe absolut in Werkstückkoordinaten	***W***	Rückzugebene absolut in Werkstückkoordinaten[1)]
ZI	Bohrungstiefe inkremental ab Materialoberfläche (immer negativ)	***F***	Vorschub[1)]
		S	Drehzahl/Schnittgeschwindigkeit[1)]
V	Abstand der Sicherheitsebene von der Materialoberfläche	***M***	Zusatzfunktionen

[1)] Voreinstellungen:
W = V
F, S: aktuelle Werte

G82: Tiefbohrzyklus mit Spanbruch — Wirksamkeit: selbsthaltend

Funktion

Bohren tiefer Bohrungen in mehreren Zustellungen mit Spanbruch nach jeder Zustellung. Die Position wird in einem Zyklusaufruf (G76 ... G79) programmiert. Die Bewegung vom Anfangspunkt **A** zum Zyklusaufrufpunkt wird im Eilgang mit Eilganglogik ausgeführt.

Adressen: **ZA/ZI D V** (Pflichtadressen) — ***W VB DR DM U O DA E F S M*** (*optionale Adressen*)

Adresse	Bedeutung
ZA	Bohrungstiefe absolut in Werkstück-koordinaten
ZI	Bohrungstiefe inkremental ab Materialoberfläche (immer negativ)
D	Zustelltiefe
V	Abstand der Sicherheitsebene von der Materialoberfläche
W	Rückzugebene absolut in Werkstück-koordinaten[1]
VB	Rückzug vom Bohrgrund[1]
DR	Reduzierwert der Zustelltiefe[1]
DM	Mindestzustellung[1]
U	Verweilzeit am Bohrgrund zum Spanbruch[1]
O	Verweilzeiteinheit[1] O1 Verweilzeit in Sekunden O2 Verweilzeit in Umdrehungen
DA	Anbohrtiefe inkremental ab Materialoberfläche[1]
E	Anbohrvorschub[1]
F	Vorschub[1]
S	Drehzahl/Schnittgeschwindigkeit[1]
M	Zusatzfunktionen

[1] Voreinstellungen:
W = V VB1 DR0 U1 O2 DA0 E = F
DM: halber Werkzeugradius
F, S: aktuelle Werte

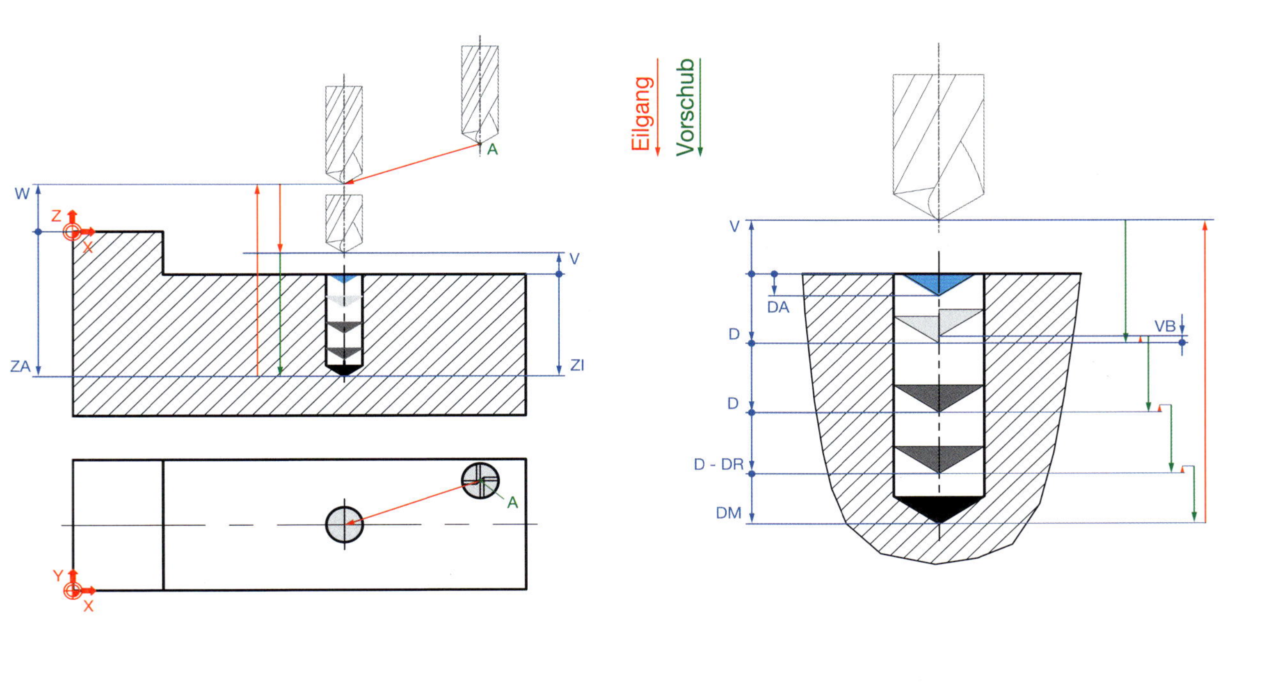

G83: Tiefbohrzyklus mit Spanbruch und Entspänen — Wirksamkeit: selbsthaltend

Funktion

Bohren tiefer Bohrungen in mehreren Zustellungen mit Spanbruch und Entspänen nach jeder Zustellung. Die Position wird in einem Zyklusaufruf (G76 ... G79) programmiert. Die Bewegung vom Anfangspunkt **A** zum Zyklusaufrufpunkt wird im Eilgang mit Eilganglogik ausgeführt.

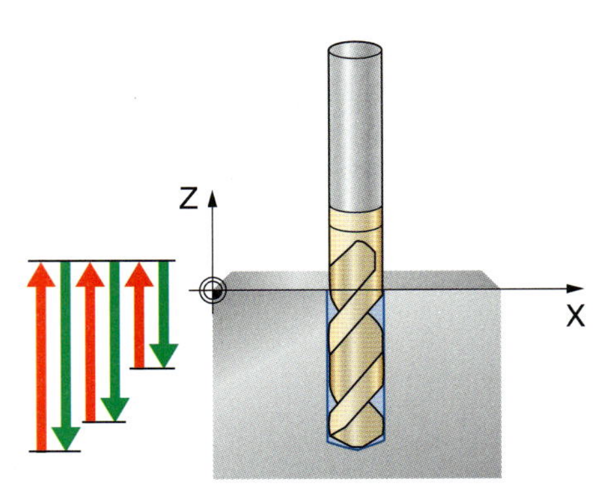

Adressen: **ZA/ZI D V** Pflichtadressen — ***W VB DR DM U O DA E FR F S M*** *optionale Adressen*

ZA	Bohrungstiefe absolut in Werkstückkoordinaten
ZI	Bohrungstiefe inkremental ab Materialoberfläche (immer negativ)
D	Zustelltiefe
V	Abstand der Sicherheitsebene von der Materialoberfläche
W	Rückzugebene absolut in Werkstückkoordinaten[1)]
VB	Rückzug vom Bohrgrund[1)]
DR	Reduzierwert der Zustelltiefe[1)]
DM	Mindestzustellung[1)]
U	Verweilzeit am Bohrgrund zum Spanbruch und Entspänen[1)]
O	Verweilzeiteinheit[1)] O1 Verweilzeit in Sekunden O2 Verweilzeit in Umdrehungen
DA	Anbohrtiefe inkremental ab Materialoberfläche[1)]
E	Anbohrvorschub[1)]
FR	Eilgangreduzierung in %[1)]
F	Vorschub[1)]
S	Drehzahl/Schnittgeschwindigkeit[1)]
M	Zusatzfunktionen

[1)] Voreinstellungen:
W = V VB1 DR0 U1 O2 DA0 E = F
DM: halber Werkzeugradius
FR100 (keine Reduzierung)
F, S: aktuelle Werte

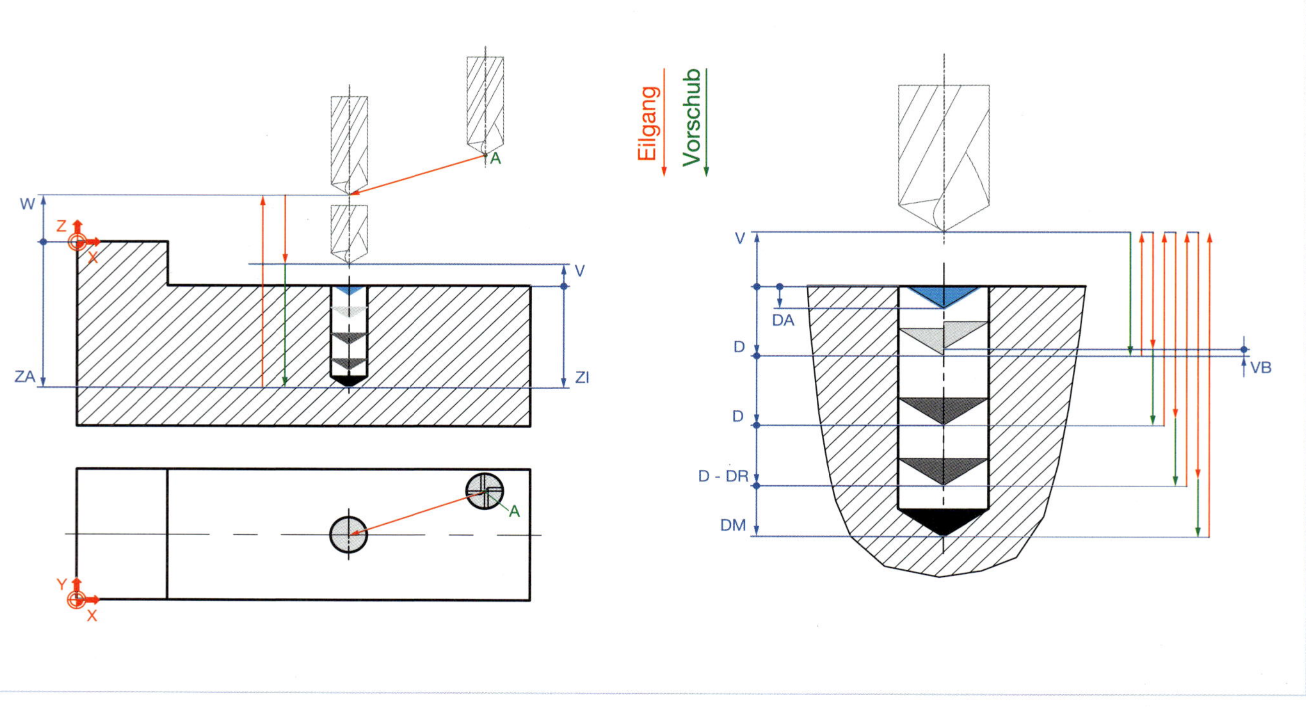

G84: Gewindebohrzyklus — Wirksamkeit: selbsthaltend

Funktion

Herstellen von Gewindebohrungen.

Die Position wird in einem Zyklusaufruf (G76 ... G79) programmiert. Die Bewegung vom Anfangspunkt **A** zum Zyklusaufrufpunkt wird im Eilgang mit Eilganglogik ausgeführt.

Adressen: **ZA/ZI F M V** — Pflichtadressen; ***W S M*** — *optionale Adressen*

ZA	Gewindetiefe absolut in Werkstück-koordinaten	**V**	Abstand der Sicherheitsebene von der Materialoberfläche
ZI	Gewindetiefe inkremental ab Materialoberfläche (immer negativ)	***W***	Rückzugebene absolut in Werkstück-koordinaten[1)]
F	Gewindesteigung	***S***	Drehzahl/Schnittgeschwindigkeit[1)]
M	Drehrichtung des Werkzeugs beim Eintauchen M3 Rechtsgewinde M4 Linksgewinde	***M***	weitere Zusatzfunktionen

[1)] Voreinstellungen:
W = V
S: aktueller Wert

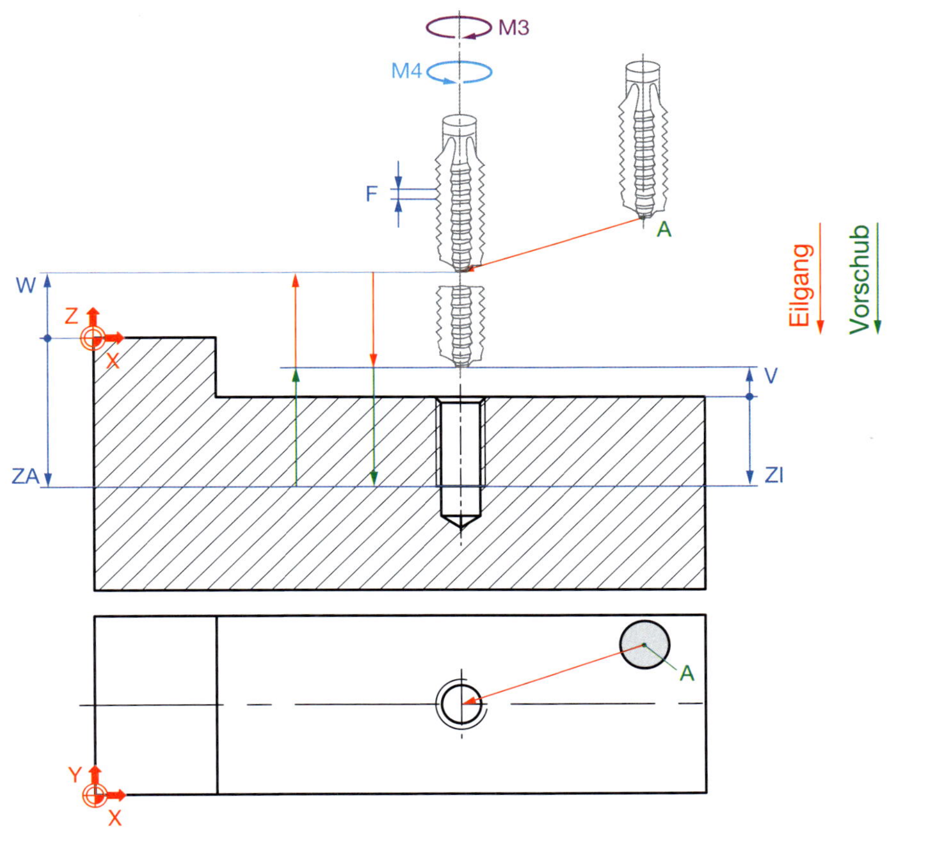

G85:	Reibzyklus	Wirksamkeit: selbsthaltend
Funktion	Reiben von vorgefertigten Bohrungen. Der Rückzug vom Bohrungsgrund erfolgt im Vorschub. Die Position wird in einem Zyklusaufruf (G76 ... G79) programmiert. Die Bewegung vom Anfangspunkt **A** zum Zyklusaufrufpunkt wird im Eilgang mit Eilganglogik ausgeführt.	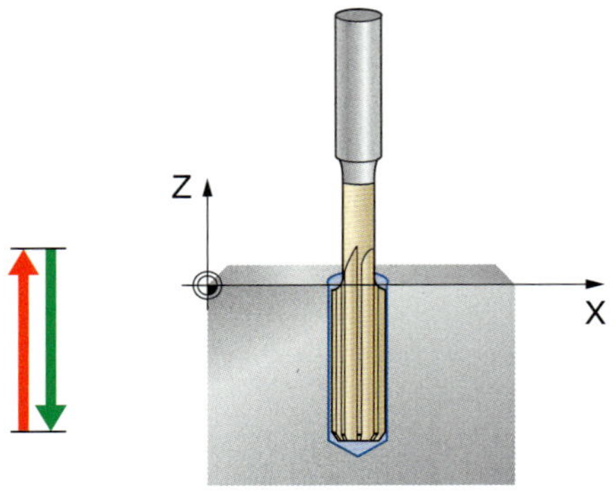

Adressen: **ZA/ZI V** Pflichtadressen — ***W E F S M*** *optionale Adressen*

ZA	Reibtiefe absolut in Werkstückkoordinaten	***E***	Rückzug-Vorschub[1)]
ZI	Reibtiefe inkremental ab Materialoberfläche (immer negativ)	***F***	Zustell-Vorschub[1)]
V	Abstand der Sicherheitsebene von der Materialoberfläche	***S***	Drehzahl/Schnittgeschwindigkeit[1)]
W	Rückzugebene absolut in Werkstückkoordinaten[1)]	***M***	Zusatzfunktionen
			[1)] Voreinstellungen: W = V E = F F, S: aktuelle Werte

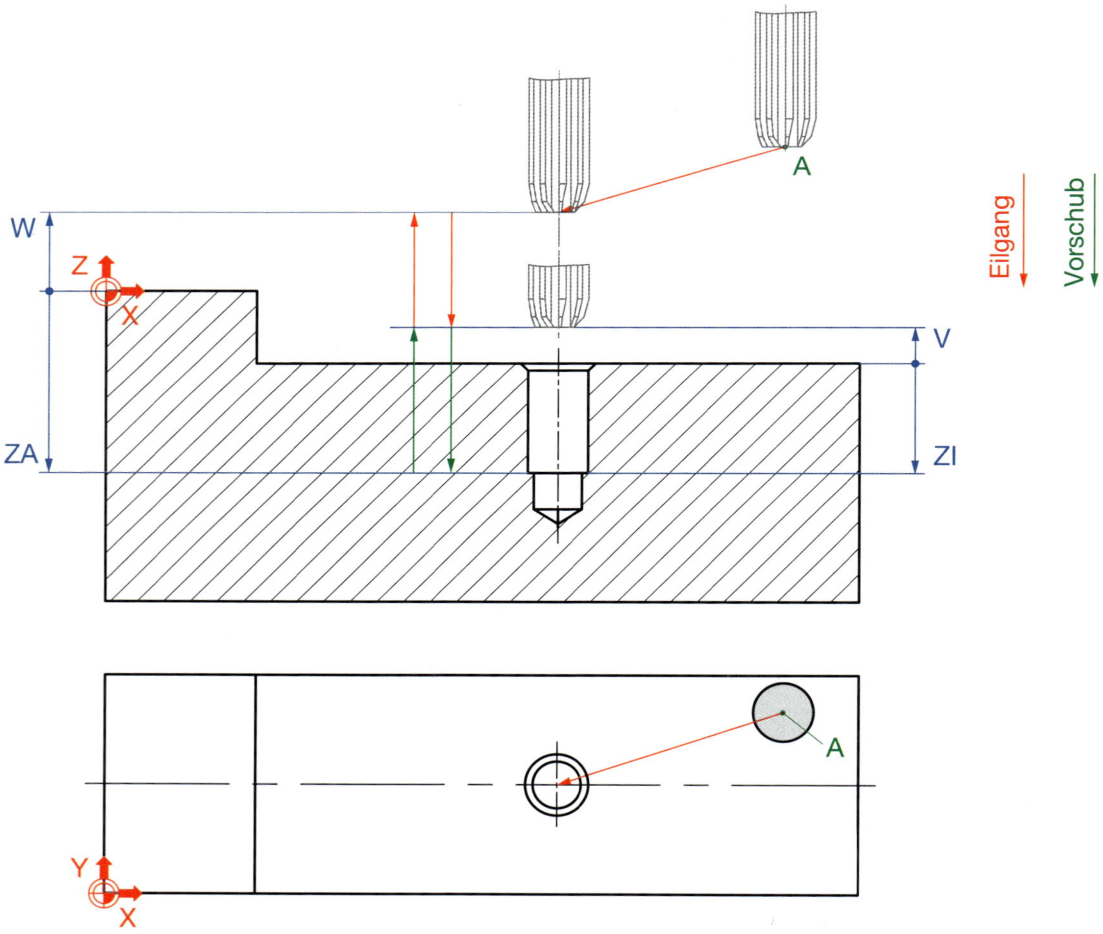

G86:	Ausdrehzyklus		Wirksamkeit: selbsthaltend
Funktion	Ausdrehen von großen Bohrungen mit einem einschneidigen Werkzeug. Der Rückzug vom Bohrungsgrund erfolgt bei stehender Werkzeugspindel. Das Werkzeug wird vor dem Rückzug um DR von der Kontur abgezogen. Der Spindelhalt erfolgt beim Achswert Null der C-Achse. Vorhandene C-Achse ist Voraussetzung für diesen Zyklus. Die Position wird in einem Zyklusaufruf (G76 ... G79) programmiert. Die Bewegung vom Anfangspunkt A zum Zyklusaufrufpunkt wird im Eilgang mit Eilganglogik ausgeführt.		

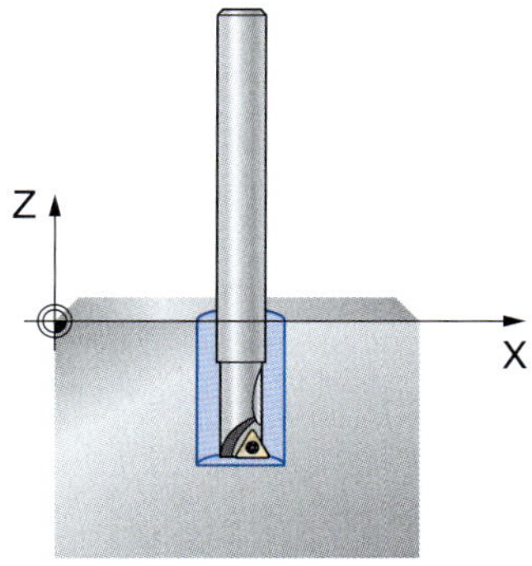

Adressen: **ZA/ZI V** Pflichtadressen — ***W DR F S M*** *optionale Adressen*

ZA	Ausdrehtiefe absolut in Werkstückkoordinaten	***DR***	Freifahrabstand vor dem Herausfahren[1]
ZI	Ausdrehtiefe inkremental ab Materialoberfläche (immer negativ)	***F***	Vorschub[1]
V	Abstand der Sicherheitsebene von der Materialoberfläche	***S***	Drehzahl/Schnittgeschwindigkeit[1]
W	Rückzugebene absolut in Werkstückkoordinaten[1]	***M***	Zusatzfunktionen

[1] Voreinstellungen:
W = V DR: 1/20 Werkzeugdurchmesser
F, S: aktuelle Werte

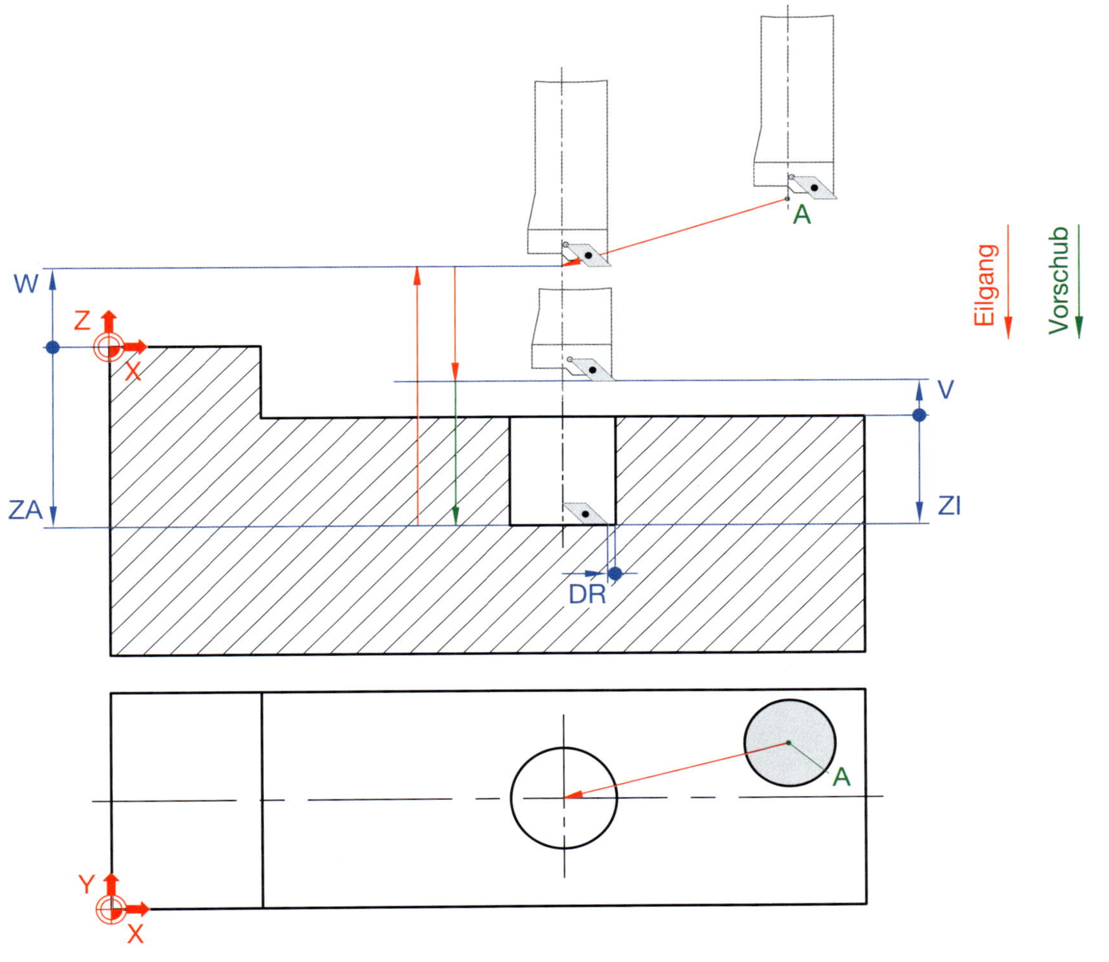

G87:	Bohrfräszyklus	Wirksamkeit: selbsthaltend
Funktion	Fräsen von Bohrungen mit einem helikal eintauchenden Werkzeug. Die Bearbeitung endet am Bohrungsgrund mit einer Kreisbewegung ohne Zustellung. Die Abfahrbewegung erfolgt tangential zum Kreis. Die Position wird in einem Zyklusaufruf (G76 ... G79) programmiert. Die Bewegung vom Anfangspunkt **A** zum Zyklusaufrufpunkt wird im Eilgang mit Eilganglogik ausgeführt.	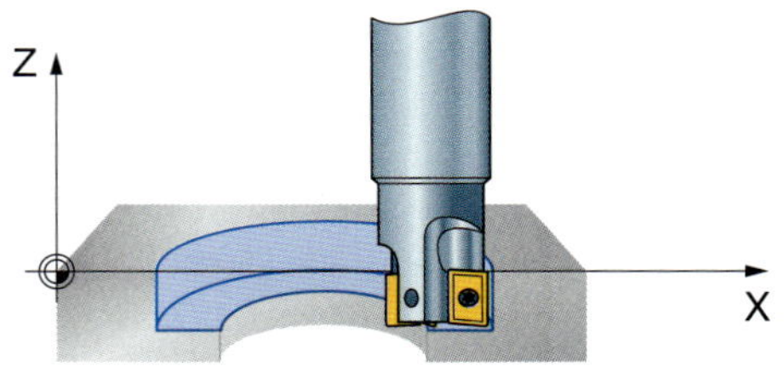 Z X

Adressen: **ZA/ZI R D V** (Pflichtadressen) ***W BG F S M*** (*optionale Adressen*)

ZA	Ausdrehtiefe absolut in Werkstückkoordinaten	***BG***	Bearbeitungsrichtung[1)] BG2 Bearbeitung im Uhrzeigersinn BG3 Bearbeitung im Gegenuhrzeigersinn
ZI	Ausdrehtiefe inkremental ab Materialoberfläche (immer negativ)	***F***	Vorschub[1)]
R	Radius der Bohrung	***S***	Drehzahl/Schnittgeschwindigkeit[1)]
D	Zustellung pro Schraubenlinie	***M***	Zusatzfunktionen
V	Abstand der Sicherheitsebene von der Materialoberfläche		
W	Rückzugebene absolut in Werkstückkoordinaten[1)]		

[1)] Voreinstellungen:
W = V BG2
F, S: aktuelle Werte

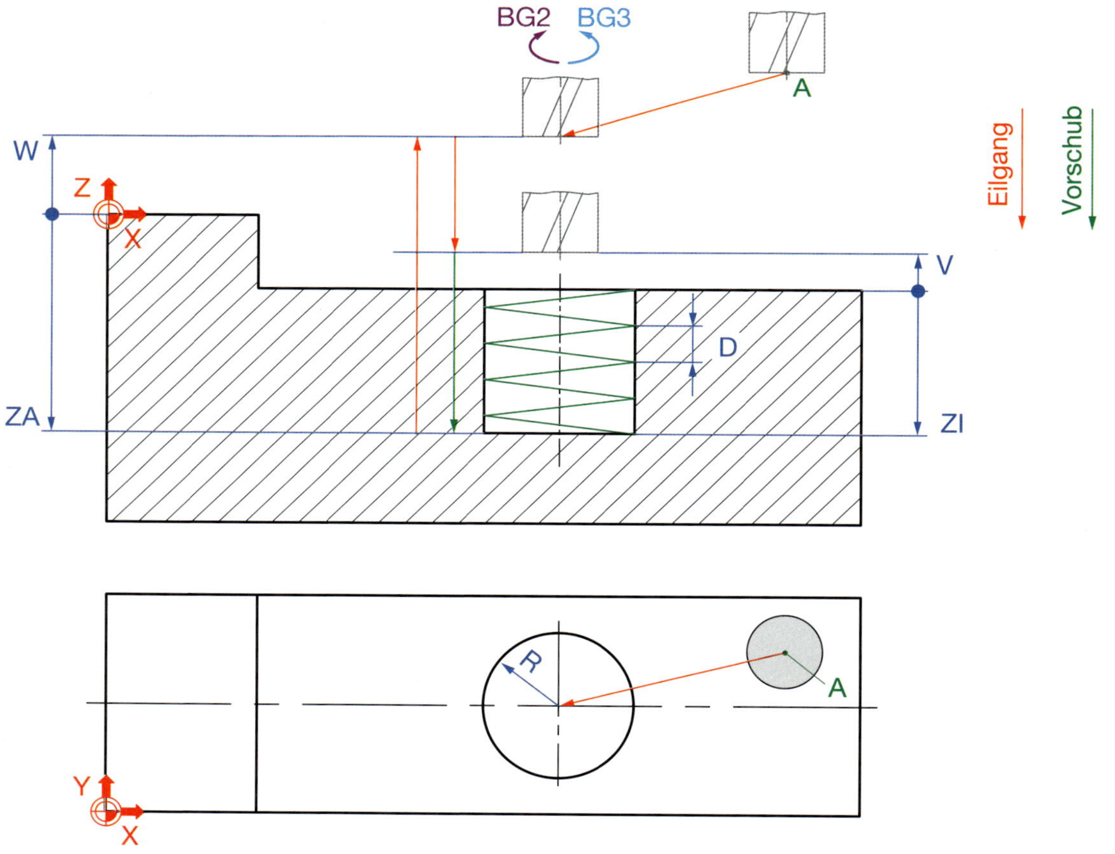

G88: Innengewindefräszyklus — Wirksamkeit: selbsthaltend

Funktion

Fräsen von Innengewinden mit einem helikal eintauchenden Werkzeug.

Die Gewindedrehrichtung (LH/RH) wird bestimmt durch die Adresse D (D+/D-) und die Adresse BG (BG2/BG3). Die Position wird in einem Zyklusaufruf (G76 ... G79) programmiert. Die Bewegung vom Anfangspunkt **A** zum Zyklusaufrufpunkt wird im Eilgang mit Eilganglogik ausgeführt.

Adressen: **ZA/ZI DN D Q V** — Pflichtadressen; ***W BG F S M*** — *optionale Adressen*

ZA	Gewindetiefe absolut in Werkstückkoordinaten
ZI	Gewindetiefe inkremental ab Materialoberfläche (immer negativ)
DN	Nenndurchmesser des Innengewindes
D	Gewindesteigung (= Zustellung pro Helixumdrehung) D+ Bearbeitung von oben nach unten D- Bearbeitung von unten nach oben
Q	Gewinderillenzahl des Werkzeugs
V	Abstand der Sicherheitsebene von der Materialoberfläche
W	Rückzugebene absolut in Werkstückkoordinaten[1)]
BG	Bearbeitungsrichtung des Werkzeugs[1)] BG2 Bearbeitung im Uhrzeigersinn BG3 Bearbeitung im Gegenuhrzeigersinn
F	Vorschub[1)]
S	Drehzahl/Schnittgeschwindigkeit[1)]
M	Zusatzfunktionen

[1)] Voreinstellungen:
W = V BG2
F, S: aktuelle Werte

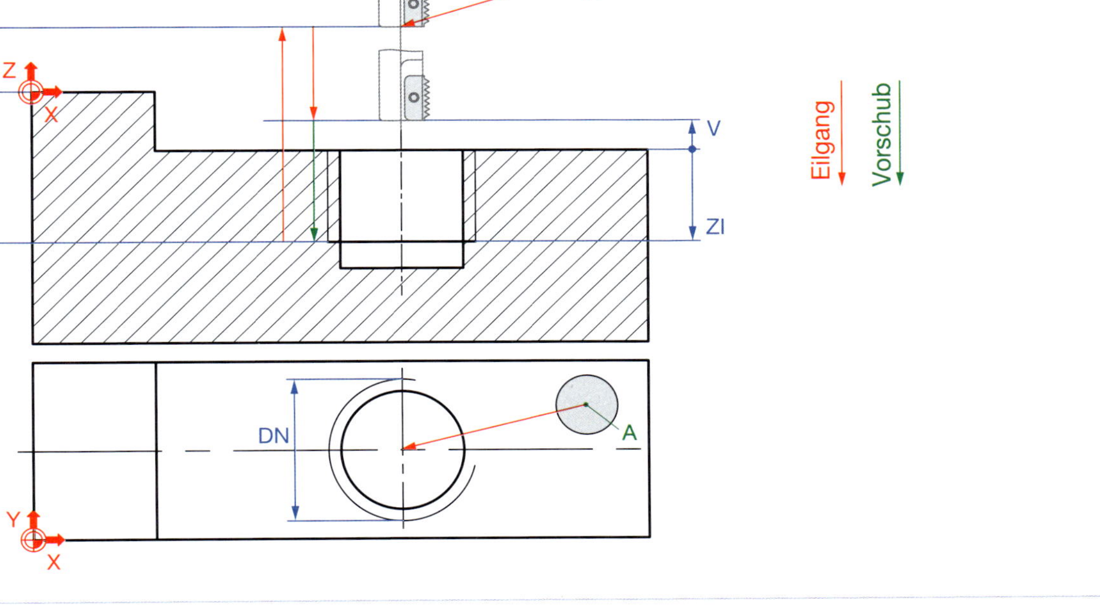

G88/G89: Innengewinde-/Außengewindefräszyklus

Bei G88 wird von der Steuerung eine 90°-Anfahr- bzw. Abfahrbewegungen erzeugt, die vom bzw. zum Zentrum des Gewindekerns erfolgt. Bei G89 wird von der Steuerung eine 90°-Anfahr- bzw. Abfahrbewegungen erzeugt, deren Radius von der Steuerung in Abhängigkeit von Gewindekerndurchmesser, Gewindesteigung und Werkzeugradius berechnet wird. Diesen Bewegungen wird jeweils eine Zustellung von ¼ der Steigung überlagert, um Gewinde-Einlauf bzw. Gewinde-Auslauf nicht zu beschädigen. Hierfür werden an der Materialoberfläche bzw. am Gewinde-Endpunkt Überlaufwege benötigt, die bei der Bohrungstiefe berücksichtigt werden müssen.

Wenn die Rillenzahl des Gewindes größer ist als die Gewinderillenzahl des Werkzeugs, sind mehrere Helixumdrehungen notwendig, die nacheinander mit dem Versatz D · Q und den zugehörigen Anfahr- und Abfahrbewegungen (Schritte b ... e) ausgeführt werden.

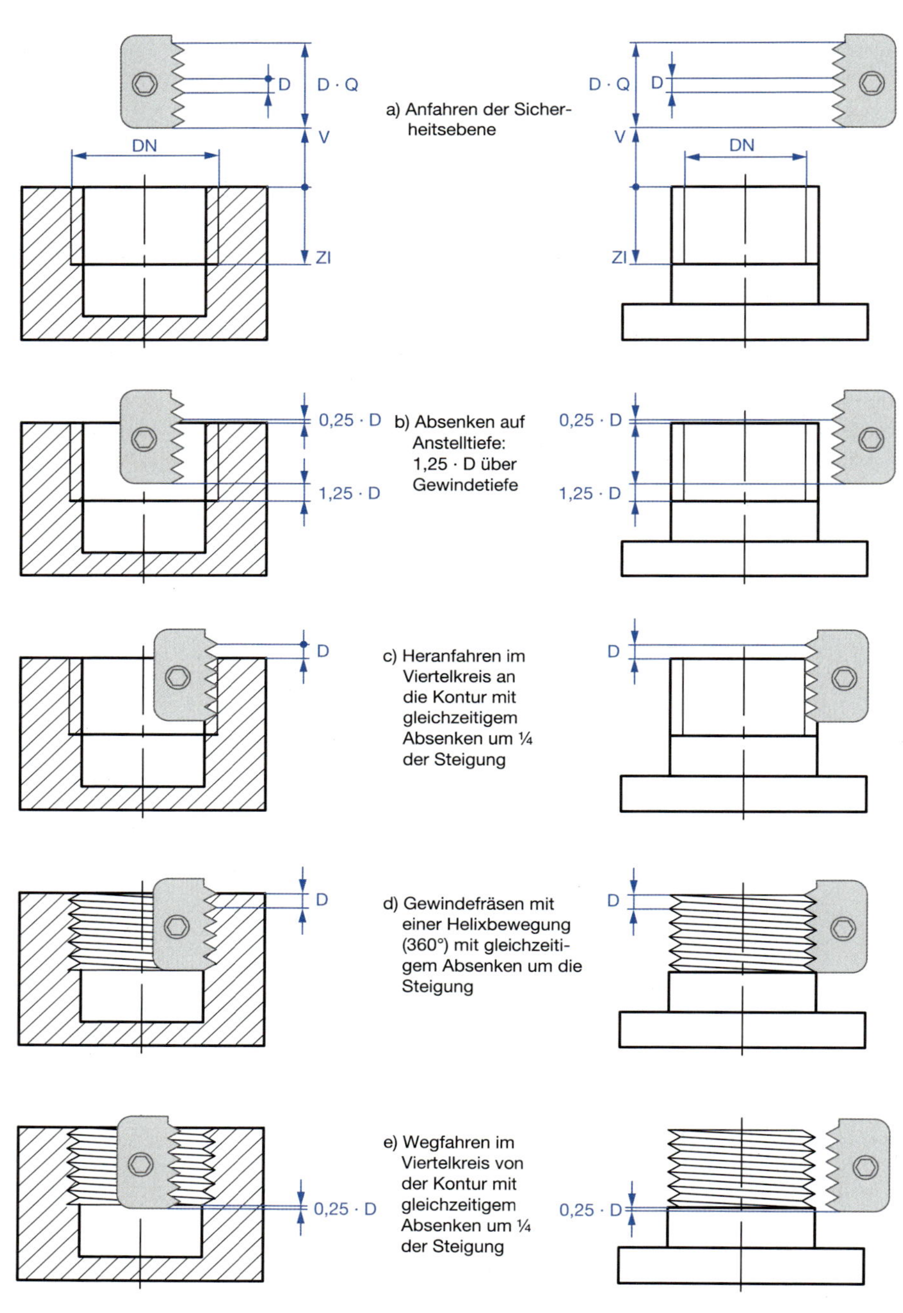

G89: Außengewindefräszyklus — Wirksamkeit: selbsthaltend

Funktion

Fräsen von Außengewinden mit einem helikal eintauchenden Werkzeug.

Die Gewindedrehrichtung (LH/RH) wird bestimmt durch die Adresse D (D+/D-) und die Adresse BG (BG2/BG3). Die Position wird in einem Zyklusaufruf (G76 ... G79) programmiert. Die Bewegung vom Anfangspunkt **A** zum Zyklusaufrufpunkt wird im Eilgang mit Eilganglogik ausgeführt.

Adressen: **ZA/ZI DN D Q V** Pflichtadressen — ***W BG F S M*** *optionale Adressen*

ZA	Gewindetiefe absolut in Werkstückkoordinaten
ZI	Gewindetiefe inkremental ab Materialoberfläche (immer negativ)
DN	Kerndurchmesser des Außengewindes
D	Gewindesteigung (= Zustellung pro Helixumdrehung) D+ Bearbeitung von oben nach unten D- Bearbeitung von unten nach oben
Q	Gewinderillenzahl des Werkzeugs
V	Abstand der Sicherheitsebene von der Materialoberfläche
W	Rückzugebene absolut in Werkstückkoordinaten[1]
BG	Bearbeitungsrichtung des Werkzeugs[1] BG2 Bearbeitung im Uhrzeigersinn BG3 Bearbeitung im Gegenuhrzeigersinn
F	Vorschub[1]
S	Drehzahl/Schnittgeschwindigkeit[1]
M	Zusatzfunktionen

[1] Voreinstellungen:
W = V BG2
F, S: aktuelle Werte

G90: Absolutmaßangabe einschalten

Wirksamkeit: selbsthaltend

Funktion

Das Werkstückkoordinatensystem wird aktiviert. Alle nachfolgenden Koordinatenangaben X, Y, Z beziehen sich auf den gültigen Werkstücknullpunkt. Das Werkzeug verfährt unabhängig von seiner augenblicklichen Position (Anfangspunkt **A**) auf den programmierten Endpunkt **E**.

Während der Wirksamkeit von G90 können aber auch eine oder mehrere Koordinaten inkremental angegeben werden.

G90 ist **Einschaltzustand** der Maschine.

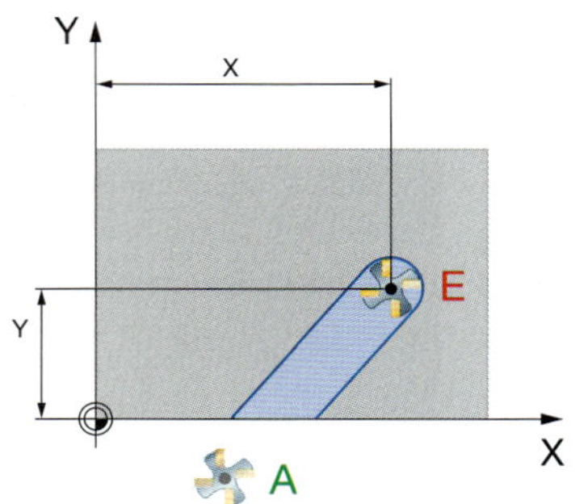

Adressen: **keine**

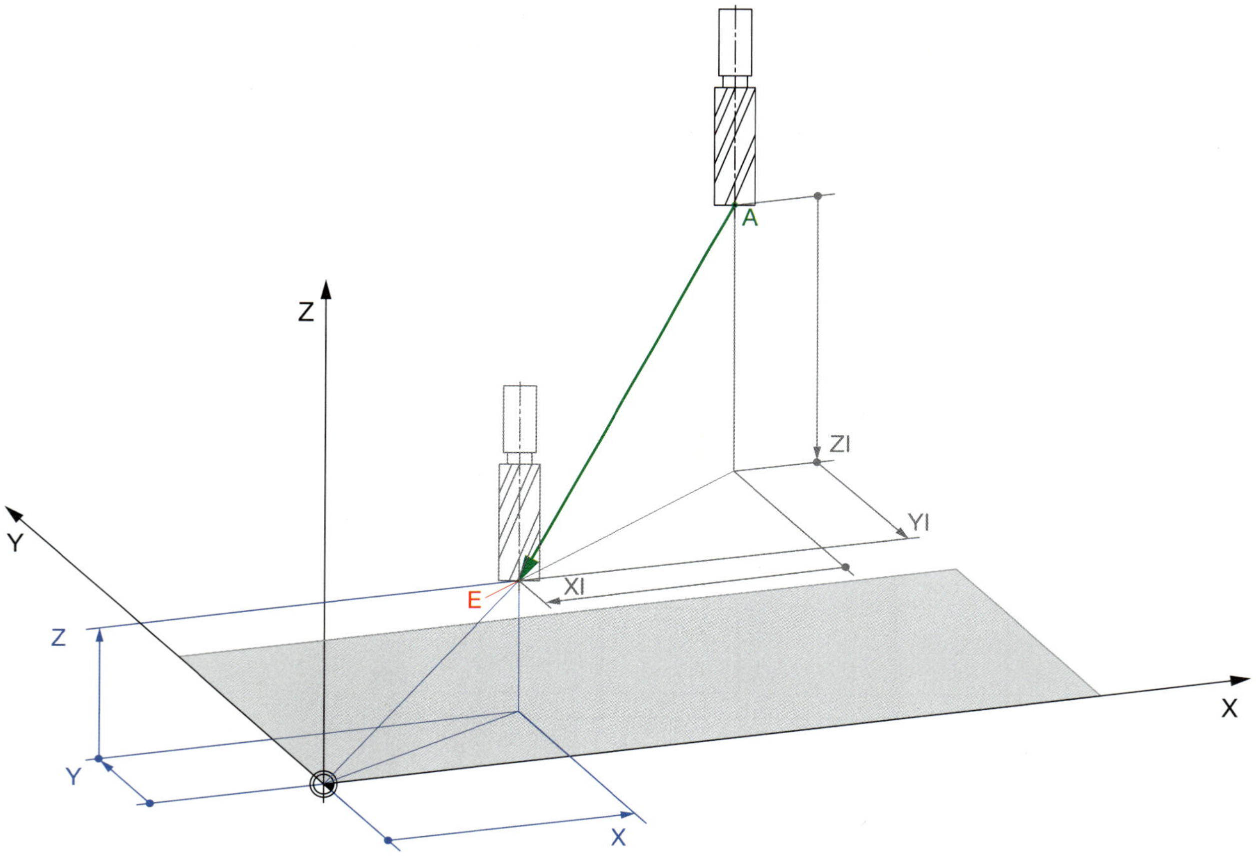

G91:	**Kettenmaßangabe einschalten**	**Wirksamkeit: selbsthaltend**
Funktion	Das Werkzeugkoordinatensystem wird aktiviert. Alle nachfolgenden Koordinatenangaben X, Y, Z beziehen sich auf die augenblickliche Werkzeugposition. Das Werkzeug verfährt unabhängig vom gültigen Werkstücknullpunkt von seiner augenblicklichen Position (Anfangspunkt **A**) auf den programmierten Endpunkt **E**. Während der Wirksamkeit von G91 können aber auch eine oder mehrere Koordinaten absolut angegeben werden. Der Befehl G91 bleibt wirksam, bis er durch G90 ausgeschaltet wird.	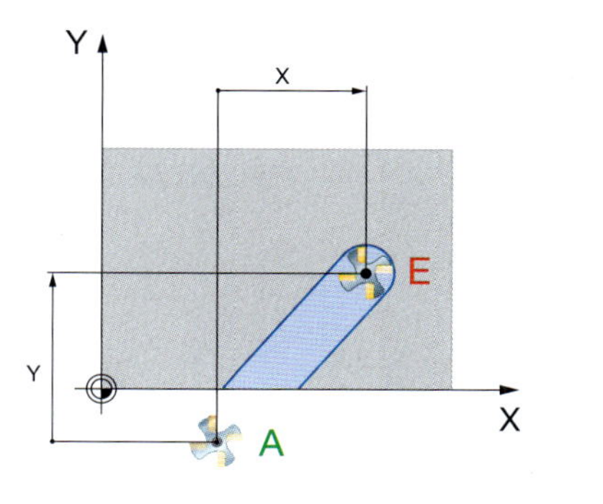
Adressen:	**keine**	

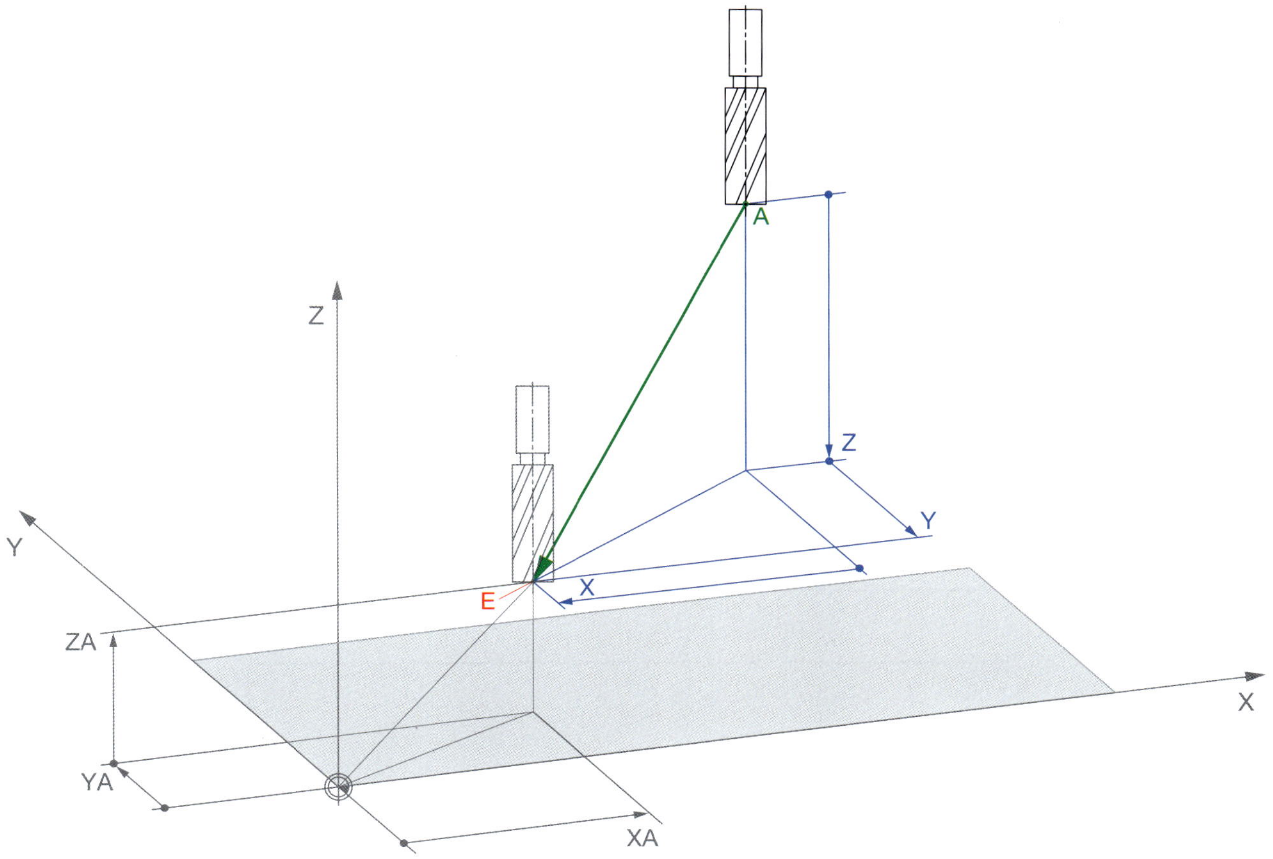

G94:	Vorschub in Millimeter pro Minute	Wirksamkeit: selbsthaltend
Funktion	Die unter der Adresse F angegebene Vorschubgeschwindigkeit wird in mm/min programmiert. Der Befehl G94 bleibt wirksam, bis er durch G95 ausgeschaltet wird. G94 ist **Einschaltzustand** der Maschine.	
Adressen:	**F** Pflichtadresse	***E S M T TC TR TL*** *optionale Adressen*

F	Vorschub in mm/min	***TR***	inkrementale Veränderung des Werkzeugradiuswertes[1]
E	Feinkonturvorschub[1]	***TL***	inkrementale Veränderung der Werkzeuglängenkorrektur[1]
S	Spindeldrehzahl/Schnittgeschwindigkeit[1]		
M	Zusatzfunktionen		
T	Werkzeugwechsel; Anwahl der Werkzeugnummer[1]		
TC	Anwahl der Korrekturwertspeichernummer[1]		

[1] Voreinstellungen:
E, S: aktueller Wert
T: aktuelles Werkzeug
TC1 TR0 TL0

G95: Vorschub in Millimeter pro Umdrehung — Wirksamkeit: selbsthaltend

Funktion

Der unter der Adresse F angegebene Vorschub wird in mm/U programmiert.

Der Befehl G95 bleibt wirksam, bis er durch G94 ausgeschaltet wird.

Adressen: **F** Pflichtadresse — ***E S M T TC TR TL*** *optionale Adressen*

F	Vorschub in mm/U
E	Feinkonturvorschub[1]
S	Spindeldrehzahl/Schnittgeschwindigkeit[1]
M	Zusatzfunktionen
T	Werkzeugwechsel; Anwahl der Werkzeugnummer[1]
TC	Anwahl der Korrekturwertspeichernummer[1]
TR	inkrementale Veränderung des Werkzeugradiuswertes[1]
TL	inkrementale Veränderung der Werkzeuglängenkorrektur[1]

[1] Voreinstellungen:
E, S: aktueller Wert
T: aktuelles Werkzeug
TC1 TR0 TL0

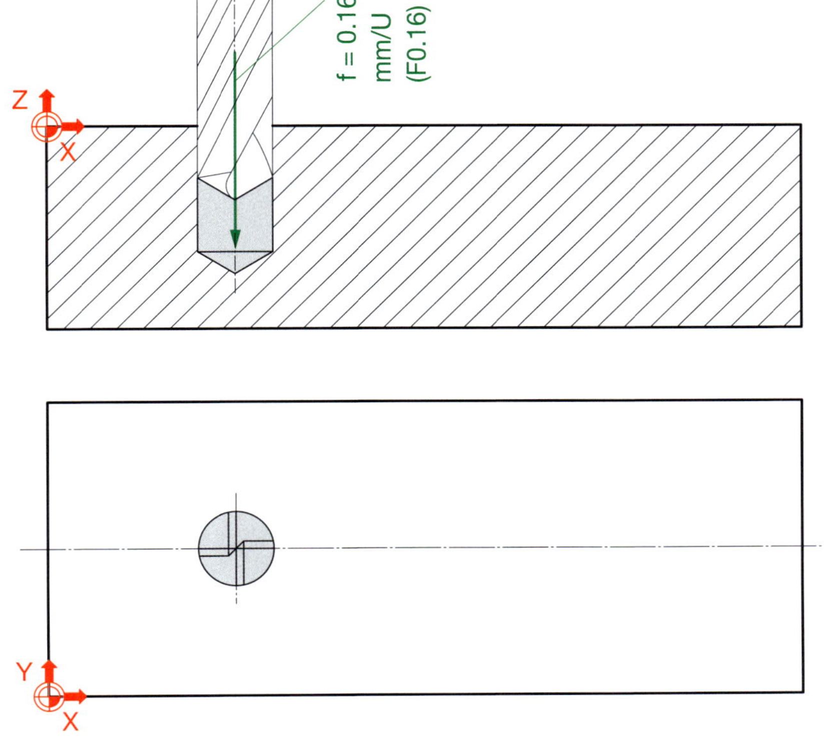

G96:	Konstante Schnittgeschwindigkeit	Wirksamkeit: selbsthaltend
Funktion	Mit dem unter der Adresse S angegebenen Wert wird eine konstante Schnittgeschwindigkeit in m/min programmiert. Aus der Schnittgeschwindigkeit und dem Durchmesser des aktiven Werkzeugs berechnet die Steuerung automatisch eine Drehzahl. Der Befehl G96 bleibt wirksam, bis er durch G97 ausgeschaltet wird.	$v_c = d \cdot \pi \cdot n = \text{const.}$ $d \nearrow \rightarrow n \searrow$ $d \searrow \rightarrow n \nearrow$

Adressen: **S** Pflichtadresse — *F E M T TC TR TL* *optionale Adressen*

S	Schnittgeschwindigkeit in m/min	*TR*	inkrementale Veränderung des Werkzeugradiuswertes[1)]
F	Vorschub[1)]	*TL*	inkrementale Veränderung der Werkzeuglängenkorrektur[1)]
E	Feinkonturvorschub[1)]		
M	Zusatzfunktionen		
T	Werkzeugwechsel; Anwahl der Werkzeugnummer[1)]		
TC	Anwahl der Korrekturwertspeichernummer[1)]		

[1)] Voreinstellungen:
F, E: aktuelle Werte
T: aktuelles Werkzeug
TC1 TR0 TL0

G97:	Konstante Drehzahl	Wirksamkeit: selbsthaltend
Funktion	Mit dem unter der Adresse S angegebenen Wert wird eine konstante Drehzahl in 1/min programmiert. Der Befehl G97 bleibt wirksam, bis er durch G96 ausgeschaltet wird. G97 ist **Einschaltzustand** der Maschine.	$n = \frac{v_c}{d \cdot \pi} = \text{const.}$ d ⇗ → v_c ⇘ d ⇘ → v_c ⇗

Adressen:	**S** Pflichtadresse	***F E M T TC TR TL*** *optionale Adressen*

S	Spindeldrehzahl in 1/min	***TR***	inkrementale Veränderung des Werkzeugradiuswertes [1)]
F	Vorschub [1)]	***TL***	inkrementale Veränderung der Werkzeuglängenkorrektur [1)]
E	Feinkonturvorschub [1)]		
M	Zusatzfunktionen		[1)] Voreinstellungen: F, E: aktuelle Werte T: aktuelles Werkzeug TC1 TR0 TL0
T	Werkzeugwechsel; Anwahl der Werkzeugnummer [1)]		
TC	Anwahl der Korrekturwertspeichernummer [1)]		

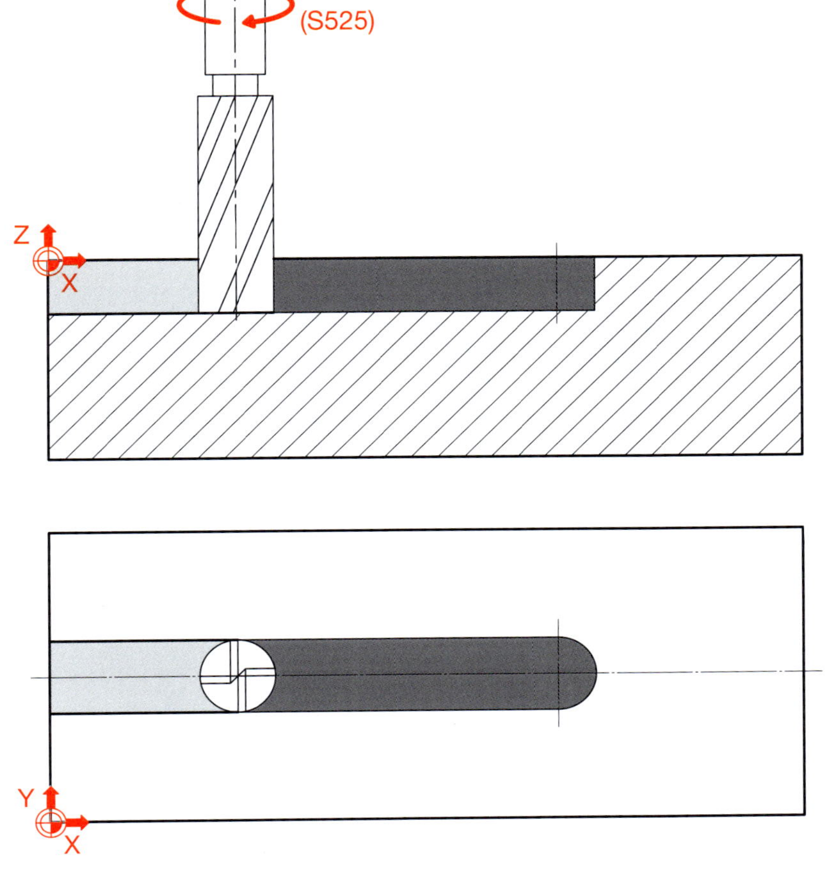

Zusatzfunktionen

Zusatzfunktionen (M-Befehle) können in einem NC-Satz allein oder zusammen mit einer Wegbedingung programmiert werden. Ein NC-Satz darf jedoch maximal nur zwei M-Befehle enthalten.

Eine Zusatzfunktion bleibt so lange wirksam, bis sie durch eine andere Zusatzfunktion aufgehoben wird.

Es gibt Zusatzfunktionen, die vor einem Verfahrbefehl ausgeführt werden (M03, M04, M07, M08, M13, M14) und solche, die nach einem Verfahrbefehl ausgeführt werden (M00, M05, M09, M15, M17, M30).

M00: Programmierter Halt

Das Programm wird angehalten, z. B. für einen manuellen Werkzeugwechsel, einen Kontrollvorgang am Werkstück oder für das Umspannen des Werkstücks. Mit «START» oder «ENTER» wird die Programmabarbeitung fortgesetzt.

M03: Spindel einschalten; Drehrichtung rechts (Uhrzeigersinn)

Die Spindel dreht im Rechtslauf (Uhrzeigersinn) mit der unter der Adresse S programmierten Drehzahl. Der Befehl wird als erster innerhalb eines Programmsatzes abgearbeitet.

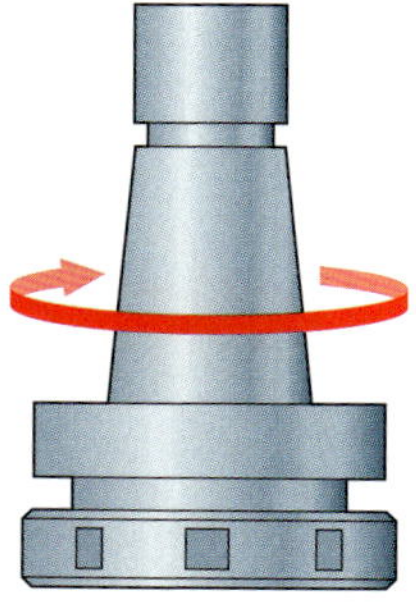

M04: Spindel einschalten; Drehrichtung links (Gegenuhrzeigersinn)

Die Spindel dreht im Linkslauf (Gegenuhrzeigersinn) mit der unter der Adresse S programmierten Drehzahl. Der Befehl wird als erster innerhalb eines Programmsatzes abgearbeitet.

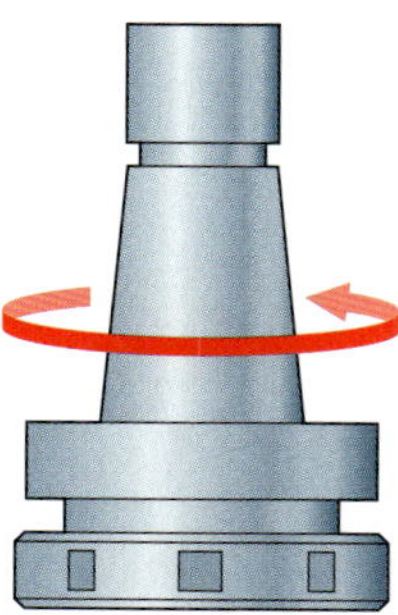

M05: Spindel ausschalten

Die Spindel wird angehalten. Der Befehl wird als letzter innerhalb eines Programmsatzes abgearbeitet. M05 ist **Einschaltzustand** der Maschine.

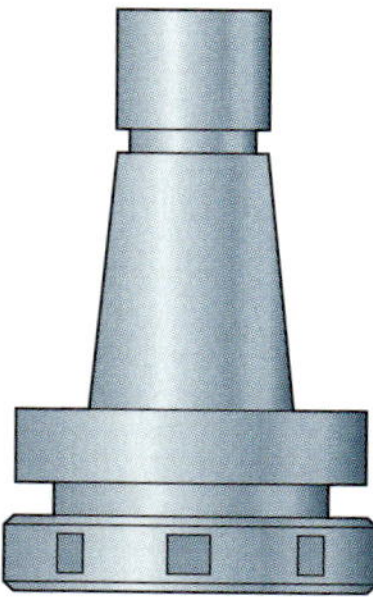

M06: Werkzeugwechsel

Der Wechsel des Werkzeugs wird ausgelöst. Die Bewegungen des Schwenkarm- oder Magazin-Werkzeugwechslers werden durch ein internes Makro (Unterprogramm) gesteuert.

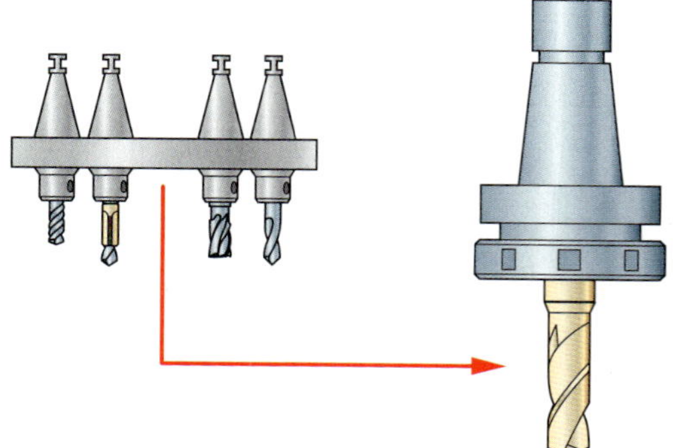

M07: 2. Kühlmittelpumpe einschalten

Eine 2. Kühlmittelleitung (z. B. durch das Werkzeug) oder mit einem anderen Kühlmittel (z. B. Hochdruckkühlmittel) wird zugeschaltet. Der Befehl wird als erster innerhalb eines Programmsatzes abgearbeitet.

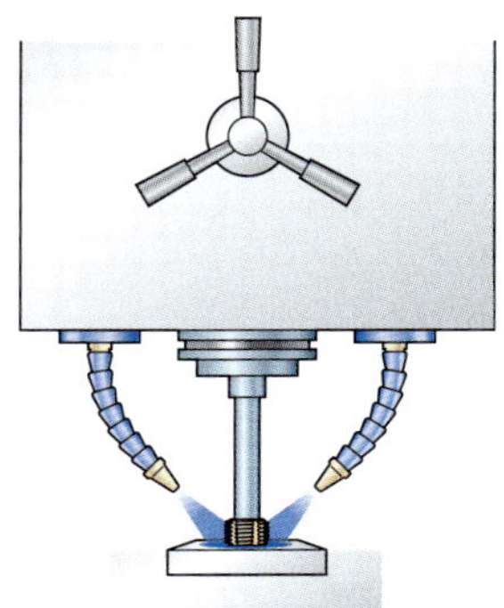

M08: Kühlmittelpumpe einschalten

Die Standard-Kühlmittelleitung mit dem Standard-Kühlschmiermittel wird eingeschaltet. Der Befehl wird als erster innerhalb eines Programmsatzes abgearbeitet.

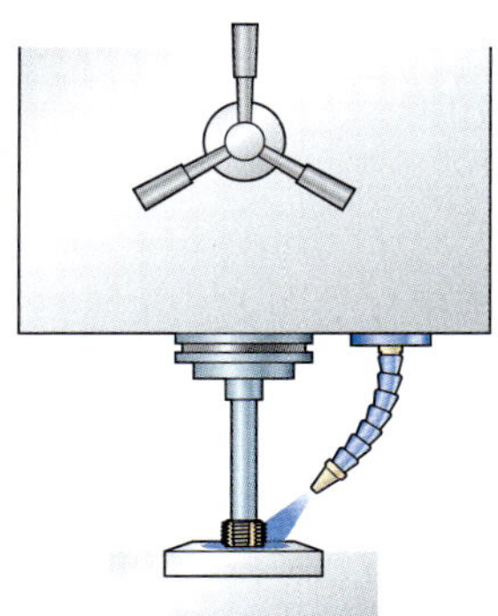

M09: Kühlmittelpumpe ausschalten

Ein über M07 oder M08 eingeschalteter Kühlschmiermittelfluss wird ausgeschaltet. Der Befehl wird als letzter innerhalb eines Programmsatzes abgearbeitet. M09 ist Einschaltzustand der Maschine.

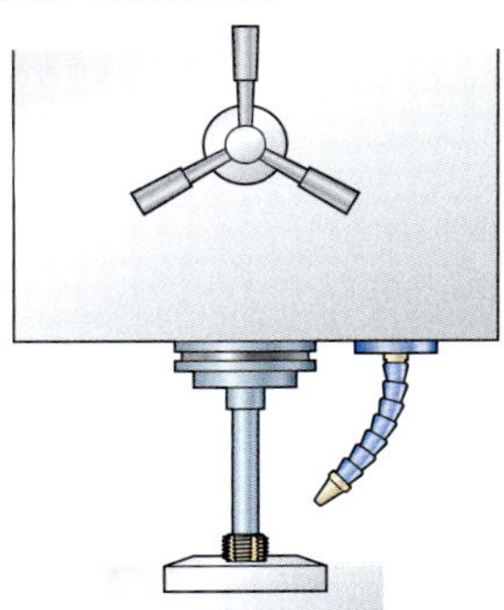

M 13: Spindeldrehung rechts und Kühlmittel ein

Kombination von M03 und M08. Der Befehl wird als erster innerhalb eines Programmsatzes abgearbeitet.

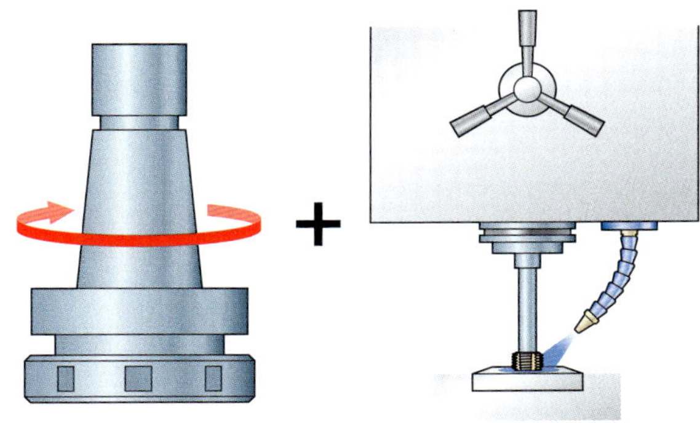

M 14: Spindeldrehung links und Kühlmittel ein

Kombination von M04 und M08. Der Befehl wird als erster innerhalb eines Programmsatzes abgearbeitet.

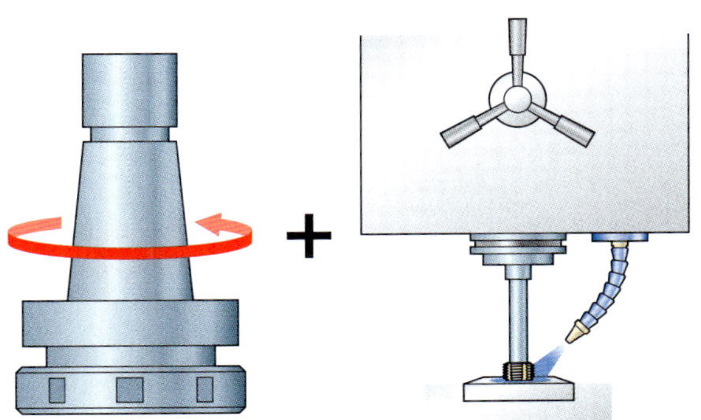

M 15: Spindel und Kühlmittel ausschalten

Kombination von M05 und M09. Der Befehl wird als letzter innerhalb eines Programmsatzes abgearbeitet.

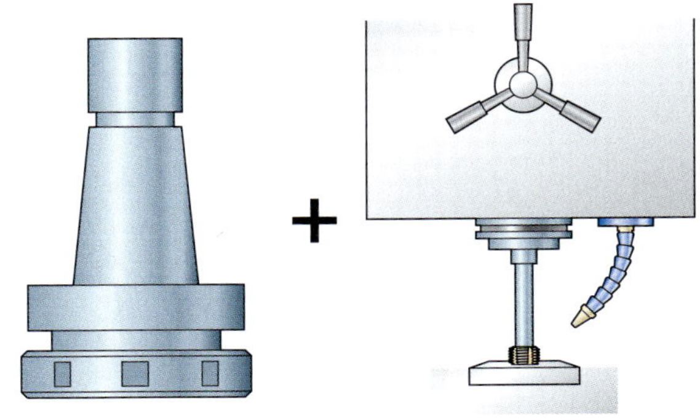

M17: Unterprogramm Ende

Ein von einem Hauptprogramm aufgerufenes Unterprogramm wird beendet. Es erfolgt ein Rücksprung in das aufrufende Programm in den Programmsatz, der dem Unterprogrammaufruf folgt. Der Befehl wird als letzter innerhalb eines Programmsatzes abgearbeitet.

Hauptprogramm

- N10 ...
- N20 ...
- N30 ...
- N40 G22 L101
- N50 ...
- N60 ...
- N70 ...
- N80 ...
- N90 ...
- ... ...

Unterprogramm

- N10 ...
- N20 ...
- N30 ...
- N40 ...
- N50 ...
- N60 ...
- N70 ...
- N160 M17

M30: Hauptprogramm Ende

Das Hauptprogramm wird beendet. Spindel und Kühlmittel werden ausgeschaltet. Es erfolgt ein Rücksprung zum Programmanfang. Die Steuerung geht in den Einschaltzustand zurück. Der Befehl wird als letzter innerhalb eines Programmsatzes abgearbeitet.

Hauptprogramm

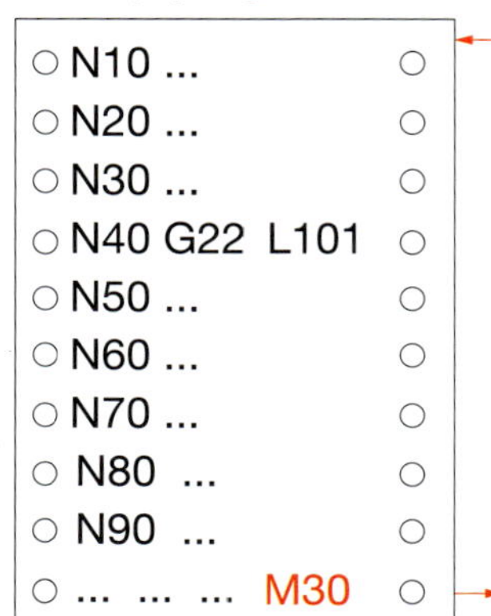

M60: Konstanter Vorschub (Werkzeugschneide)

Die unter der Adresse F programmierte Vorschubgeschwindigkeit bezieht sich auf die Fräsermittelpunktbahn. Beim Fräsen von kreisförmigen Konturelementen wird dadurch die Vorschubgeschwindigkeit am Fräserrand bei

- einer Außenkontur verringert (kürzerer Weg),
- einer Innenkontur vergrößert (längerer Weg).

Das kann zu unterschiedlichen Oberflächen am Werkstück und zu erhöhtem Verschleiß am Werkzeug führen.
M60 ist **Einschaltzustand** der Maschine.

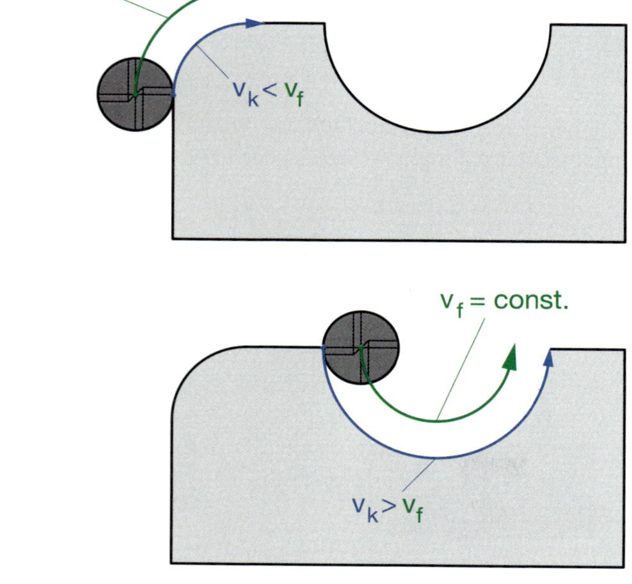

M61: Konstanter Vorschub mit Beeinflussung an Innen- und Außenecken

Die unter der Adresse F programmierte Vorschubgeschwindigkeit wird beim Fräsen von kreisförmigen Konturelementen bei

- einer Außenkontur erhöht,
- einer Innenkontur reduziert.

Hierdurch bleibt die Vorschubgeschwindigkeit bei unterschiedlichen Konturelementen konstant, was zu gleichmäßigen Oberflächen am Werkstück und vermindertem Verschleiß am Werkzeug führt.

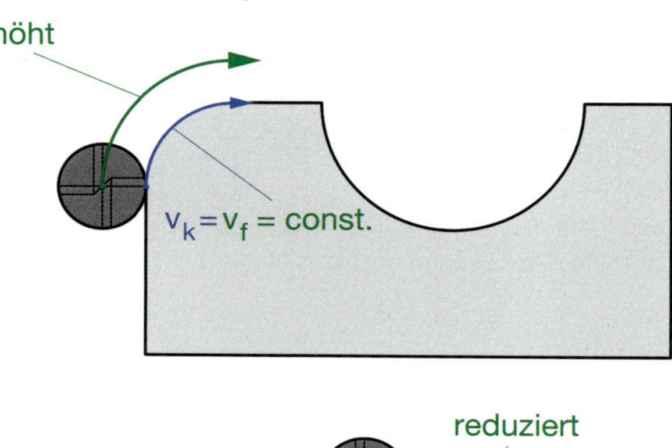

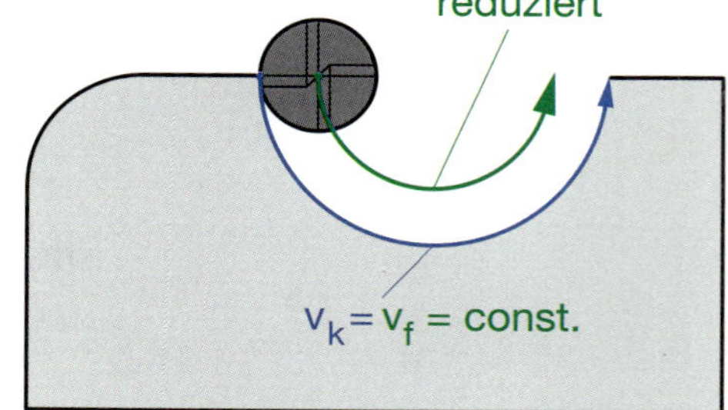

F: Vorschubgeschwindigkeit

Die Vorschubgeschwindigkeit kann programmiert werden:

- in Millimeter pro Minute (mm/min) oder
- in Millimeter pro Umdrehung (mm/U).

Die Auswahl der Einheit erfolgt über die Befehle G94 und G95 mit folgender Zuordnung:

- G94 → F in mm/min
- G95 → F in mm/U

E: Feinkonturvorschub

Der Vorschub F wird bei den Übergangselementen Radius und Fase zwischen Strecken und Kreisbögen auf die Adresse E reduziert. In folgenden Zyklen kann E mit anderer Bedeutung als 2. Vorschub programmiert werden:

- G72 ... G75 → Eintauchvorschub
- G82; G83 → Anbohrvorschub
- G85 → Rückzugvorschub

Wird E nicht programmiert, so gilt: E = F.

S: Spindeldrehzahl/Schnittgeschwindigkeit

Unter der Adresse S kann programmiert werden:

- die Spindeldrehzahl in 1/min oder
- die Schnittgeschwindigkeit in m/min.

Die Auswahl der Einheit erfolgt über die Befehle G97 und G96 mit folgender Zuordnung:

- G97 → S in 1/min
- G96 → S in m/min[1)]

[1)] Der Wert von S wird mit dem zugehörigen Fräserdurchmesser in eine Drehzahl umgerechnet.

T: Werkzeugwechsel

Das unter der Adresse T im Werkzeugspeicherplatz definierte Wekzeug wird eingewechselt. Mit T0 wird das aktuelle Werkzeug im Werkzeug-Magazin abgelegt. Vor einem Wekzeugwechsel werden Werkzeugspindel und Kühlmittel ausgeschaltet, nach dem Wechsel jedoch nicht wieder eingeschaltet.

TC Korrekturwertspeichernummer
Pro Werkzeug stehen neun Korrekturwertspeicher (TC1 ... TC9) zur Verfügung.[1)]

TR inkrementelle Veränderung des Werkzeugradius im aktuellen Korrekturwertspeicher[1)]

TL inkrementelle Veränderung der Werkzeuglänge im aktuellen Korrekturwertspeicher[1)]

[1)] Voreinstellungen: TC1 TR0 TL0

Einschaltzustand

Beim Start eines NC-Programms gelten folgende Einschaltzustände:

- G-Befehle:
  G17, G90, G53, G71, G40, G01, G97, G94
- Zusatzfunktionen:
  M05, M09, M60
- Vorschub und Drehzahl:
  F0, E0, S0

Satznummern, Kommentare, besondere Zeichen

- Satznummer:
  Für jeden NC-Satz kann eine Satznummer programmiert werden.
- Kommentare:
  Einzelne NC-Sätze oder ganze Programmteile können durch Kommentare ergänzt werden. Als Kommentar-Anfangszeichen wird das Semikolon »;« verwendet. Alles, was nach dem Kommentarzeichen steht, wird von der Steuerung überlesen.
- besondere Zeichen:
  Lange NC-Sätze können sich über mehr als eine Druckzeile erstrecken (Fortsetzungszeile). Als jeweils letztes Zeichen der Zeile, die fortgesetzt wird, wird eine Tilde »~« eingefügt. Zur besseren Lesbarkeit von NC-Sätzen können vor den Adressbuchstaben Leerzeichen » « eingefügt werden. Notwendig sind sie für die Steuerung jedoch nicht.

Konfiguration der CNC-Fräsmaschine des PAL-Programmiersystems

Maschinentyp:
Senkrecht-Fräsbearbeitungszentrum

Verfahrachsen X, Y, Z in der Werkzeugspindel

Maschinennullpunkt auf dem Maschinentisch bzw. der Rundtischoberfläche

Verfahrbereiche in Maschinenkoordinaten:

X-Achse: 0 mm ... 800 mm
Y-Achse: 0 mm ... 600 mm
Z-Achse: 100 mm ... 900 mm

Maschinentischüberstand: 100 mm

X: -100 mm ... 900 mm
Y: -100 mm ... 700 mm

Schwenkrundtisch (Ausführung AC oder BC):

Schwenkbereich A oder B: -120° ... 120°
Drehbereich C: 0° ... 360°
Rundtischdurchmesser: 600 mm

Die beiden Dreh-/Schwenkachsen können

- beide im Maschinentisch oder
- beide im Spindelkopf oder
- aufgeteilt in Maschinentisch und Spindelkopf

liegen.

Antriebsleistung: 20 kW

Drehzahlbereich: 0 ... 12000 1/min (stufenlos)

Werkzeugaufnahme: SK40

Vorschubgeschwindigkeit: 10 m/min
Eilganggeschwindigkeit: 40 m/min
Drehzahl Schwenkachse: 30 1/min
Drehzahl Rundtisch: 40 1/min

Werkzeugwechselpunkt:

- X0
- Y600
- Z900

Scheibenspeicher mit mindestens 40 Werkzeugplätzen
Pick-up-Wechsler oder Dreharmwechsler

Werkstückspannung auf dem Maschinentisch mit T-Nuten (A14–H8)

Spannmitteltypen:

- Schraubstöcke
- NC-Hochdruckspanner
- Magnet- und Vakuumplatten
- Backenfutter für senkrecht ausgerichtete, zylinderförmige Werkstücke (3 oder 4 Backen; Achse parallel zur C-Achse)
- modulares Spannsystem aus einzelnen Baukasten-Spannelementen

Werkzeugtypen:

Ausdrehwerkzeug	Bohrnutenfräser
Entgrater	Fasenfräser
Gewindebohrer	Gewindefräser
Gravierfräser	Kegelsenker
NC-Anbohrer	Planmesserkopf
Radiusfräser	Reibahle
Scheibenfräser	Schlitzfräser
Schlichtfräser HSS	Schruppfräser HSS
Schruppschlichtfräser VHM	Schruppfräser VHM
Schaftfräser HSS	Schaftfräser VHM
Spiralbohrer HSS	Spiralbohrer VHM
Stufenbohrer	T-Nutenfräser
Viertelkreisfräser	Walzenstirnfräser
Wendeplattenbohrer	Winkelfräser
3D-Kantentaster	

Kratzbandförderer und Spänespülsystem

Sachwortverzeichnis Fräsen

Sachwortverzeichnis Fräsen

CNC-Kompendium
PAL - Drehen & Fräsen
Drehen
westermann

Fräsen
PAL 2012
Stirnseitenbearbeitung
Konturzugprogrammierung
CNC-Kompendium
PAL - Drehen & Fräsen
Interpolationsarten
Arbeitszyklen
Mehrfachzyklusaufrufe
Bahnkorrekturen
Maßangaben
Spiegeln / Skalieren
Nullpunktverschiebungen
Mehrseitenbearbeitung
Konturzugprogrammierung
Zusatzfunktionen
www.westermann.de
ISBN 978-3-14-235027-1
9 783142 350271
westermann